Oracle 网格计算

（美） Brajesh Goyal
Shilpa Lawande 著

赵志恒　王海龙　译

清华大学出版社

北　京

Brajesh Goyal, Shilpa Lawande
Enterprise Grid Computing with Oracle
EISBN: 0-07-226280-X
Copyright © 2006 by The McGraw-Hill Companies, Inc.

北京市版权局著作权合同登记号　图字:01-2006-7232

本书封面贴有 McGraw-Hill 公司防伪标签,无标签者不得销售。

版权所有,侵权必究。侵权举报电话:010-62782989　13501256678　13801310933

图书在版编目(CIP)数据

Oracle 网格计算/ (美) 葛亚 (Goyal,B.),(美) 罗文达 (Lawande,S.) 著;赵志恒,王海龙 译.
—北京:清华大学出版社,2007.12
书名原文:Enterprise Grid Computing with Oracle
ISBN 978-7-302-16458-6

Ⅰ.O… Ⅱ.①葛…②罗…③赵…④王… Ⅲ.关系数据库—数据库管理系统,Oracle—应用—企业管理 Ⅳ.TP311.138 F270.7

中国版本图书馆 CIP 数据核字(2007)第 177211 号

责任编辑:王　军　徐燕萍
装帧设计:孔祥丰
责任校对:成凤进
责任印制:孟凡玉

出版发行:清华大学出版社　　　　　地　　址:北京清华大学学研大厦 A 座
　　　　　http://www.tup.com.cn　邮　　编:100084
　　　　　c—service@tup.tsinghua.edu.cn
　　　　　社 总 机:010-62770175　邮购热线:010-62786544
　　　　　投稿咨询:010-62772015　客户服务:010-62776969
印 刷 者:清华大学印刷厂
装 订 者:北京国马印刷厂
经　　销:全国新华书店
开　　本:185×230　印　张:16.75　字　数:364 千字
版　　次:2007 年 12 月第 1 版　　印　次:2007 年 12 月第 1 次印刷
印　　数:1~4000
定　　价:36.00 元

本书如存在文字不清、漏印、缺页、倒页、脱页等印装质量问题,请与清华大学出版社出版部联系调换。联系电话:(010)62770177 转 3103　　　产品编号:024171—01

引　言

　　本书向读者介绍了企业网格的概念，对于覆盖整个 IT 领域的企业网格计算的发展来说，本书就像一幅高级的蓝图，我们努力使其尽量易于理解，并且尽可能做到自包含。但由于涉及的主题和最终用户可用的技术选择很广泛，我们不能为实现每个解决方案提供一个具体细节上的指导。为了进一步了解，我们参考了众多的资料，和本书一起，为读者提供了应对向网格转型所需要的手段。本书首先关注的是 Oracle 环境，其中所讨论的一般性概念和实践同时也能完好地应用到所有的 IT 环境中。

　　本书主要面向 CIO 和 IT 专业人员，他们都希望获得对这一新兴概念的详尽叙述，并了解其现实利益和制约条件。CEO 以及其他执行官关注的是企业的底线，他们可能感兴趣的是第 1 章中提出的企业网格计算的高级综述，还有第 12 章中讨论的战略战术上的意义以及 ROI(return on investment)模型。本书也可以作为企业网格计算方面的教材使用。

各章的结构如下：

- 第 1 章介绍了企业网格计算及其对企业 IT 的好处；同时深入研究了企业当前所面临的问题，企业是如何通过企业网格计算来解决它们的。
- 第 2 章从总体上介绍了网格计算简要的发展史，以及网格计算是如何演变成为企业网格计算的，另外也对相关术语、产业趋势和参与这些工作的标准组织提供了一个综述。
- 第 3 章介绍了支持网格数据中心的概念，并基于企业网格联盟(Enterprise Grid Alliance，EGA)的参考模型提出了一个具有参考价值的实现，为后面的章节打下基础。

第 4~11 章，每一章都论述了一个具体领域。各章节分别描述了网格计算包括什么，为向网格演变提出了技术选择和工艺，并给出了对所在领域中标准活动的综述。

- 第 4 章论述了企业存储基础设施和新兴的技术。这些技术应用在存储阵列、存储网络、存储虚拟化和供应以及存储管理领域，使得在今天实现一个节约型的存储网格成为可能。
- 第 5 章深入研究了 IT 栈的企业服务器基础设施。我们讨论了诸如低成本模块服务器、集群、虚拟化以及服务器供应和资源管理的技术，这些技术使得服务器网格在今天就可以成为现实。
- 第6章将读者带入了企业应用领域。我们展示了面向服务架构(Service-Oriented Architectures，SOA)与网格之间的关系，以及如何结合这两者创建灵活快捷的应用和业务流程基础设施。
- 第 7 章阐述了仍处在发展初期的信息网格，信息网格旨在收集散布在各种不同信息源上的所有企业信息，以形成一个公共信息库。
- 第 8 章讨论了关于软件供应流程的内容，以及如何使用企业网格对其进行改进。
- 第 9 章讨论了网格管理问题，以及网格管理与今天的 IT 管理有何不同之处。另外还讨论了企业如何能够从当前管理杂乱的 IT 管理向管理资源池的网格管理演变的。
- 第 10 章从网格的角度探讨了企业的安全性，突出了网格环境带来的好处和导致的问题。
- 第 11 章讨论了业务连续性的重要主题，以及支持网格的数据中心在实际中是如何更好地准备应对不可测的事件。这样的数据中心共享了多个冗余组件，对应用组的高可用性和灾难恢复的要求进行服务。
- 第 12 章概述了企业可以采取的一些措施，以一种递增的方式向网格迁移。同时，解决了企业的紧迫需要。我们提供了企业能够承办的示范工程的示例，还为网格提出了一个财务 ROI 模型。

前　言

"军队的入侵可以抵御，但流行观念的入侵却让人束手无策。"

——维克多·雨果(Victor Hugo)，1852

网格计算理念的时代到来了。

网格计算的理念并不是灵光一现或让人震惊的一次飞跃，而是计算演化进程中的一个阶段，它的出现是如此的自然，如此的显而易见，以至于回顾起网格计算的出现过程时，几乎可以忽略与其有关的所有创新之处。

IT 界最近 50 年来的大部分革新都是为了同一个目标，那就是更高的自动化程度、更高的效率以及更高的系统灵活性来适应不断变化的需求。在过去的几十年中，Oracle 与其他企业一起致力于这些革新，并将继续引领向网格计算过渡的潮流。

在开始此书的阅读以深入理解网格计算的机制，并使用 Oracle 软件来进行实践之前，让我们简要地回顾一下历史上主导每个不同计算时代的革新。因为网格计算正是在这样的背景中成为 IT 的第五个计算时代的主导,并且在现实情况下,企业也需要向网格计算演化。

大型机计算时代,是由 IBM 公司在上世纪 60 年代引领的,实现了世界最重要的业务核心操作的自动化,为企业信息技术提出了一个新的期望,那就是高标准的性能、可扩展性以及可靠性。并且这对于当今大型机的吞吐量、并行性以及高可用性的革新是有激励作用的。

大型机计算的一个主要局限其成本极其高昂。举例来说,IBM 公司 7090/94 系列的典型大型机,需要花费 3 134 500 美元,在今天大概是 18 万美元。为大型机创建应用是高度专业的、费时间的工作。这导致了"应用积压"——为了释放业务自动化功能中未实现的革新,需要一个新的根基。

从上世纪 70 年代末到 80 年代的革新浪潮被称为微型计算机时代。小型但功能更强的 CPU 和存储芯片以及新的计算机体系结构推动了极其低廉的硬件的出现,它们与更简单、可交互的操作系统一起,引入到了一种新型的部署业务应用的平台上。

与此同时,软件革新(如 C 语言、UNIX 操作系统、与关系数据库管理系统)开始出现。1970 年,IBM 公司的 Ted Codd 发表了划时代的论文——"A Relational Model of Data for Large Shared Data Banks"。Oracle 的 Larry Ellison 和他早期的伙伴抓住了这个机遇,提供了一个商业化的 RDBMS。关系数据库与"第四代"(4GL)工具的使用使得应用开发更加便捷,而且终端用户首次实现了在没有应用程序参与的情况下查询数据库和产生报表。

低成本的计算机以及灵活实用的应用创建工具,使得部门能够解决自动化的问题,这带来了部门化计算的曙光。总的来说,这些革新有助于应对大量新应用的积压,并扩大了对计算和自动化的使用。这进一步激发了业务应用中的革新。

业务计算的下一个时期是客户端服务器时代,它是在上个世纪 80 年代初随着个人电脑(PC)的出现而到来的。由于摩尔定律持续反映了整个 80 年代处理器和存储芯片的革新速度,个人电脑既方便了消费者的使用,并在所有业务领域中成为了不可或缺的专业工具。丰富的图形用户界面成为商业应用的典范,而且有些个人计算机在其精通的业务上已经拥有了惊人的、易于使用的计算能力。

网络标准,特别是 TCP/IP 的出现,使得个人计算机可以连接到服务器,并且产生了客户端/服务器模式的应用架构。这种架构与以往方法不同的是它分离了数据管理的功能,数据管理运行在共享服务器上,从运行在个人电脑上的业务逻辑和用户界面进行处理。通过网络将个人电脑与运行关系数据库的服务器连接,为用户提供了丰富的交互式应用,同时确保了共享数据的完整性。

个人电脑提供新的强大工具的同时,企业内个人电脑的扩散也带来了新的问题。网络的局限性使得难以实现足够的性能和扩展性。维护所有桌面和膝上型电脑,安装和升级系统和应用软件,以及跟踪和保护数以千计的新的公司资产,这些都可以附加在计算成本上,从而使得相对低廉的电脑成本相形见绌了。管理个人电脑、服务器以及软件上的劳动成本也已成为计算成本中的一部分,而且迅速超过了其他费用的影响。

Internet 计算模型成功解决了一些难以实现的目标和客户端/服务器时代高成本的问题。这种方法下，终端用户与 Web 浏览器进行交互，Web 浏览器仅负责界面的格局；它与客户端/服务器模式不同的是，业务逻辑不在桌面上运行。用户交互和运行应用逻辑的任务由专门的服务器负责，在数据中可以很方便地管理。Internet 计算时代具有多层次的、以网络为中心的架构，这减少了管理的成本，且比客户端/服务器架构拥有更强的适应性。

阻碍采用 Internet 计算的一个因素就是需要对应用进行重写，而很多应用才刚刚经历了向客户端/服务器计算的转变。20 世纪 90 年代中期，Internet 和 Web 非常流行，当时企业应用并没有从新模型中明显获益。Oracle 是全心拥抱网络时代的第一代软件公司之一，提倡瘦客户端，并为 Web 重写其所有的企业应用。

经过四个计算时代的改革和变迁，我们走到了今天，正处在向网格计算快速演变的时代。网格计算背后的改革丝毫不亚于历史上引起计算时代变迁的任何一个改革，它包括计算栈各层的虚拟化、自动供应和负载平衡、在分布式和分散的网格组件上进行集中管理。但与之前的计算时代不同的是，有了网格计算，应用无需重写，这样充分利用了网格计算带来的种种好处。这在计算历史上是第一次实现了现有应用可以原封不动地融入新一代计算。

受益是相当可观的。在 Internet 计算时代，一个公司的资产(包括存储和服务器)以及知识产权(如代码)，是专门用于某一项任务的。这些专门的 silo* 减弱了资源重利用、重部署的能力，增加了管理的成本。而网格计算使得所有类型的资源，如存储、处理、开发、管理和信息，都得到更加充分的利用。所有类型的资源，如服务器、应用逻辑、数据元素，都将随着需求的改变灵活地结合到新的方法中解决新的问题。而且，网格计算通过配置大量相对便宜的、较小的商用服务器以形成一个网络，也能够获得大型机级别的性能和可靠性。借用 Oracle 对网格的描述，它"运行更快、成本更少、从不瘫痪"。

网格计算的新概念已从学术领域很快转到了产业领域，企业迅速转向网格开发。从 Ted Codd 所撰写的关于关系数据库的开创性论文(1970 年)到 Oracle 第一个商业版关系型数据库投放市场(1979 年)时间相差了近十年，但是，从 Ian Foster 第一本关于网格计算的蓝皮书到 Oracle 10g——第一个网格数据库和应用服务器平台——的引入只经过了 5 年的时间。到 2008 年，网格技术必将得到广泛的应用。

通过本书的学习，读者将深刻理解网格计算的概念，了解网格技术的工作原理，学习如何向网格计算过渡。

大约 50 年前，大型机计算开始了计算的黎明时代，如今，网格计算获得了同等的服务质量，为用户和开发者带来了更好的经验，并且对未来的发展提供了更灵活的适应性——当然做到这一切只需要极其低廉的成本。

相信，网格计算理念的时代已经来临。

网格的最大好处是它是不可阻挡的。

——经济周刊，2001 年 6 月 21 日

---

* silo：是指一种先进先出的存储缓冲区。本书似乎用此术语表示一个网络区域。

目　　录

第 1 章

企业网格计算的动力

20 世纪 90 年代，随着电子业务的出现，信息技术(Information Technology，IT)已站到了商业经营舞台的中心。现在每一笔成功的交易都有其在线表现形式，这种形式必须以可靠的 IT 部门做后盾，IT 部门可能来自企业内部，也可能外包。几乎所有主要的商业经营——从管理员工薪水到与客户或合作伙伴交流沟通——都以各种与 IT 相关的方式进行。企业正在持续驱动其 IT 部门为终端用户发挥更大的作用并提供更高质量的服务。在经济腾飞的时代，任何不足都可以通过加大对 IT 基础设施和人力的投资来克服。对更高的性能和可用性的不懈追求将使人们在无需完全评估成本和效益的情况下就可以部署新技术和最优系统。然而，在当前的经济气候下，企业不得不对 IT 的操作代价，尤其是投资回报(return on investment，ROI)更加谨慎，从而导致 IT 预算的显著收缩，IT 主管人员必须提高 IT 基础设施和流程的整体效益，并且通过更好的自动化获得同等的服务质量。另外，今天的企业还希望能够快速并持续地调整自己的业务流程以满足不断变化着的市场需求，从而领先于其他企业。但是这一切又反过来要求企业的 IT 基础设施必须具有同等的可伸缩性。简而言之，今天的企业所需要的是由灵活、高效益的 IT 基础设施所支持的高效、敏捷的业务流程。

如今的 IT 主管面临着改进现有业务和新业务的服务质量的任务，但相应的 IT 预算却没有增加，就算有所增加，也非常少。正当 IT 主管们还在试图克服这一困难时，IT 基础设施却已不能满足目标需要。其根本的原因在于企业 IT 系统结构发展的自组织行为。多年来，为实现 IT 系统更大更好的美好愿望所做的努力导致了在一个企业内出现了众多异构的相互隔离的基础设施。尽管一些系统因超载而无法处理，有很多其他的系统可能却正在完全闲置着。但由于基础设施的相互隔离，要把各个系统综合起来充分利用并不是一件容易的事情。同样的问题也出现在商业应用的前沿，其中每个应用的业务逻辑和流程控制都固定为单个应用。各种各样商业应用所使用的信息以碎片形式散布于众多的数据库和遗留的系统中，却无法共享。

企业网格计算是 IT 的新模型，为今天的 IT 管理人员所面临的问题开辟了一条道路。企业可以通过结合流程与技术，逐渐采用企业网格计算模型，而采用 Oracle 的流程与技术则是本书将重点介绍的。使用这种方法不仅可以提高对当前 IT 资源(计算和人力资源)的利用率，还可以为新的商业领域中的资源开发提高可伸缩性。使用企业网格计算的模型将使 IT 对其客户和业务需求的反应更加迅速。

在探讨企业网格计算的工作之前，我们先深入了解当前的业务需求并分析目前 IT 系统结构部署存在的问题。

1.1 当前业务需求

企业在寻求更好更高效的商业过程以战胜竞争对手时，往往把目光投向 IT。然而，Internet 泡沫的破灭使企业在 IT 投资收益方面的态度更加现实。今天的商业组织已不再对 IT 进行盲目的投资，他们希望能从投资中获得更大的利润。商业组织对当前的 IT 提出了两个要求：(1)提供满足业务需求变化的可伸缩性；(2)让投资得到更多的回报。

1.1.1 对业务需求的快速灵活响应

持续的竞争和客户的迫切需求促使企业进而要求 IT 部门提供更加灵活的服务，反应更加迅速。随着 Internet 的普遍使用，企业需要支持的用户请求数量——转化为企业对底层计算的需求——已发展到不可预料的水平。一则爆破性的消息或者是一件热门的商品都会为企业网站带来数百万的用户。在这种情况下，网站更新慢将导致客户流向竞争对手。IT 部门必须能够快速汇集必要的计算资源以处理这种紧急需求，从而向终端用户提供可靠的服务质量。与此类似，关键系统的崩溃可能导致生产力的丧失，从而降低企业的收入，并损害了对客户的信誉，由此带来商业压力甚至可能引起法律上的诉讼。所以 IT 部门应当提供可容错并能够从灾难中恢复的基础设施以应对这些问题。

今天的企业总是处于随时可能出局的危险，他们时刻在寻找机会保护和扩张生意。商业运转的可伸缩性已经成为生存的必要条件。不幸的是，现在 IT 的交订货时间(lead time)过长，IT 在处理一个新应用或业务流程的需求时往往要耗费许多天甚至几个月，通常意味着要走完整个流程，包括获得订单到从无到有建造系统。公司运行业务和进行决策所必要的信息在需要的时候或需要的地方总是无法获取或难以快速获取，业务流受到限制且难以改变。

企业需要能快速适应新业务的 IT 基础设施，要求对计算能力、存储容量、信息和应用流的请求供应次数是可预计和快速响应的。

1.1.2　创造更高的效益

在 ".com" 高速发展和 Y2K 的时代，企业大力投资 IT 基础设施和 IT 相关的商业组织，且不追求回报率。其结果是促使企业对 IT 认识的觉醒，意识到对 IT 的投入太高了，因此现在对 IT 的投资受到了严格限制。在过去的三四年中，IT 主管为减少总开支并提交当前项目的投资回报率经受了巨大的压力。

从技术和流程两方面看，减少开支的需要都导致 IT 管理人员必须非常关心目前 IT 的运作情况。许多调查发现目前典型企业的硬件利用率不足 20%。所以，一个节省 IT 基础设施开支的方法就是更好地利用目前已部署的硬件、软件和管理资源，并且减少应用开发、部署和维护的费用。对这些资源管理占了当前企业费用的 1/4。因此，另一个方法是简化 IT 系统的操作管理，使现有的 IT 员工能更有效地管理更多的系统，从而达到减少总开支的目的。使用各种相关的标准如利用率、可靠性和性能等监控 IT 系统也是一个关键，因为这使得 IT 管理人员在花费不成比例的地方真正需要保留或减少开支时能够判断附加的费用是否正当。

一个高效率、高效益和敏捷的 IT 与业务流程基础设施是企业真正有竞争力的资产。但是，现在 IT 部门发现它们很难达到自己的目标。为了理解其中的原因，有必要更细致地观察目前 IT 系统的部署情况并理解与它们有关的问题。

1.2　今天的企业 IT 系统结构

企业一般由许多自治业务单位组成，每个单元有许多业务对象。过去的数年中，由于每个业务单位独立地对用户提供所需要的功能和服务质量，应用和 IT 系统基础设施的 silo 随意建造起来。这导致单个企业的信息孤岛和计算基础设施的出现，而这些孤岛不是为共享资源而设计的。结果如图 1-1 所示。

每个 silo 由许多组件组成，包括硬件、软件、数据库、应用服务器和商业应用。企业还有许多遗留的大型机系统。企业拥有许多管理员来管理不同的 silo 元件。IT 系统在烟囱管式解决方案下对运作的要素如安全和高可用性来说变得更加复杂。图 1-1 只描述了冰山的一角。作为一个 IT 业者，您可能发现复杂性是 IT 与生俱来的，且随着被管理组件的增加而呈指数增长。为了揭示由今天的 IT 基础设施中存在的冗余和副本导致的一些复杂性，让我们仔细观察每个 silo 中的元件。

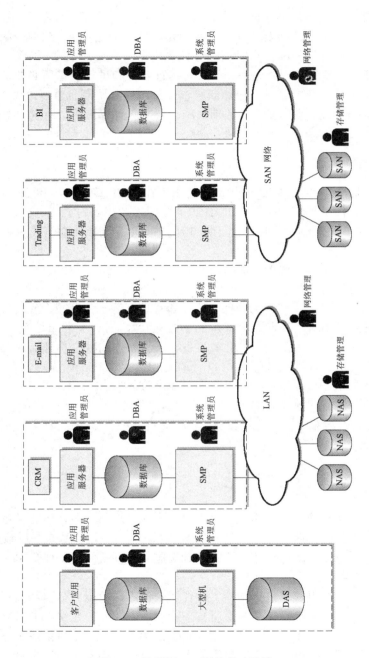

图 1-1　计算机 silo 硬件基础设施

1.2.1　硬件基础设施

硬件基础设施组成了数据中心的物理元件，如存储器、服务器和网络交换机。企业目前拥有大量独立和异构的硬件组件。下面我们将考察两个主要的组件——存储器和服务器。

1. 存储器

企业拥有许多存储孤岛——直连的存储孤岛(DAS)、网络连接的孤岛(NAS)、区域网络存储孤岛(SAN)。这些存储孤岛通常是在一段时间内形成的，由多个业务单位从多个供应商处获得，以满足对性能、高可用性、安全和管理的不同需求。

受限的商家互操作能力和跨业务单位共享的管理方式已经导致跨孤岛的应用不能共享存储资源。例如，用于数据仓库的存储阵列中可能有许多空闲磁盘空间；但是，这些空间不能简单地重新指定为邮件服务器。所以，IT 部门不得不投资购买一个新的文件服务器以满足邮件系统的需要。这已经导致对存储器的全面利用不足，一家典型的企业对存储资源的利用率大大低于 30%。由此导致企业用于存储方面的费用居高不下。

2. 服务器

企业从不同的商家购买服务器，从低成本的基于 Intel/AMD 的服务器到高成本的对称多处理器(SMP)系统和大型机。按照传统，企业为每个关键应用部署大型 SMP 系统，并附加相似能力的 SMP 作为备用以提供高可用性和灾难恢复能力。非关键应用越来越少地获得 SMP 系统共享的资源。原因有很多，诸如为每个应用分配一台机器，服务器独占(组与组之间不能共享一台机器)，以及管理 SMP 分区技术的复杂性等。最终结果是 SMP 系统的计算能力不能在应用之间共享，服务器资源的孤岛由此形成了。

服务器资源对于应用来说是典型的过度供应。计算能力预先确定并基于估计的峰值负载进行分配，而对于关键应用来说，额外的计算能力可以用来处理不可预料的需求剧增。由于每个应用都有它自己的负载特征，所以每个应用的峰值供应能力不可能在同一时间耗尽。因此，服务器从总体上来说是高度未充分利用的。许多调查表明，服务器资源的典型利用率小于 20%。

1.2.2　软件基础设施

软件基础设施包括用于开发、部署和运行企业应用的软件，如操作系统，数据库和应用平台体系和应用开发环境。

1. 操作系统

IT 部门通常管理异构的操作系统环境，如 Unix 系统、Linux 系统、Windows 系统等。即使是在相同的 Unix 平台上，不同的服务器也可能使用不同的版本，或者不同的补丁。由于每种系统都需要分别管理，其结果是给系统和运行于系统上的应用带来了昂贵的管理成本。例如，我们期望运行于一个系统上的应用在配置类似的另一个系统中也能运行良好，但是如果两个系统打的补丁不同，可能就会造成应用无法运行。而这种行为差异很难诊断出来，诊断的代价也很高。

2. 数据库

企业可能已经为每种应用都部署了一个数据库。不同业务单位中使用的相同应用可能各自存储数据。每个这样的数据库都是根据具体的应用需求专门设计、配置并调整的。关键应用的数据库是根据它自己的硬件来配置的；非关键应用中，多个数据库可能运行于相同的硬件上。这样形成了数据库孤岛，更重要的是使这些数据库中存储的数据形成了信息孤岛。这种方法在体现了具体应用需求的同时，也产生了一些问题，下面将进行讨论。

(1) 数据库资源未充分利用

由于每个应用都拥有各自的数据库，应用之间没有共享可用的数据库资源，导致数据库存储和处理器资源未充分利用。例如，OLTP 应用在白天非常活跃，而批处理应用在晚间非常活跃。如果这些应用部署在同样的数据库上，它们就可以共享可用的数据库资源(且因此获得潜在的服务器和存储器资源)。但是由于部署在不同的数据库上，它们不能共享可用的资源。

(2) 数据库管理的高成本

根据传统，数据库管理已经是一项需要许多人工干预的高错误率的工作。因此，该工作强烈依赖于有经验的 DBA。管理数据库是一个复杂的过程，从最初的部署到定期的维护如备份、监控、性能调整、空间分配调整、定期升级和打补丁。由于每个数据库都必须由高水平专业管理员单独管理，结果导致数据库管理的高成本。

(3) 信息管理的高成本

数据库孤岛也导致信息跨多个数据库的片断化。当信息全部存储在一个数据库中时是最容易提供的。信息片断化要求投资并建立信息共享解决方案以解决企业的信息可用性需求。这种片断化反过来也影响了信息的质量，如今天企业中可用信息的流通能力和精度。

(4) 受限的可扩展性和可伸缩性

当将一个孤立的数据库部署到一个大型 SMP 上时，该数据库限制了应用的可扩展性，导致应用增长只能达到一个受限的程度(例如，SMP 的规模)。当应用可扩展性需要突破这个限制时，就需要购买一个更大和一般来说更昂贵的 SMP 服务器。

3. 应用平台套件

随着 Internet 的到来，大部分商业应用运行在由 Web、Java 和数据库层组成的多层结构(Mutlitier Architecture)上。一个应用服务器一般提供 Web 和 Java 层。应用服务器提供的东西还包括 Java 开发工具、业务集成工具、门户等等，总称为应用平台套件(APS)。一家典型的大型企业使用从不同商家处购买的应用服务器和平台套件。即使在同一个应用服务器上可能运行多个应用，典型的企业还是会将每个应用部署在分开的应用服务器上。现在您会看到这样的解决方案遇到与数据库部分相似的问题——应用服务器资源未充分利用，应用服务器管理成本高昂，以及处理应用需求增长时可扩展性和可伸缩性的缺失。

1.2.3　业务应用与进程基础设施

运行于软硬件基础设施之上的是应用层，应用层封装实际业务逻辑，包含了业务应用和业务流程。

1. 业务应用

企业在一个时间过程中建立并获得多种应用。有些应用包是为满足个人业务需要而定制的。这样的应用包包含了来自于 Oracle、SAP 等公司的客户关系管理(customer relationship management，CRM)和企业资源计划(enterprise resource planning，ERP)应用等，也包含了复杂的具体工业应用。企业有发展多年的多种自带的或客户定制的应用。这些应用可以有各种实现，如 Java、C、C#、C++等。这些应用通常分为在线交易进程应用(online-transaction processing，OLTP)和决定性支持系统应用(decisive support system，DSS)。

每个业务单位在不同的时候都可能部署不同的应用。根据部署时的 IT 决议，应用可能运行于不同的底层硬件、操作系统、数据库、存储等等之上。例如，订单处理系统可能是基于 Linux 平台开发的，E-mail 系统基于 Windows 服务器开发。有时同样的软件在不同的业务单位中的部署和配置也不相同。其结果是 IT 部门将不得不管理各种异构的硬件平台、软件、商家软件包和定制应用的复杂混合体。

2. 业务流程

业务流程是完成同一个业务任务的不同业务应用功能的协调过程。例如，订单应用从客户方接受订单，账单应用为客户制定账单，订单处理应用处理订单，发货应用发布订单。今天的打包应用是高度集成的软件，在部署初期就被配置并定制以符合网格业务模型。不幸的是，这意味着应用内的业务流程的高度固化，无法轻易更改。使用不同商家的应用或遗留系统的应用时，应用要使用一些集成技术以建立一个业务流程。很多企业集成商基于他们自己的相应协议提供了集成产品如集成网络枢纽、代理等。所以企业应用集成通常包括广泛的软件开发工程。但这些方法都没有为业务流程提供效率性和可伸缩性，而这正是今天的企业应该具备的特性。

1.2.4　运作元素

企业 IT 部门必须遵循各不相同的运作进程来保证基础设施和商业应用层的平滑运行。他们在部署这些产品前维护着独立的部署和测试环境来保证应用能按期望运行。生产环境必须为企业应用提供要求的性能、安全性和可靠性。

1. 部署、测试和生产系统

大规模企业有独立的部署、测试和生产系统，所有这些系统的员工职责不一样，包括各种不同的存储管理者、数据库管理者和应用开发者。

将一个应用从开发环境转向测试环境，再从测试环境转到生产系统的进程主要是人工操作的，因此很容易出现错误，这就造成测试运行的应用不一定能够用于生产中。另外，由于每个业务单位在开发完成并部署之前，每一个不同的 IT 系统都需要进行软件部署与配置。

2. 性能

不同业务应用要求不同等级的性能保障。例如，对一个在线商店，客户是无法接受等待几秒钟才执行一个命令的。然而，在报表生成系统中，请求在几分钟内没有返回数据都是很正常的。而且，各种系统的负载在逐月或逐年的过程中也会变化。问题是当各种应用的基础设施都独立提供时，需要考虑每个应用预期的负载峰值。因此有些系统可能长期处于闲置状态，从而无法有效应对意外负载激增的情况。理想情况下，IT 基础设施应该能够根据负载的零星增加按比例增长，在正常的操作中不会造成资源的未充分利用。但是当闲置计算资源被隔离在其他的系统中时，这种方法是很难实现的。

3. 安全性

在今天的 IT 环境下，经常使用物理隔离来保证 IT 系统的安全性，认为这样可以防止用户因疏忽而从一个系统访问另一个系统，当一个系统失效时也不会给其他系统带来影响。这样做会使得目前的情况更加糟糕。因为这种方法要为每个 IT 系统提供独立的安全配置和安全管理，从而使系统安全复杂化，且增加了安全漏洞。分散的软件配置加上持续的入侵和病毒威胁使得企业系统的安全管理任务不容乐观。

另一个安全问题是使用不同应用的用户的身份管理。典型的做法是为每个应用提供或注销独立的用户账户。这样做产生的任何一个错误都可能造成极大的安全隐患。

最后，规则需求如 Sarbanes-Oxley 和 HIPAA 也推动企业数据提供更严格的安全控制，以防止无意和恶意的篡改，增加了企业安全管理的压力。

4. 高可用性

今天的 IT 环境需要一个停工期以进行维护活动。但是，随着全球化商业活动的增长趋势，管理员面临着压缩计划好的停工期，甚至面临着对关键系统 24x7 的可用性。

　　为了获得高可用性，不同业务单位部署不同的解决方案和系统结构。几乎每个关键应用都有各自同等功能的冗余硬件作为空闲资源以应付可能的系统失效。911 之类的事件更加突出了保证业务连续性的灾难恢复策略的重要性。这意味着必须在可切换的场所部署许多可能空闲的硬件，而它们对于企业来说是一笔巨大的费用。而可切换的场所又导致空间、能耗、制冷和站点管理员的额外成本。

1.3　企业网格计算的定义

　　我们已经讨论了业务需求和当前企业 IT 系统结构所面临的复杂问题，下面看一下企业网格计算如何帮助解决当前环境面临的挑战。在此之前，首先对企业网格计算进行定义。

　　网格计算最高层次的中心思想是把计算当作一个工具。网格的使用者不需要考虑数据的存储位置及使用哪些计算资源去处理请求，他们可以从任何一个位置请求信息或者处理，并且请求能够根据使用者的需要及时传送。这类似于电器的工作方式：我们不知道发电机在何处，不知道电气网络如何用金属线相连，而只需要电，有电就好。网格的目的就是让计算成为实用工具、商品，要求是无处不在的，因此称为网格[Oracle Grid 2002]。

　　从企业内网格提供者的角度来看，网格计算提供一个共享 IT 的基础结构，这个结构可以高效、低费用地使用 IT 资源。术语“企业网格计算”是指单一企业范围内的网格计算。企业网格计算是为了保证计算能力、存储、数据库、信息、应用服务等等可以根据需要在任何时间任何地点得到分配和利用。提供企业级网格计算的 IT 基础组织称为企业网格(Enterprise Grid)

1.4　企业网格计算模型

　　企业网格计算模型为企业 IT 提供了合理的体系结构。图 1-2 展示了这个体系结构。在高层次上，企业网格计算模型下的企业系统结构结合了三个重要特征：资源的虚拟化，使用者资源的动态供应和资源逻辑上的集中处理。接下来了解每个术语的含义。

　　虚拟化(Virtualization)　虚拟化减弱了使用者对资源的所有权。万维网提供了一个虚拟化的经典示例：URL 虚拟了网页的物理位置。虚拟化在资源和资源使用者之间提供了一个层，从而使底层资源可以被相当的资源替换而不影响使用者。虚拟化使得不同使用者的需求变化可以共享同一物理资源。另外，虚拟化也为使用者隐藏了复杂性，抽象了基本资源的管理，为使用者提供了位置和技术透明的访问。

　　在企业 IT 设置中，将所有类似的 IT 资源合并为一个全局池(global pool)是虚拟化的第一步。术语“资源”既表示物理资源(如服务器、存储器和数据库)，也表示抽象资源(如信息、应用逻辑)。本章的下一节对 IT 每层的虚拟化进行详细讨论。

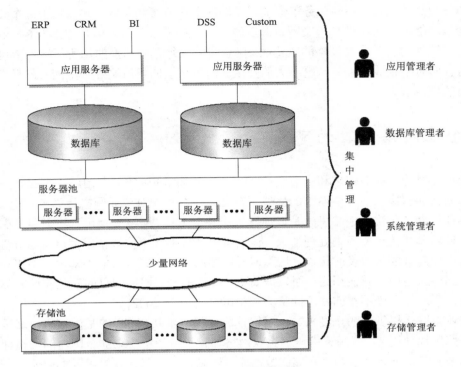

图 1-2　IT 的企业网格计算模型

　　动态供应(Dynamic Provisioning)　供应是从资源到使用者的定位。在当今典型的企业体系结构中，物理资源的供应是基于请求的期望峰值静态完成的。可是，在一个资源被虚拟化了和特定使用者的所有权被弱化了的企业中，这些资源在需要时可以动态供应。与此类似，当一个资源不再被请求时可以被重新供应。动态供应可以应用于信息资源。一旦信息资源被虚拟化，使用者不必知道保存此信息的系统；只要通过简单的请求就可得到信息。

　　当前企业资源的供应通常涉及响应供应需求并执行一些人工步骤进行资源分配的人。随着时间的推移，在企业网格模型中，企业将提供自动供应。而且，资源的虚拟和动态供应的能力使得这样的自动化成为可能。对于企业网格计算，资源的动态供应成为 IT 基础的一个组成部分。在接下来的章节中，我们将提及现在可用的动态供应技术的具体事例。

　　集中式管理　尽管集中式管理不是网格计算模型中固有的，但我们认为 IT 资源的集中式管理是企业网格计算的必要元素。集中式管理提供了对企业网格中所有资源的控制。管理员能使用集中式管理去管理、监控和供应诸如服务器、存储器、数据库等资源。实际上，当相似的资源从一个单独的视角出发被管理并使用一个公共的接口，那么资源的动态供应被大大简化。这个集中的视图提供了以业务为中心的管理方式，是根据业务目标和优先级驱动资源分配的折中。

1.4.1 IT 不同层上的企业网格计算

在接下来的章节中我们将看到，怎样通过技术和多个步骤把虚拟化的三个特征、动态供应以及集中式管理应用到 IT 的不同层上。这些特征能被独立地应用到 IT 的每一层上并让对应的层获得网格计算带来的益处。我们将给出具体应用到 Oracle 环境中的技术和产品。

1. 存储

企业网格计算的存储层通过汇集相似的存储设备，使存储结构更加合理。存储区域网络(SAN)和网络连接存储(NAS)在存储层上已经给企业网格计算提供了一个初步的方向。这些技术提供存储合并，使许多应用可以共享使用存储资源。

随着时间的推移，企业已经形成了 NAS 孤岛和 SAN 孤岛。存储虚拟技术可以从分离的 SAN(光纤信道)和 NAS(IP)网络的多个销售商和存储设备中，帮助汇集指定的存储设备。根据应用的当前需要给指定的应用提供存储空间；如果一个应用需要更多的存储空间，可以由存储池提供。为具体需要分配的存储类型与其业务价值相匹配。例如，将高性能的存储分配给 OLTP 应用的关键任务。

来自存储销售商的各种技术有助于实现存储的虚拟与供应。Oracle 自动存储管理(ASM)，作为 Oracle Database 10g 所包含的一部分，被 Oracle 数据库用来实现存储的虚拟和供应。管理员简单地将磁盘空间提供给 ASM，然后由 ASM 负责为 Oracle 数据库管理存储的分配。

2. 服务器

在服务器层上，企业网格计算包括将相似的服务器资源整合成公共的池。廉价的模块服务器，例如带有 1~4 个 CPU 的机架式服务器或刀片式服务器，可以作为构造模块使用，以创建一个大型的服务器资源池。多个应用共享来自这些公共池的资源。根据给定应用的工作量和业务需要，动态改变这些应用的资源分配。

在 Oracle 环境中，服务器资源能被虚拟化，而且一个单独的数据库通过使用 Oracle 真正应用集群(RAC)能够运行在一组服务器上。与此相似，Oracle 应用服务器也能够运行在一组服务器上。RAC 和 Oracle 应用服务器为这些服务器上的多个服务动态地负载平衡负载，并提供动态添加和删除分配给它们的服务器资源的能力。

另外，企业可以将处理工作(批处理工作等)下载给更多的可用数据库，从而利用诸如 Oracle 流和 Oracle 可移动表空间的技术，跨数据库实现服务器资源的共享。

3. 数据库

企业网格计算在数据库层的工作是数据库的合并，使多个应用共同使用一个数据库，取代了为每个应用创建一个独立数据库的做法。数据库合并还包括数据库资源的虚拟化，例如，Oracle Database 10g 包括数据库服务的概念，它将 Oracle 物理数据库实例虚拟为一个应用连接。

一个数据库可以由运行在多个服务器上的多个数据库实例组成，每一个实例可以通过不同的服务名称为一个或多个应用服务。每个连接使用一个指定的服务名称，无需考虑真实的数据库实例或机器。

除了虚拟化，服务名称还被 Oracle 数据库用来跟踪并将资源分配给这些不同的应用。例如，月末的发薪服务应该比人力资源服务分配更多的资源，同时它们都由一个相同的后台数据库服务。

4. 应用服务器

在应用服务器层，企业网格计算涉及在一个应用服务器集合上运行多个应用。底层服务器(CPU)资源可以根据应用工作量和业务需要分配给指定的应用。

Oracle Application Server 10g 通过使用服务器集群在一个应用服务器上运行多个应用。Oracle Application Server 的动态监控服务(DMS)监控着对不同应用服务器组件和应用的各种资源使用和响应时间。这个信息能被用以跟踪一个应用发送的服务质量。另外，系统能根据收集的度量配置生成警报，而且可以动态改变资源分配以满足服务目标的质量。

5. 应用

在应用层，企业网格计算正转向一种面向服务的架构(Service-Oriented Architecture，SOA)。对于 SOA，无论是企业应用和应用模块，无论是自主开发的还是购买的盒装软件，都作为服务而能够被访问，典型服务有 Web 服务。这些服务虚拟了编码的业务逻辑和处理过程，个别应用、用户接口、操作系统和编程语言的硬耦合关系不再那么紧密。这种提供服务的应用逻辑机制，为软件提供了更好的可重用性。同样的软件模块现在可以被许多应用开发人员简单重用，在跨许多部署的应用中可以被简单共享。此外，该机制还可用于动态绑定服务，创建动态的处理耦合。这种可以简单定义和修改业务程序的能力可以提高企业的效率。这样，SOA 使用一个更轻快敏捷的应用基础解决了新的业务需求和竞争压力。

Oracle Fusion Middleware Family 提供了开发、部署、管理和组织服务的全面功能。例如，BPEL(Business Process Execution Language)Process Manager 可以使用 BPEL 定义以及图形接口部署业务流。

6. 信息

企业网格计算包括合并信息(物理的或者虚拟的信息)，并在需要的时间和地方使其可用。

Oracle 数据库提供了一些信息供应技术，根据企业的需求供应信息。例如，如果需要共享大量的信息，可以用 Oracle 可移动表空间(Oracle Transportable Tablespaces)和数据泵(DataPump)在数据库之间有效传送数据。如果需要交替共享信息，可用 Oracle 流从一个系统到另一个系统连续地补充数据。如果数据被频繁访问，使用分布式 SQL 技术能将数据保留在适当的地方并按要求访问。

使用数据枢纽，产生于业务应用的信息能被一起汇集，作为一个单独的资源服务于关键业务信息。数据枢纽使用各种数据集成技术，将参与多个企业系统的信息汇集到一起，创建一个单独的真正的资源。业务用户不必再访问几个不同系统来获取信息，只访问数据枢纽即可。Oracle 提供了一些 Oracle 数据枢纽(Data Hubs)，在一个单独的集中地方同步来自企业所有系统的数据。例如，客户数据枢纽提供了一个精确、一致、360 度全方位的企业客户数据，不管它们是来自外包生产的，遗留下来的，还是定制的应用。

1.4.2　集中式管理

集中式管理是企业网格计算的一个必要元素。它从更高的层次上包括了逻辑编组和计算资源管理，而不是对每个资源的独立管理。合并和汇集类似资源，使 IT 的每一层各自负责集中管理。存在许多具体管理特定形式资源的产品，像存储管理软件或刀片供应软件。然而，通过一个集中式管理工具管理整个企业网格，甚至能获得更大的益处。

带有 Oracle Grid Control 管理控制台的 Oracle Enterprise Manager，为 Oracle 系统提供了这样一个集中式管理接口。Oracle 网格管理支持与 Oracle 相关的 IT 基础设施的整个生命周期的管理，包括数据库、应用服务器、OS 和其他软件。Grid Control 操纵着整个生命周期，从初始部署到进行中管理，再到最后的解除资源。

Grid Control 提供应用的服务级管理。管理员能创建一个服务仪表盘，监控企业应用或具体计算资源(例如响应时间、可用性等)的关键性能度量。管理员也可以为这些资源设置警报、制定策略。另外，有警报或违反策略的行为发生时，它们能定义可自动执行的正确行为。

通过提供关于 IT 基础的整体状况的实时信息，Grid Control 使得 IT 主管对 IT 运作更加了解，他们能监控关键业务应用上的服务质量，并获取关于各种 IT 资源健康和利用的报告。

1.4.3　有助于企业网格所采取战略的措施

迄今为止，企业网格计算的讨论已经集中在提高技术上，但是网格计算不仅仅是要求新技术。一个成功的网格战略包括对传统 IT 处理进行许多重大的改变。那么，一个企业应当如何以及从何处开始这个向网格的转变呢？企业逐步往企业网格计算方向发展，可以采用如下三个战略措施：

(1) 标准化企业所有组件

(2) 合并 IT 基础

(3) 使 IT 管理功能集中化和自动化

要把这三个措施全都应用到技术和 IT 处理中。

标准化有助于资源的虚拟化和集成化。资源池包含的是相似的项时就可以动态替换和再分配，而不会给用户的资源造成影响。最后，企业可以标准化服务器硬件，例如，在有些应用类型中可以使用低成本的模块化服务器来替代旧的硬件。同样，企业可以在企业内部跨部门对软件产品和软件部署配置进行标准化。标准化工作可以逐步进行，例如，可以在更新软件到新版本的时候进行。

合并包括减少独立管理的组件总数。企业从数据中心开始合并，将数据中心的总数从上百减为数十个，或从数十个减到几个。企业可以合并使多个用户共享同一个 IT 组件。例如，企业可以让多种应用共享一个 Oracle 数据库。

自动化包括在重复的管理工作和程序中减少人的干预。标准化的进程很容易实现自动化。管理员可以让正在进行的管理任务如备份、打包等实现自动化。

我们将在第 12 章中进行更为详细的讨论。

1.5 企业网格计算的好处

企业网格计算模型为企业 IT 带来了一些切实的好处。

1.5.1 IT 成本降低

在计算量相当的某些类型的应用上，小规模的模块化服务器集群与大型的 SMP 相比，在服务器投资上能节约很多成本，硬件购置成本、维护成本和管理成本也可随之降低。由于模块化服务器相对比较易于组合、提供，因此对服务器做适当的集成能够降低服务器设施的整体操作开销。

通过资源的组合与动态供应，企业能够有效地减少 IT 成本总额。图 1-3 举例说明了企业网格计算模型的好处。比较典型的是，OLTP 应用在白天更加活跃，而批处理应用则是在晚上更加活跃。与此类似，世界上不同地方的用户其活跃的时间也可能不同。在当前的 IT 环境下，这些应用有各自感兴趣的资源，因此需要企业有充足的资源以应对所有应用的负载峰值总和。在企业网格计算模型中，所有的应用资源共享，且由于所有应用不会同时处于高峰，企业只要向累积负载达到峰值的应用分配资源。这就为 IT 基础设施节省了整体成本。另外，所有的应用共享动态余量，不用为各个应用预留动态余量以备意外需求，如此使得所有的应用在较低的成本下还可以拥有更多的动态余量性能。

统一化通过减少独立管理的组件总数也能减少 IT 的管理成本。企业可以将多个统一的系统设为一组，并部署同一套管理程序来管理这些系统。此外，企业可以使复杂的 IT 任务自动化。通过利用统一化和自动化的控制可以使管理人员在经济上受益甚多，还可以管理更多的 IT 系统，从而有效的减少 IT 的管理成本。

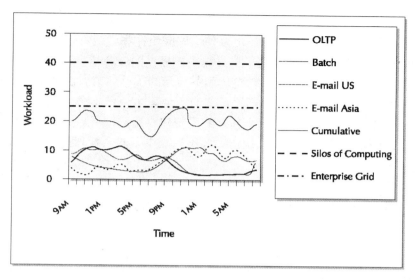

图　1-3

1.5.2　IT 栈各层的可伸缩性

企业通过网格模型能够从虚拟资源池中动态地为应用提供所需的资源数量，必要时还向应用提供更多的资源以满足其服务层目标。

如果应用已不再需要某项资源，别的应用就可以对这项资源接着利用。这种可伸缩性使得应用可以持续满足其服务级目标，并满足业务用户和客户的预期响应时间，应用对负载变化的响应也将更加迅速。

企业网格计算显著减少了新系统部署或业务流程转变的时间。新系统更容易部署。通过建立自动的系统供应进程，企业也免去了新系统开发时间过长、交货太晚的忧虑。软件供应技术使得新系统的软件部署可以通过对现有软件配置的简单克隆实现，大大减少了部署时间。SOA面向服务的系统结构使得业务流程流的转变更加简便，从而可以根据业务需求作出更快的响应。

1.5.3　可预计的服务质量

集中式管理为 IT 部门测量终端用户所获得的服务质量提供了工具和机制，CIO 对其 IT 系统可以形成更好的视图，实时了解不同地方用户的响应时间和不同企业应用提供的吞吐量，了解并跟踪哪些系统在运行，哪些已经关闭，以及系统出现意外中断的频率，一次中断会持续多长时间。

如果终端用户的服务级别能够被测量并量化，就可能使资源分配动态变化以持续满足不同的服务级别要求。在出现问题时，对问题根源的识别诊断以及问题的解决将更加简单。

在企业网格计算下，多种应用可以共享冗余组件，这些冗余组件是为实现高可用性而分配的。这样不仅可以提高资源的利用率，还可以使这些应用在失效或灾难恢复时能够获得更多的资源，提高了应用的可用性，从而提高了向终端用户提供的服务质量。

关键系统和关键应用的安全性是 IT 整体服务质量的关键环节。由于企业对系统配置的标准化，从而可以在整个 IT 基础设施中部署最佳的安全策略。企业网格的用户供应也能够在集中在一个地方。企业网格下不需要为每个独立的系统建立用户，用户身份只要建立一次，就可以通过如单点登录的机制访问具体的系统，如此不仅减少了安全管理的成本也增强了 IT 的安全性。

1.6 企业网格计算对不同的人分别意味着什么

企业网格计算对业界不同领域的人提供了不同的好处。

1.6.1 CEO

利用企业网格计算提供的灵活的 IT 基础设施和业务流程系统结构，CEO 可以实现业务的更快发展。在基础设施层，企业网格计算可用来为新的商业开发提供更快的 IT 资源，通过灵活的措施重新分配现有的 IT 基础设施或建立新的基础设施，且不会推迟交货时间。

在应用层，企业网格计算利用 SOA 提供灵活的业务流程系统结构。SOA 没有在企业应用之间固化联系，而是灵活部署管理并组织企业应用和业务流，同时对各种业务流程之间的消息流进行监视。关键业务流程的监视报表可以让 CEO 及时掌握其业务经营的进展状况，确定新的业务优化方法。

1.6.2 行业经营者

有些经营行业的老板由于害怕失去对资源的控制权或担心不能访问他们需要的资源，所以不愿意参与资源共享。其实，比起当前的典型企业系统结构，他们在网格环境下可以得到更好的服务。因为网格环境下的资源再分配更加动态，可以满足业务应用对响应时间和吞吐量的实时需求。当经营者需要其他的资源部署新应用时，企业网格还可以重新配置部署网格资源，其速度较传统环境更快。在成本方面，经营者共同承担，只需支付他们使用的那一部分的成本。因此，他们可以用比从前更低的成本使用更多的资源。

有些人还担心网格计算可能会降低 IT 系统的安全性，事实上，网格计算的标准化、统一化和自动化的过程其实是增强了安全性。目前，业界标准安全的最佳应用在所有的 IT 系统里的部署都很简单，可以减少安全链接的脆弱性，提高了系统的整体安全性。对用户授权和取消授权都在一个中心进行而不是在各个应用中，保证遗留在卫星系统中的用户账户不能获得对关键系统的未授权访问。单点登录使用户无需记住太多的密码，用户能够保证密码确实是私密的。

1.6.3　IT 主管

通过充分利用现有 IT 资源，IT 主管可以在有限的 IT 预算中，只需较低的成本就能从 IT 资产中获得更好的收益。企业网格计算降低了 IT 基础设施、系统管理和信息管理的成本；使用较便宜的工业标准硬件可以减少 IT 的硬件成本，工业标准的 API 和面向服务的系统结构也可以减少软件开发和集成的成本。

网格计算技术使得对标准统一系统的自动化操作更加简便，从而降低系统管理的总成本。Oracle 网格计算技术为 IT 主管监视 IT 系统提供集中管理工具，有利于对系统形成更好的视图。IT 主管无需通过具体的 IT 员工就可以掌握 IT 系统状态，他们可以随时了解信息状况。系统的高度可用性和更好的服务质量极有利于业务的经营，对 IT 主管来说也不啻为一件好事。

CIO 可以随着业务的增长增加投资，而不用提前对 IT 基础设施做大规模投资。因此，企业可以根据当前需要部署 IT 资源，包括硬件和软件证书。随着需求的增加，为了保持系统在线他们将不断需要更多的硬件——存储器和服务器，但不用增加管理任务来支持不同 IT 层上资源的增加。所以 IT 主管可以规划其 IT 员工管理更多的 IT 系统。

1.6.4　IT 员工

今天的 IT 员工如同救火队。在企业网格计算中，IT 人员可以更加主动，在问题出现之前提前掌握情况，因此将 IT 员工的工作称为火灾避难而不再是救火。很多 IT 问题，在反应方式的管理中，可能引起 IT 基础设施里的连锁反应，主动的 IT 管理减少了单个不可预计问题的后果，使 IT 人员能够有更多的时间去完成其他策略性的任务。

Oracle 企业计算技术可以减少如性能调整和性能诊断的日常任务。Oracle 数据库和应用服务器的管理日益自主化，系统可以自主检查系统问题并试图解决。系统可以报警提示管理员关心的事件，这样管理员就不用一直监视着系统，只需制定一些简单的策略规定系统通知他们感兴趣的行为。一旦发生警报，他们往往可以在问题尚未扩大时就予以解决，从而避免了 IT 瘫痪。

IT 员工也可以随时了解系统的当前运行状况，他们只要用一个简单的 Oracle Grid Control 绘图工具就可以监视其系统，而不需要独立观察各部分系统以获得系统状态。

1.6.5　Oracle 客户

企业不需要一步就跨越到企业网格计算。任何一个企业只要有限的投资马上就可以从网格计算中受益匪浅，而且随着网格在 IT 领域的应用增多，还有望获得更大的利润。由于 Oracle 10g 平台包含了当前的多种网格计算技术，企业使用任何一部分 Oracle 10g 产品组件都能获得好处。

Oracle 数据库和 Oracle 应用服务器是设计用于运行模块化、低成本的服务器集群的，利用如真正应用集群(Real Application Cluster，RAC)，用服务器名实现的数据库虚拟化和高可用的应用服务器集群化等应用，不要求重写应用。注重优化 IT 管理的企业利用 Oracle 网格控制还可以帮助管理整个 Oracle 的生态系统。

网格技术在迅速发展，Oracle 系统结构和产品也在向支持将来的网格计算技术和标准的方向调整。在 Oracle 10g 的所有产品组件中，Oracle 已对所有定义了标准的地方实现了开放的标准。Oracle 正在和全球网格论坛和企业网格联盟合作定义网格标准，支持并帮助很多团体开发许多标准，如美国国家标准协会(ANSI)，万维网协会(W3C)，结构化信息标准促进组织(OASIS)和 Java 标准制定组织(JCP)。有了这些标准，我们可以很有把握地期待 Oracle 在其产品中逐步支持网格标准。企业对 Oracle 10g 投资将会随着他们逐步向网格模型的发展而得到回报。

1.7　本章小结

企业网格计算是有一个强大的概念，它为今天的企业面临的许多问题提供了解决的途径。特别是，这个模型把当前诸多分散的企业资源聚合成统一的资源池，根据消费方的需求进行资源的分配和再分配。所有的资源都由一个统一的接口管理。在 IT 栈的每一层也更加自动化，包括存储、服务器、数据库和应用服务器。企业网格计算在应用层和业务流程层使用面向服务的应用系统结构，从而更加灵活。基于 Oracle 环境的企业还可以利用 Oracle 和其他供应商已有的技术更好地发展网格计算。

在下一章中，我们将全面学习网格计算，简要介绍企业网格计算的历史，以及它正在从科学和技术计算应用到现状的演化。我们还会谈到该领域的产业相关人员和标准活动的整体发展方向。尽管不同的厂商对企业网格计算有不同的称呼，具体的产业术语也五花八门，但正如上文所述，企业网格计算确实是一个很强大的概念。

1.8　参考资料

[Oracle Grid 2002] Goyal , B. and Souder, B. Oracle and the Grid (an Oracle White Paper). November 2002.

http://www.oracle.com/technology/products/oracle9i/grid-computing/OracleGridWP.pdf

[Oracle Grid 2005] Nash, Miranda. Grid Computing with Oracle (an Oracle White Paper). March 2005.

http://www.oracle.com/technology/tech/grid/pdf/gridtechwhitepaper_0305.pdf

[IT Spending Gartner] Gomolski, B.Gartner. 2004 IT Spending and Staffing Survey Results. October 2004.

[OTN Grid]Oracle Technology Network – Grid Technology Center. http://www.oracle.com/technology/tech/grid/index.html

[Oracle DB Grid] Oracle Database 10g: Database for the Grid (an Oracle White Paper). January 2005.
http://www.oracle.com/technology/tech/grid/collateral/10gDBGrid.pdf

[Oracle App Server] Oracle Application Server 10g Release 2 and 3, New Features Overview (an Oracle White Paper). October 2005.
http://www.oracle.com/technology/products/ias/pdf/1012_nf_paper.pdf

[Oracle EM]Managing the Complete Oracle Environment with Oracle Enterprise Manager 10g (an Oracle White Paper).July 2004.
http://ww.oracle.com/solutions/manageability/em_wp_10g.pdf

第 2 章

企业网格计算的发展

在 Yahoo 或 Google 上搜索一下，会发现人们对网格计算的定义五花八门，分类也是各种各样的都有。一般来说，网格计算是一个巨大的问题空间，研究领域和产业领域的不同组织从不同角度解决这个问题，从而形成了不同的定义和观点。虽然本书的主题是网格计算在企业领域的应用，但是对理解概念的理论来源和与科技、经济相关的产业趋势也有指导性的作用。为此，本章将简要介绍网格计算的历史，并从企业计算的角度，根据它从诞生到今天的发展历程为主线为其分类。

随着开发商的增多，网格计算也就比较混杂。不同产业开发商在描述同一问题领域的解决方案或者体系结构时，提出了许多不同的术语。我们将从企业网格计算的观点出发，指出这些术语，并会对网格计算中经常用到的概念和术语做概括介绍。然后将讨论标准的作用，它使得今天的企业网格计算在实践中得以实施。最后，对发展中的标准化活动做一下讨论。

2.1 网格计算的分类和发展

跟 Internet 一样，网格计算的定义来源于科研机构对实现大学之间资源共享的尝试。网格计算应用于科技问题，在企业的最早应用是解决复杂的计算问题(比如财务建模)，资源共享的概念后来被企业应用和 IT 组织所采纳，从而诞生了企业网格计算。

我们坚信，随着网格计算的发展，企业网格计算将突破单一企业的限制并扩展到众多企业或伙伴组织。网格中最重要的一个观点是"计算是一个工具"，所以计算工具供应商的出现类似于电力网的供应商。大企业内部使用的 IT 功能随着时间流逝，将成为非核心功能而转移到供应商手中。企业 IT 将致力于作为商业核心的 IT 基础设施部件或增值技术，依据这种竞争优势向外提供。

接下来介绍网格计算发展的不同阶段。在阅读这些章节的过程中，读者可能注意到不同阶段的年表和使用情况之间的界限有点模糊。例如，科学计算和企业计算的开展时间是并行的。另外，伙伴组织之间的网格和计算作为工具的早期示例已经存在了。

2.1.1 科学计算的网格

网格计算是在学校和研究实验室中诞生的，用来解决高性能计算和批处理问题。科学家和研究人员利用网格计算与其他大学科学家协作并共享他们的计算资源。

1. SETI@Home

SETI@Home 是网格计算领域中早期流行的应用之一。SETI(Search for Extraterrestrial Intelligence，寻找外星智慧)工程分析无线电频率数据，这些数据来自无线电望远镜收集的信号，用以识别表明智慧生命的模式。这正是一个密集计算的应用，因此没有一个独立的研究实验室能够提供满足它的计算能力。然而，科学家知道如此大的工作量能被分解成数以百万计的独立单元，使得这些单元能够被并行或串行的执行，于是引出了一个巧妙的解决方案。随着家用 PC 机和桌面系统的强大，以及 Internet 的连通性的无处不在，这些机器上的空闲周期可以用来帮助解决 SETI 分析的困境。用户只需将一个小程序下载到桌面电脑上，当桌面电脑空闲时，下载的程序将能探测到并使用这个空闲的机器周期。当它重新连接 Internet 时，将把结果发送回中心站点。整个世界空闲 PC 机的网络计算能力，对执行复杂的数值分析有重大的意义。

2. 大型强子对撞机

CERN，一个涉及 Web 开发的开拓型的研究组织，也属于网格早期的科研用户之列。CERN 建造了一个大型强子对撞机(LHC)计算网格，用来管理 LHC 粒子加速器实验产生的数据。最大的实验每年将产生超过 1PB 的数据，大概有 2000 个用户和 150 个研究所将参与处理、分析来自这些实验的数据。分析这样大规模的数据要求的计算资源远远超过一个独立的研究所的能力。LHC 计算网格为跨研究所的合作提供了一个耦合的计算环境，它也允许研究人员利用网格上的计算机资源处理无限但可分解的计算机难题。

3. Globus 工程

1996 年，为了开发计算机网格，Argonne 国家实验室和南加利弗吉亚大学启动了 Globus 工程以开发和共享公共工具和技术，同时还启动了北美的网格论坛。1998 年，Globus 工程发布了开源软件 Globus Toolkit 的第一个版本——v1.0。Globus Toolkit 已经历了很多修改，现在被用于许多科学和商业的高性能计算应用。有两个组织已经启动了 Globus Toolkit 使用的商业化，分别是 Globus Consortium 和 Univa。Globus Consortium 是一个产业开发商的联盟，他们的目标是为 Globus Toolkit 的商业使用提供指导，以更好地处理企业计算的需求。Univa 是一个独立的公司，它支持并推动在企业界内使用 Globus Toolkit，类似于 RedHat 对 Linux 所做的工作。

2001 年 3 月，全世界的网格论坛(北美的网格论坛、亚太的网格论坛和欧洲的网格论坛)合并在一起创立了全球网格论坛(Global Grid Forum，GGF)。产业开发商们已参加到全球网格论坛中，而且现在 GGF 的工作也包含了来自商业部门的需求。在后面的章节中我们将讨论 GGF 的活动。

2.1.2　企业网格

这些早期网格所解决的问题有一个共同的思路。它们的应用要么是大量批处理的应用，要么是高性能的技术性应用，能被分解成更小、几乎独立的部分，这些小的部分可以散步在大量独立的机器上。利用网格计算，这些应用就可以被写入或者重复写入。

与学术界不同，企业中的大多数应用或者是盒装应用(例如，ERP、CRM、HR 等等)，或者是自己已经开发多年的应用。这些应用通常包括紧密集成的组件，而不是一开始就被设计于网格应用的。企业已经在这些应用上投资了很多。他们对稳定性和向后兼容性有严格的要求，这使得重写应用需要非常高的造价。然而，软件开发商和应用开发商已经开始意识到将整体性的应用分解为可重用的模块组件的价值。Internet 增长的影响导致了客户端-服务器模式被 J2EE 和.NET 的多层应用架构所取代。

在 2000 年和 2001 年左右，大多数产业开发商(例如，Oracle、IBM、HP、Intel、Sun 等等)，都意识到用于科学网格计算中资源共享的潜力，并且积极投身到这个领域当中。这些开发商想要根据 IT 基础设施调整和使用网格计算的概念。他们开始关注在一个企业数据中心内的基础设施共享的问题。这意味着要简化数据中心的操作，从而带来效率的提高和整体 IT 开销的减少。这样，在向业务用户提交高质量的服务时，企业中的网格计算将汇集数据中心的资源，为多个企业应用需求分配这些资源，并且更有效地管理这些数据中心的资源。现代应用设计趋于多层架构，非常适合部署在这样一个共享的基础设施上。

因此，对于企业资源共享和功效来说，科学领域中的网格计算概念已发展成为一个功能强大的范例。

1. 产业级范例的转变

今天，对企业网格计算，开发商的共享思想有着重要意义。不同的开发商使用不同的术语，例如自适应企业(HP)、自主计算(IBM)、按需效用计算(Veritas)以及 N1(Sun)。这些术语都涉及了企业网格计算的一些方面。有些开发商甚至为网格计算给他们的产品系列重新命名，其中著名的有 Oracle 公司的 Oracle 10g 产品系列，Network Appliance 公司的 Data ONTAP™ 7G 平台，以及 V-Series 公司(以前名为 gFiler)的生产线。

对于商业和经济原因而言，无论何时拥有范例的转变，即使是缓慢的转变都比在单一层面上产生一个巨大飞跃要重要得多。考虑到企业网格计算，企业愿意发展 IT 基础设施，以平衡利用以前在存储、服务器、数据库、应用服务器、盒装应用、遗留应用、管理工具以及其他 ISV 软件上的投资。好消息是今天的企业在合并了人员、流程与技术的基础上，将有能力对网格计算采取进一步的措施。

在存储、服务器、数据库、应用服务器以及管理工具领域，技术上的最新进步都适应了企业网格的概念。例如，在基础设施层(服务器、存储、数据库和应用服务器)上，企业网格计算能在如 Oracle 10g 的平台上执行。Oracle 10g 平台为 IT 基础设施的有效利用提供了众多技术，以满足企业应用不需要重写的要求。当调整现有的 IT 投资，这些技术便逐渐地被采用。从而为企业铺平了采用网格计算的道路。

应用层的企业网格计算通过面向服务架构(SOA)得到了证明。SOA 使得来自不同开发商和平台的松耦合应用得以实现，应用功能的部分可以重用和重新设计，并且可以共享一个无须从头开始的新应用，有效地将讲一个整体的应用程序分解为一个可重用的应用组件库。从而，动态地构造出业务流程。

像 Web 服务和业务流程执行语言(Business Process Execution Language，BPEL)这类新兴的技术标准，在这样的应用网格中是最基本的。例如 W3C 和 OASIS 这样的标准团体(本章稍后将讨论)，为使用 Web 服务的跨应用通信和信息交换提供标准，他们正在做着大量的工作。

2. 企业网格联盟

为了给企业的网格计算需求提供更多的关注，2004 年 4 月一些产业开发商建立了企业网格联盟(Enterprise Grid Alliance，EGA)，目标是促进和支持在单一企业领域内的网格计算。现在，GGF、EGA 和其他标准团体(例如 W3C、OASIS、DMTF、SNIA 和 IETF)联合起来，努力为网格计算推出标准。随着这些标准的成熟，人们能够预见到跨业务的或者业务伙伴的应用网格。在这一章的后面我们将讨论不同的标准组织和他们关注的领域。

下一节我们将进入网格发展史的下一阶段——跨伙伴组织的网格。

2.1.3 跨伙伴组织的网格

跨伙伴组织的网格的思想并不是全新的。早先在科研团体中就有这样的示例，其中网格计算被用于共享跨院校的计算资源。这样的示例有很多，例如美国国家科学基金会(United States National Science Foundation，NSF)，它资助了 TeraGrid 工程和 CERN 的 LHC 计算网络(前面讨论过)。TeraGrid 是一个多年努力的结晶，为开放的科学研究建造和部署了世界上最大、最快、分布式的基础设施。通过高性能的网络连接，TeraGrid 集成了高性能的计算机、数据资源和工具以及全国高端的实验设备。

在企业界中，生命科学产业已经有了跨多家公司共享数据的伙伴网格的示例。药品发明包含了是一个历经多年、跨多个组织的非常长的周期。这些组织必须共享巨大规模的研究数据。而且存在着巨大规模的公共和私有的生物信息数据，坐落在世界各地的不同的数据银行中(例如 NCBI)。药品发明还包括分析和保存所有产生调整的信息。

几乎每个产业中，都有巨大数量的信息需要被共享。创建一些产业性的数据中心是有可能的，为跨行业的共享信息提供一个集中的地方。这样的数据中心可以是一个全球的信贷数据库，将世界各地的信贷中介的联合数据存储到一起备用。这些中介掌握了所有他们用户的信贷记录。当你要申请贷款时，核对一下这个全球性的数据库，根据其中的内容产生一个结果。这个全球性的数据库实际上就是一个数据中心。通过一个统一的接口，不同的参与机构提供了来自任何地方的对其数据的访问。反过来，这个中心提供了一个信贷市场的统一视角。还有其他一些数据中心，例如 SEC 创建的金融服务数据中心，FDA 创建的生命科学数据中心等等。

在企业应用方面，伙伴网格包含了例如提供者和消费者这样的业务伙伴，他们使用 Web 服务在 Internet 上无缝地操作他们的业务。在进行业务操作时，伙伴企业之间的 IT 设计相互交叉，就如同一个单一的 IT 基础设施一样。同时，这些协作是灵活的，一个伙伴能容易地被另一个替换，甚至可能自动替换。在 Internet 繁荣的年代，曾有许多公司做着业务对业务(Business-to-Business，B2B)的电子商务(Commerce One 就是经营 B2B 业务的巨头)。在企业应用方面，这些公司所进行的 B2B 就是伙伴网格的早期应用。今天的 B2B eCommerce 是通过使用自己开发的或私人拥有的技术运作的。Web 服务技术的发展应该有助于对其进行标准化和简化，而且这样也能改进 B2B eCommerce 和伙伴网格。

2.1.4 计算就是效用

"计算就是效用"是企业网格计算的美好明天。当数据中心基础设施和管理变得逐步标准化和自主化时，"被管理的 IT"就开始变成了一个非常吸引人的方式。企业可以仅仅关注自己的核心能力而让其他人帮助企业管理其 IT 运作，以此替代企业拥有和管理自己的数据中心。企业根据资源(例如企业使用的服务、存储、数据库或应用服务)的数量支付其费用。

一些大型企业已经开始向"IT 就是服务"模式转变。在这些公司中，IT 部门是一个盈亏中心，给其他业务单位提供计算服务。业务单位已达成服务等级协议(service-level agreement，SLA)——IT 部门必须满足业务应用。反过来，根据使用计算能力的数量，IT 部门向业务单位收费。

已经有这样的先例，大型企业把他们的数据中心卖给服务提供者(例如 EDS、TCS、IBM 或 HP)。企业和他们的服务提供者达成一年或多年的协议，由服务提供者负责为企业应用提供高质量的服务，并以订购费用作为回报。服务提供者能够把计算能力出售给原来的企业或其他企业。

2004 年 12 月，包括 Sun Microsystems 在内的公司，启动了网格效用服务，对于处理资源每小时每个 CPU 收费 1 美元，对于存储容量每个月每千兆字节收费 1 美元。Sun 声称这个服务能用在诸如建模、仿真以及电影播放等应用上。

应用服务提供者(Application Service Provider，ASP)也是一种计算效用提供者。ASP 在 Internet 上提供软件应用和与软件相关的服务。Corio(已被 IBM 收购)、Oracle on Demand、Salesforce.com、Celoxis 等都是 ASP。企业在 Internet 上访问驻留在 ASP 计算机上并由 ASP 管理的软件应用，并根据使用付费。例如与工资或员工福利管理相关的公共业务流程，在业务上其核心功能没有区别，已经外包给像 ADP 或 Hewitt 这样的应用提供者了。当 IT 中更多的服务变得商品化或者被认为是非核心功能时，它们将被出租出去。

计算像电一样无处不在，而且像电一样被生产和传递，这样的情况将逐渐得以实现。这里给出的早先的示例清楚地展现出这就是未来计算发展的方向。

2.2　网格定义及其相关术语

围绕着网格计算很容易产生混淆，其原因之一是 Grid Computing 一词使用在很多领域中，如科学领域、学术领域和产业领域。此外，有些开发商使用一些特定的、不同的术语和词汇，其实术语不同而概念相同。在接下来的章节中，我们将给出一些在讨论网格计算中遇到的通用定义和术语。

2.2.1　什么是网格计算？

在 Internet 上搜索一下，会找到网格的许多不同定义。在这一节中，我们将列出一些流行的网格定义，并提供这些定义提出时的背景。我们相信这些定义之间唯一的差别在于对网格不同方面的强调。所有这些定义的最终目标都是完全一致的。

- 　1998 年，Carl Kesselman 和 Ian Foster 在 *The Grid：Blueprint for a New Computing Infrastructure* 一书中提出的网格计算定义是这样的：

"计算机网格是软件和硬件的基础设施，提供对高端计算机能力可靠、一致、普适以及低廉的访问。"

很明显，这个定义是受到当时科研领域中网格计算普遍使用的启发，那时网格计算被用于跨大学的高端计算机资源的共享。

- 2000 年，Carl Kesselman 和 Steve Tuecke 在 *Anatomy of the Grid* (发表在 2001 年的 *International Journal of Supercomputer Applications*)的论文中修正的定义为：

  "网格概念是动态多机构虚拟组织中的协同资源共享和问题解决。"

  这个定义重点强调动态多机构虚拟组织。一个虚拟组织就是一个个体或者机构的集合，他们被一系列适用于高可控资源共享的规范所管理。而且，对于跨组织的资源共享，这个定义认可了伙伴网格问题在科研团体中更广泛的需求。

- 几乎同时，Oracle 开始涉入这个领域。Oracle 的领导者们——Benny Souder 以及其他人(包括本书的一位作者)——开始考虑将网格计算应用于企业领域的方法。他们意识到最终的网格可能是"地理上分布的"、"类型不同的"和"跨越组织领域的"。但是首先它们被实现在单一的组织域内，在一组同类的资源上，位于相同的数据中心。这个方法帮助企业在今天以至多年以后都能认识到网格的益处。从这个新的角度看，企业网格计算包括三个要素：(a)虚拟化、(b)供应以及(c)横向扩展。虚拟化打破了被分配给应用的资源之间的静态连接。供应是动态的为应用分配资源。横向扩展是指为网格提供灵活性，可以在网格中增加更多的资源和应用。这三个要素结合为企业带来的好处是企业可以更好地利用资源，拥有更灵活的 IT 基础设施。

- 企业网格联盟(EGA)已经提出了一个产业开发商已达成共识的定义，关注的是网格能够提供给企业数据中心的功能性。不仅仅定义网格为具体的组件、属性或结构——随着时间的推移、技术的改变而改变——企业网格联盟定义网格计算为一种计算模式。根据 EGA[EGA Roadmap]，在最高级别上，企业网格计算的特性被一个体系结构刻画了出来。这个体系结构将 IT 资源聚集到动态可分配的池中，在一个抽象的更高级别上管理它们，这样使得组织能够：

  - 供应资源以动态的满足应用需求和业务优先级。
  - 将计算组件合并成一些大型的资源池，同时简化供应工作。
  - 对整个企业内的计算组件、配置、流程和应用进行标准化。
  - 随着资源和工作量的增长而扩展。

- EGA 关注企业数据中心的同时，全球网格论坛(GGF)已经发挥了一个更加重要的作用，CGF 对网格的定义为：

  "一个系统，关注在一个分布的、不同类型环境中的集成化、虚拟化以及服务和资源的管理，支持跨传统管理和组织域(真实组织)的用户和资源(虚拟组织)的收集。"[GGF OGSA Glossary]

科研机构和 GGF 的定义都是广义的定义，打算覆盖所有可能使用的情况。这使得问题非常的广阔，而且要花很长时间开发解决方案。**Oracle** 和其他的 **EGA** 开发商正在关注一个对企业网格使用情况来说最重要的子问题，并正努力为他们认为最大和最重要的用户及企业群体迅速的提供解决方案。

2.2.2 网格计算的产业术语

对于网格计算，产业界的开发商和分析家已经使用了各种各样的术语，不幸的是，这些术语也在企业用户的头脑中产生了大量的混淆。尽管这些术语分别侧重于问题域的不同方面，但归结到网格计算的最终目标却是相同的。下面列举了几种常用的术语。

1. 自主计算

使用自主计算(Automic Computing)的开发商包括 IBM、HP 和 Intel。自主计算的主要思想是，计算系统可以根据管理员定义的优先级和目标自行调整，这类似于人类身体的自治愈、自管理能力，这种能力可以使人体通过动态地调整自己来适应环境，并保护自己免受各种各样的威胁。自主计算的实质就是开发自管理、自恢复的软件和硬件组件，用来解决管理复杂数据中心时遇到的问题。自主计算动态调整数据中心资源以满足业务目标的能力，类似于企业网格计算所承诺的服务目标。

2. 效用计算

Symantec 和 Sun 等多个开发商使用效用计算(Utility Computing)表示企业网格计算。效用计算包括两个方面。第一个方面是当把计算的传递和使用同电力相类比时所得出的计算就是效用的观点。网格用户不用关心自己的计算在何处执行或者自己的信息位于何处。网格用户所关心的全部问题是无论何时何地需要计算时，计算就可以执行并且可以获得所需的信息。第二个方面是每次使用计算时付费的观点，计算基础设施的用户们按照他们消耗的计算资源的数量付费。

3. 按需计算

按需计算(On Demand Computing)是被众多开发商使用的另一个指代网格计算的术语。按需计算模型的概念是计算资源按照用户的需要来提供。除了计算能力，这个概念也可应用于 IT 基础设施的其他方面。调整 IT 资源以满足业务的需求，以及将信息提供给需要它的消费者、业务执行者、CIO 和 CEO 等，可归入按需计算的类别。按需计算和企业网格计算的目标本质上是一致的。

4. 实时企业

实时企业(Real-time Enterprise)是由 Gartner 提出的，用在通过 Web 服务使应用基础设施更灵活的环境中。然而，在更广泛的意义上讲，实时企业也像网格计算一样，通过应用可以使 IT 和信息基础设施灵活地满足业务需求。实时企业也支持用于应用的面向服务架构，允许业务流程和工作流去挖掘更大的处理效率或满足新的市场需求。

5. 面向服务的计算

面向服务的计算(Service-oriented Computing)一词通常与面向服务的架构以及基于 Web 服务的计算交换使用。在它最普通的意义上，面向服务的计算有着和网格计算相似的目标。服务就是数据中心组件提供的能力，包括物理层上的存储、服务器和网络，基础设施层上的数据库和应用服务器，以及业务流程平台层上的业务流。面向服务的计算需要按照所要求的质量提交这些服务，以使得企业有一个划算的、快捷的 IT。

6. 自适应计算或自适应企业

主要由 HP 使用的术语自适应计算(Adaptive Computing)和自适应企业(Adaptive Enterprise)，跟自主计算相类似。通过自适应计算，计算基础设施可以根据变化的工作负载和/或业务需求要求进行动态配置。

2.2.3　关于企业网格计算的术语

伴随着网格计算自身定义的产生，有关解决方案的性能或特色的许多术语也已经开始使用了。下面介绍一些用在网格计算环境中有用的术语和概念。

1. 虚拟化

虚拟化打破了 IT 组件和消费者之间的静态连接。在传统的 IT 环境中，是静态地分配 IT 组件给它们的消费者。而在网格计算环境中，这些分配是动态的。虚拟化是在 IT 组件上加了一层虚拟组件，这些新的组件提供了原始组件的接口参数。这一层也隐藏了虚拟对象的真正实现，从而可以在没有影响依赖实体间交互作用的情况下，替换或改变原始组件。

2. 供应

供应是为消费者分配以供他们使用的 IT 组件。在当前的 IT 环境中，供应往往是静态的。例如，一旦 IT 组件被分配给一个特定的用途，这些分配就不会再改变。反之，在网格计算环境中，供应是动态的，根据工作负载或业务的需要为各种应用所分配的资源是不断随时间变化的。

3. 面向服务架构

面向服务架构(SOA)是一种体系结构模式，它的目的是实现交互服务之间的松耦合。服务为业务逻辑或 IT 组件功能提供面向对象的封装。通常情况下，Web 服务是在面向服务架构中进行互操作的。许多标准组织(例如 OASIS 和 W3C)正在为面向服务架构制定 Web 服务的规范。

2.3   产业趋势

产业趋势在无意中把企业带向了网格计算。作为讨论企业网格计算发展中的部分内容，我们已提到了其中的一些趋势。在接下来的章节中，我们将简要回顾一些促进企业网格计算运动的关键趋势。

2.3.1   硬件趋势

摩尔定律已经几乎适用于硬件的每个方面了。硬件组件的性能也有了显著增加，而且同时成本已大幅度下降，造成了现在只有极少数的企业会为性能原因而购买定制的硬件。现在强调的是易于管理和低成本，这已导致了企业内硬件标准化的增加。

1. 存储磁盘

存储磁盘已经变得商品化了。人们能够买到所谓的简单磁盘捆绑(JBOD)，而且把它们放到磁盘阵列(RAID)的配置中。存储开发商为使用这些商品磁盘建造企业数据中心提供了模块化存储平台，当然这些磁盘是可靠的、高可用的、可恢复的以及易于高效管理的。

2. 廉价的模块化服务器

在服务器方面，Intel 已经趋动了 CPU 的大规模生产。这导致了服务器的商品化。企业正在部署包含 1~4 个 CPU 的廉价模块服务器。对于这些模块服务器，最常见的构成要素就是机架最佳化服务器和刀片服务器。用几个模块化服务器建造系统的成本肯定比一个同等规模的对称多处理器(symmetric multiprocessor，SMP)系统的成本低得多。

3. 高速、低延迟互连

网络速度在不断增加。现在千兆以太网就是从 10Mb 规格升级而来的。万兆以太网和无限带宽也应用到企业的数据中心。联网技术的发展正在不断地增加网络通信的吞吐量，并进一步减少延迟。反过来，这些发展也在推动集群计算、提高性能以及促进分布式计算的应用。

2.3.2   软件趋势

软件趋势表明在基础设施层上的标准化正变得非常重要。过去的几年中，大部分应用开发和业务逻辑基础设施已经制定了标准，强有力地支持了面向服务架构。

1. Linux

伴随着服务器的商品化，服务器平台上稳定廉价的操作系统也逐渐成为可能。Linux 是今天在 x86 体系结构上增长最快的操作系统，而且现在是一个企业计算所接受的平台。当前，几乎所有的硬件开发商都提供预安装了 Linux 的服务器。Linux 快速增长是企业环境中操作系统平台标准化的推动力之一。Sun 也免费发布了它的旗舰 Solaris 操作系统。Unix 的使用范围在慢慢缩小，这减少了企业环境中的异构性。

2. Java 和 Web 服务

对于跨平台的企业应用，Java 是现在实际上的应用开发平台。Java 社区组织(Java Community Process，JCP)已提出了许多 Java 规范请求(Java Specification Request，JSR)，有利于应用开发的模块化和标准化。JSR 为通常使用的函数提供标准的构建块，而且正在将应用开发模块化。

Web 服务为发现和调用应用模块提供了一个标准机制。Web 服务及其标准的不断应用，为实现应用模块之间的松耦合以及使用这些应用的业务流程编制的协调配合提供了有效标准的机制。

3. 支持网格技术

几乎每个主要的产业开发商都在谈论和从事于支持网格的业务。这些开发商正忙于提供技术以有效地利用和共享分布式的基础设施，以及/或提供能以 web 服务的形式提供的应用。开发商有不同的方法将网格技术整合到他们的软件中。对于某些产品，例如 Data Synapse、Platform Computing 等，企业必须重写他们的应用以利用分布式基础设施。Oracle 有一个独特的方法，就是在它自己的软件中支持网格。因此，在 Oracle 平台上建立的应用都是支持网格的，从而便于利用和共享分布式基础设施(服务器和存储)。

2.3.3　企业趋势

正如第 1 章中讨论的，经济和竞争压力迫使企业更低廉和高效地利用他们的 IT 资产。当前存在一个向"IT 就是服务"模型转变的趋势。

1. 合并

企业已经意识到 silo 化环境的无效性。在减少成本和增加效率的目标驱动下，企业正在向合并碎片的 IT 基础设施转变，特别是从管理效率的角度出发。企业网格计算给这些企业提供了结构化的流程模型，为应用和业务需求有效地调整他们的 IT 资源。

2. IT 就是服务

今天的 IT 投资，需要根据它们的价格建议或服务质量分别与成本对照进行细致的考察。某些企业在向"IT 就是服务"模型转变，使得 IT 在给业务用户提交更好质量的服务时承担更多的责任。他们将 IT 转变为一个给其他业务单位提供服务的自负盈亏的中心。IT 根据其他业务单位对 IT 资源的消耗情况进行收费。

2.3.4　法规的趋势

在全世界存在着很多法规，而且还在不断的增加，例如针对卫生保健的 HIPAA 以及掌管企业经营和财务会计的 Sarbanes-Oxley。这些法规正在驱使企业更密切地注视他们的 IT 运作，简化他们的流程，减少信息碎片以及增加安全性。当企业依照法规实施工程时，将发现他们自己采用了与企业网格计算相同的策略——标准化、合并以及自动化，这些正是所需要的。

2.4　标准在企业网格计算中的作用

企业网格计算需要把当前企业中普遍存在的碎片式 IT 基础设施转变成一个带有全盘管理的共享型基础设施。就其真正的本质而言，今天的基础设施 silo 由不同类型和来自多个开发商的组件组成。自然的转变就是去创建相似资源的共享池，从来自单一开发商的资源开始，并且每个池作为一个独立的单元被管理。然而，随着时间的推移，这些池必须增长以合并来自多个开发商的资源，此时企业可能不再仅仅需要购买单一开发商的产品。因此，能够支持、共享和管理一个不同类型的资源池是至关重要的。这需要制定在多个开发商的技术之间进行互操作的标准。

标准对企业网格的实现也是至关重要的。它保证网格内所有资源具有一致的接口，以使其能够被多个消费者共享，以及实现在一个独立的集中式管理框架上进行有效管理。标准避免了依赖于单一开发商，而是为企业提供了使用来自多个开发商的产品的灵活性。

许多标准组织正致力于解决网格难题的不同部分。这些组织相互之间也有着联络关系，以协调相关的活动。在接下来的章节中，我们将描述关键标准组织的工作，它们推动了技术的标准化和网格计算的进程。

2.5　企业网格联盟

EGA(http://www.gridalliance.org)是主要开发商和终端用户联盟，它关注于开发企业网格解决方案和促进在企业内部署网格计算。它是开放的、独立的，并且是与开发商无关的，只密切关注企业问题。

2.5.1 目标

EGA 的总体目标就是在组织内或组织间促进网格计算的采用。EGA 旨在促进数据中心、后端防火墙以及公共和私人部门企业中网格技术的使用。EGA 关注的是提倡企业数据中心的独特需求和开发满足这些需求的标准。

2.5.2 与企业网格计算的相关性

EGA 是提出企业数据中心需求的最主要的网格联盟。当前,EGA 正关注于在单独支持 CRM 和 ERP 等应用的企业数据中心内实现企业计算网格。EGA 的目标是迅速地满足这些需求,同时利用可用的现存产业标准,并跟网格计算相关的标准组织协调现有的标准活动。因此 EGA 与其他标准团体(例如 GGF、DMTF 以及 SNIA 等)已建立了联络关系。

Oracle 是 EGA 的基础成员,一直积极地参与 EGA 的活动。我们可以期望 Oracle 会在它的产品中利用 EGA 的推荐标准。

2.5.3 EGA 工作组

EGA 正通过它的技术工作组和地域性委员会来解决已经明确的企业需求。每一个工作组关注网格计算内的特定问题区域。

主要的 EGA 工作组之一就是参考模型工作组,此工作组为其他所有的工作组提供一个共享的环境。2005 年 5 月,参考模型工作组发布了第一个版本的参考模型[EGA Ref Model]。这个参考模型描述了各种网格组件如何在数据中心中发挥功能、组件之间的相互关系以及生命周期,另外还有其他内容。文档可以从 EGA 网站——http://www.gridalliance.org 下载。

其他 EGA 工作组负责定义诸如使用核算、安全、组件供应以及数据供应这些问题域上的需求和用例。2005 年 7 月,EGA 安全工作组公布了它的发现,讨论了企业网格环境中独特的安全需求。

2.6 全球网格论坛

GGF(http://www.ggf.org)是推动网格计算标准的主要组织。它是一个由来自产业和研究领域数以千计的个人发起的团体性论坛,指导网格计算全球标准的工作。

2.6.1 目标

根据一个详尽的研究,GGF 在 2005 年 2 月重新明确了它的任务——"指导研究和产业领域普遍深入的采用网格计算"[GGF Oper]。GGF 旨在定义网格规范,来为广泛采用的标准和互操作的软件提供导向,并通过建立一个国际性的团体来进行思想、经验、需求以及最优方案的交流。

2.6.2 与企业网格计算的相关性

GGF 从事于网格计算科研和产业应用时所遇到的问题，并提出解决方案。它的团体组织包含了不同产业和科研机构上的代表。GGF 有各种工作组，包括从事于定义 GGF 标准、联络策略、制定 GGF 的发展蓝图等目标的工作组，推动标准和规范的发展也是其中一个小组的任务。例如，开放式网格服务架构(Open Grid Services Architecture，OGSA™)工作组定义了网格的整个体系结构，并且为解决不同潜在难题的其他小组提供了架构。

GGF 也和其他相关的标准团体(例如 IETF、W3C、OASIS 和 EGA)有着联络关系。

2.6.3 开放网格服务体系结构(Open Grid Services Architecture，OGSA)v1.0

OGSA 是 GGF 的蓝图，通过使用来自各种不同开发商的产品以实现信息和资源在各个部门和组织间的共享。作为一个整体，它也为不同的标准团体之间的协同而服务，这些团体都是从事宣传企业标准分布式计算前景的。

OGSA v1.0 发布于 2005 年 1 月，是一个资料性的文档，为部署网格提出了一个结构框架[GGF OGSA Arch]。这个框架由许多服务类别组成，包括基础设施服务、执行管理服务、数据服务、资源管理服务等等。GGF 的工作组，协同其他标准团体，正在为这些服务类别定义标准和规范。OGSA 规范的详细说明超出了本书的范围。

OGSA 和依赖它的潜在标准正在开发之中。因此，企业还不能用 OGSA 建立一个网格。但需要注意的一点是包含在 OGSA v1.0 和其他相关文档中的信息。这些信息正在被不同的标准组织，开源和盒装的软件开发商，以及确信与标准化成就保持同步的网格终端用户使用着。

2.6.4 GGF 和 EGA 的未来

2006 年 2 月，GGF 和 EGA 签署了合并的意向书。合并框架已经达成共识，而且两个团体的成员正在为最终产生的组织的细节工作着。这个联合的组织将更充分的利用已有的标准和结构，加速网格的应用。那将在组织内部和外部产生更好的透明的交流、指导、进步和成效。这个合并也将使得与其他网格组织、产业和政府机构、开发商以及研究组织进行更有效地协同。

合并预计在 2006 年完成。到那时，两个组织将继续独立的运作。当你在读本书时，两个组织可能已经合并了。

2.7 万维网联盟

W3C(http://www.w3c.org)是一个国际性联盟，其中的成员组织、全职员工以及公众一起开发 web 标准。W3C 的任务是通过开发协议和指南引导万维网发挥全部的潜能，以确保 Web 的长期增长。万维网联盟开发互操作性的技术(规范、针南、软件和工具)来引导 Web 发挥其全部潜能。

与企业网格计算的相关性

从 HTTP、HTML 和 URI 开始，W3C 已经引领了 Web 的发展。一些 W3C 的长期目标就是要使得 Web 的好处为每个人所利用，而且使得从任何设备都能简单地访问 Web，最终使基于 Web 的知识易于人类和计算机的访问。因此 W3C 涉及许多领域，但是网格团体感兴趣的两个广阔领域是 XML 和 Web 服务。

XML 起初是在 W3C 开发的。XML 核心工作组继续开发和维护 XML 自己的规范和紧密相关的规范。W3C 也在为 Web 服务设计基础设施和定义结构与核心技术。Web 服务活动的目标是设计一系列配合 Web 结构的技术，以引导 Web 服务发挥全部的潜能。Web 服务提出了一个在不同软件应用之间互操作的标准工具，可以运行在各种不同的平台和/或框架上。这个技术可能是运行在网格基础设施上的服务的一个关键组件，也可能是用于管理这个网格的工具的关键组件。

服务结构框架

Web 服务结构框架包括来自 W3C 的一系列标准，用以处理围绕面向服务架构应用设计的各个方面。图 2-1 描述了 W3C 的不同 web 服务技术是如何结合的。

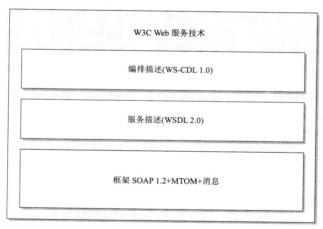

图 2-1　W3C web 服务技术

XML 消息框架包括 SOAP。SOAP 为通过 Web 接口交换 XML 数据提出了一个基于 XML 的消息框架。WS-Addressing 为应用间的通信和特殊的异步交互提出了寻址框架。Web 服务描述语言(Web Services Description Language，WSDL)详细说明了如何格式化和包含一个 Web 服务消息中的信息(例如终点地址，支持协议等)。Web 服务编排描述语言(Web Services Choreography Description Language，WS-CDL)详细说明了如何编排和描述 Web 服务间的关系和交换的消息。

2.8　结构化信息标准推进组织

OASIS(http://www.oasis-open.org)(Organization for the Advancement of Structured Information Standards，OASIS)旨在推动 e-business 标准的发展、整合和应用。OASIS 已经是推动 Web 服务标准的重要联盟之一。这个联盟也创办了受到最广泛关注的关于 XML 和 Web 服务标准的网站：Cover Pages(http://xml.coverpages.org)和 XML.org(http://www.xml.org)。

与企业网格计算的相关性

OASIS 成员正在定义许多基础设施标准来促进 Web 服务，也包括用于特定的团体和产业的实现标准。

OASIS 定义的某些相关标准包括统一描述、发展和集成规范(Universal Description，Discovery and Integration，UDDI)和 Web 服务业务流程执行语言(Web Services Business Process Execution Language，WSBPEL)。UDDI 为企业动态地发现和调用 Web 服务提供了一个标准的方法。BPEL 使得用户能把业务流程活动描述为 Web 服务，并且定义如何连接它们以完成特定的任务。OASIS 也提出了一系列标准，分别用于描述 Web 服务的管理接口、允许 Web 服务相互发布信息的通知服务、可靠的通信、Web 服务的安全以及使用 Web 服务对态势资源建模等各个方面。

W3C 和 OASIS 的这些 Web 服务标准在应用层支持了面向服务架构，这正是本章前面讨论过的应用层网格计算的基础，因此这些标准同网格计算是相关的。BPEL 标准特别重要，因为它允许企业以一个声明的方式定义他们的业务流程，而不是把业务流程硬性地写入应用软件代码中去。

2.9　分布式管理任务组织

DMTF(http://www.dmtf.org)(Distributed Management Task Force，DMTF)在关注并引领了企业和 Internet 环境的管理标准与集成技术的发展。DMTF 标准以一个独立平台和中立技术的方式，为实现、控制和通信提供了公共管理基础设施组件。

与企业网格计算的相关性

DMTF 正在引领并负责标准的开发，使得可互操作的数据中心管理解决方案得以实现并减少数据中心的成本。由于 DMTF 标准直接辅助实现和简化一个企业网格的集中式管理(也就是一个企业数据中心)，他们同网格计算是相关的。DMTF 为管理信息交换定义了 CIM 和 WBEM 标准。

公共信息模型(Common Information Model，CIM)以独立平台和技术中立的方式，为硬件、软件和服务定义了管理信息，使得端到端的多个开发商在管理系统中实现互操作。基于 Web 的企业管理(Web-based Enterprise Management)利用现有的 Internet 和 Web 服务技术实现管理信息的互操作性交换。

2.10 存储网络行业协会

SNIA(http://www.snia.org)(Storage Networking Industry Association，SNIA)是在存储网络行业中推动标准的联盟。SNIA 的任务是将存储网络发展为完整的、可信任的解决方案，从而被广泛采用。它的成员包括存储器开发商和客户。SNIA 已经确立了自己在数据和存储网络标准上的权威地位。

与企业网格计算的相关性

SNIA 的倡议在存储层上可以帮助实现企业网格计算。特别是 SNIA 的两个倡议与网格团体有关联—— 存储管理倡议(Storage Management Initiative，SMI)和数据管理论坛(Data Management Forum，DMF)。

SMI 制定了 SMI-S 规范，包括发现、监控和管理存储组件的标准接口。当存储开发商逐渐遵守 SMI-S 规范时，就会解决在实现和管理多个开发商的存储基础设施时遇到的问题。DMF 旨在为电子数据和信息的保护、保持及生命周期管理去定义、实现、证明与推广改进的可靠的方法。

2.11 标准对今天的企业意味着什么？

此时，读者也许正在思考关于标准团体和标准的讨论与自己最近的企业网格计算计划有怎样的关联。看起来在开发中有着完全不同的各种标准，而且当前网格相关的技术能不能支持这些技术还不肯定。实际上，我们提到的像 OGSA 的标准并不准备包含到企业网格的解决方案中。这是否意味着我们应该坐等这些标准的成熟？或者今天就开始做点什么呢？

IT 产业是一个快速发展的产业，而且总是将出现新的技术和新兴的标准。等待着技术停止发展是不现实的。宁可使用现有标准组建解决方案，并与建立的开发商合作，当标准成熟而且在市场上变得流行时，他们的技术将发展到整合未来这些标准的地步，这才是重要的。例如，Oracle 10g 平台提供了基础设施，可以使用 Oracle 数据库和应用服务器在今天的网格环境中运行应用。它确实支持现有的标准，例如 SQL、ODBC、JDBC、Web 服务和许多其他的标准。另外，当像 OGSA 的网格标准变得完备时，它可被期望支持这些标准。

从本章的内容还可以得出的另外一点是，学术界和产业中的许多人正在从事于标准化网格计算的技术和流程元素。Oracle 和其他 IT 开发商正活跃地参与和协作于所有这些标准团体中。这表明重要的开发商在网格计算概念上有着思维共享和共识，因此能够期望未来的产品将在标准成熟时合并它们。更进一步，既然这些开发的网格标准许多是针对基础设施的，那么你或许能够通过简单地升级基础设施软件(操作系统、数据库、中间件)来自动利用这些标准，而不用对你的应用做任何改变。

2.12　本章小结

本章提供了网格计算的一个简要历史，从它在科学团体中的起源到当前它在一个企业内和跨伙伴企业的应用。本章还介绍了我们所认为的未来的"效用计算"是怎么样的。我们提出了一些定义和术语，这些定义和术语是读者面对网格定义时可能遇到的。最后，根据技术和业务的趋势，提出了今天使得这个概念在企业中可行的证据。然后，我们介绍了这个领域内的各种标准活动，并勾勒出了其中一些标准的发展蓝图。

在下一章中，我们将讨论 EGA 参考模型，如何使用企业网格范例模式设计一个数据中心。我们还将描述企业网格的不同组件和它们的交互，最后还将看到这个模型是如何具体应用到 Oracle 环境中的。

2.13　参考资料

[Grid Blueprint] The Grid: Blueprint for a New Computing Infrastructure, Second Edition, Morgan Kaufmann, 2004. ISBN: 1-55860-933-4.

[Oracle Grid 2002] Goyal, B. and Souder, B. Oracle and the Grid (an Oracle White Paper). November 2002.
　　http://www.oracle.com/technology/products/oracle9i/grid_computing/OracleGridWP.pdf

[Anatomy of Grid] Foster, Ian; Kesselman, Carl; Tuecke, Steven. Enabling Scalable Virtual Organizations. International Journal of Supercomputer Applications, 2001.
　　http://www.globus.org/alliance/publications/papers/anatomy.pdf

[EGA] Enterprise Grid Alliance http://www.gridalliance.org

[EGA Roadmap] Accelerating the Adoption of Grid Solutions in the Enterprise. December 2004. http://www.gridalliance.org/imwp/idms/popups/pop_download.asp?contentid=2860.

[EGA Ref Model] EGA Reference Model v1.0. May 2005. http://www.gridalliance.org/en/WorkGroups/ReferenceModel.asp

[EGA Security] EGA Grid Security Requirements v1.0. July 2005. http://www.gridalliance.org/en/workgroups/GridSecurity.asp

[GGF OGSA Glossary] Treadwell, J. (ed.) Open Grid Services Architecture Glossary of Terms. Global Grid Forum OGSA-WG. GFD-1.044, January 2005. http://www.ggf.org/documents/GWD-I-E/GFD-1.044.pdf.

[GGF Oper] Linesch, Mark. Global Grid Forum—changes to GGF Operating Model, GWD-CP, February 4, 2005. http://www.ggf.org/documents/Global_Grid_Forum_-Changes_to_GGF_Operating_Model%5B1%5D.doc

[GGF OGSA Arch] Foster, I., et al. The Open Grid Services Architecture, Version 1.0. GGF OGSA Working Group (OGSA-WG), January 2005. http://www.ggf.org/documents/GWD-I-E/GFD-1.030.pdf.

[TeraGrid] TeraGrid web page http://www.teragrid.rog

[LHC] CERN Large Hadron Collider http://lhc.web.cern.ch/lhc/

[SNIA] Storage Networking Industry Association http://www.snia.org

[OASIS] Organization for the Advancement of Structured Information Standards (OASIS) http://www.oasis-open.org

[W3C] Worldwide Web Consortium (W3C) http://www.w3.rog

[DMTF] Distributed Management Task Force (DMTF)
http://www.dmtf.rog/home

[IETF] The Internet Engineering Task Force http://www.ietf.org/

[Autonomic] IBM Autonomic Computing
http://www-03.ibm.com/autonomic/

[Real-Time Enterprise] Gartner Real-Time Enterprise
http://www4.gartner.com/pages/story.php.id.2632.s.8.jsp

[Adaptive Enterprise] HP Adaptive Enterprise
http://www.hp.com/products1/promos/adaptive_enterprise/us/adaptive_enterprise.html

[Globus] The Globus Consortium http://www.globusconsortium.org/

[Univa] Univa Corporation http://www.univa.com/

第 3 章

支持网格的数据中心

　　企业已经开始在现在的数据中心中实现网格计算。在本章中，我们将要介绍一种围绕企业网格计算模型构建和管理数据中心的更为正式的途径，我们称这种数据中心为支持网格的数据中心。这个模型将会帮助企业在其数据中心运作中更为有效地利用网格计算资源。随着网格标准逐渐成熟，以及越来越多的销售商提供网格相关的技术，这些初始的投资将会在灵活性和成本上持续地带来收益。接下来，我们将基于企业网格联盟(EGA)提出的企业网格参考模型来进行本章的讨论，并说明如何将这个模型应用到 Oracle 环境中。

3.1 IT 就是服务模型

在 IT 业的消费者和提供者看来，企业网格计算是基于"IT 就是服务"的思想。作为服务的消费者，他们不想知道关于服务交付的细节——他们只希望在需要的时刻服务是可用的，并希望以最小代价获取最好的服务。这与电力网非常相似。作为消费者，只关心电力是否能够传到家中，而不关心电力公司是如何运作的。而提供者的目标是以最低的成本完成允诺的服务。这关系到预见性、通过 IT 基础设施将成本与价值相关联的能力，以及对不断变化的业务和用户需求进行反应的敏捷性。

在接下来的章节中，我们将对这两种关于 IT 的观点进行详细讨论。

3.1.1 消费者对 IT 的观点

在第 1 章中，我们讨论了 IT 的业务需求。企业希望 IT 能够提供所要求的服务品质，并为应对变化的业务需求具备灵活性。在企业中，IT 的消费者包括业务用户、消费者和合作伙伴。这些消费者主要通过 Internet 或者是企业内部网络来访问企业应用。对他们来说，IT 仅仅是一个执行任务或者是访问信息的协同工具。IT 需要对以业务级别(比如应用的响应时间、并发用户数目以及每个月断线的分钟数等等)度量的服务质量(quality of service，QoS)负责。对消费者而言，IT 赖以提供这些服务所需要的底层机制、过程以及技术等都是不可见的。

处于终端用户之下的是企业应用层，它使用了多层 IT 栈来构建，这些 IT 栈是指部署在应用服务器上的各种各样的应用模块，它们使用数据库来对结构化的数据进行管理，而这些数据库都部署在各自的操作系统、服务器和存储器上。IT 基础设施的每一层所传输的服务质量又会依赖于位于它之下的层所提供的服务质量。每一层同时也会根据服务需求的质量减少下层所具有的故障和缺陷。比如，为了在数据库层提供高可用性，数据库可以使用存储器或者服务器的高可用性特征，或者是自己提供这些能力。消费者只关心他们所要求的服务质量，而不管哪些层参与了传递过程。现在让我们从另一方面——IT 提供者或企业数据中心的角度，来继续讨论这个问题。

3.1.2 提供者对 IT 的观点

可以认为企业的数据中心是为消费者提供 IT 服务的提供者。我们在第 1 章曾讨论过，企业希望 IT 能够提供一个灵活的、动态的基础设施，从而可以以一种有利的方式应对不断改变的需求，同时通过最有效地利用资源来提供物有所值的服务。因此，对提供者来说，企业网格计算就是要以最有效和低成本的方式来提供服务。服务的提供者需要对消费者不断变化的需求做出预测并进行及时响应。现有的数据中心在应对这些迫切需求时面临很大的挑战，根本原因是存在 IT 资源孤岛(通常是每种企业应用都对应一个资源孤岛)，以及服务 IT 的不同组件之间通过硬布线连接。这些孤岛和硬连接妨碍了多个消费者之间的资源共享。将企业数据中心扩展为网格模型可以帮助企业来解决这些问题。

支持网格的数据中心

在支持网格的数据中心中，不同的企业应用共同拥有和共享所有的 IT 能力。资源根据每个应用的当前负载来进行分配，并且在应用的负载发生变化时，资源的分配也会动态调整，从而满足所要求的服务等级。此时数据中心管理所关注的是处理所有企业应用的共同需求，而不是单一应用的需求。IT 数据中心资源的集中管理提供了不同程度的效率，这在单一应用管理中是不可能的。例如，对整个企业数据中心使用最优化的策略，而不是为每个单独的应用制定和维持类似的策略。

支持网格的数据中心的目标

作为 IT 服务的提供者，支持网格的数据中心需要达到以下目标：

- **可预测的 QoS 传递**　数据中心需要能够向它的消费者提供允诺的服务质量，包括满足响应时间、吞吐量、安全性以及可用性等要求。
- **资源的有效利用**　为了达到低成本，需要有效地使用资源。当某些 IT 系统开始崩溃而不能处理负载时，其他的系统不应该处于空闲状态。数据中心必须要平衡服务质量的需求，来实现对机器资源的有效利用。
- **灵活的 IT 基础设施**　由于针对 IT 的业务需求处于不断的变化之中，数据中心需要提供灵活的可以满足这些需求的 IT 基础设施。数据中心需要能够针对应用负载和业务情况灵活地、方便地对资源(包括业务流)进行调整。此外，数据中心还需要能够及时地实例化一个新的企业应用。
- **可扩展的 IT 管理**　IT 具有有限的管理员资源，而 IT 基础设施在不断的增长之中。IT 需要对它的管理员进行扩展来满足上面的目标，并对增长的 IT 设施进行管理。

这些目标也应用到支持任何企业应用的 IT 基础设施的不同层上。IT 栈中不同的层必须相互协调，以便将这些目标传递给它的消费者。

那么，我们如何来设计这样一个支持网格的数据中心呢？在本章接下来的内容中，我们将给出这个问题的答案。

3.2　企业网格联盟(EGA)参考模型

尽管上面列举的目标很简单，但是在实际中要实现它们则并不容易。为每个企业应用提供它所要求的服务质量需要同 IT 中不同的层进行复杂的交互。每一层都包括由多家开发商提供的组件，这将只会使情况更加复杂。要达到前面所述的关于支持网格的数据中心的目标，所需要的协调是极端复杂的。我们相信企业网格联盟(EGA)参考模型提供了一个实现这些目标的设计模式。这个设计模式把数据中心以及 IT 栈中的所有组件分解为名词、动词以及简单关系的小集合。它为问题更容易解决提供了一个较为简单的思路。

第 2 章提到的 EGA 是由工业界的主要开发商组成的联盟，它致力于企业网格计算并定义相关标准。这个组织的一个贡献是企业网格联盟参考模型 v1.0[EGA 参考模型]，这个模型试图提供一个标准模型来描述企业的计算中心，以及如何支持网格。我们期望不同的参与开发商能持续地开发产品和特性组件，以实现这个模型所描述的功能。EGA 参考模型刻画了现有数据中心中不同的功能组件，并为实现网格化提供了蓝图。在实践中，这些组件是通过使用人员、程序以及技术的组合来实现的。我们期望它们逐渐实现自动化，使用软件而不是人员来执行这些程序。

在下一部分中，我们将会详细地讨论 EGA 参考模型 v1.0。作为实现网格化的第一步，企业可以将不同数据中心组件和管理员现有的角色和能力映射到 EGA 参考模型提供的设计模式上。接下来，企业可以开始将这些不同的管理工作自动化，来构建一个动态的、适应性的网格。在本章的后面，我们会介绍一个将模型中不同的功能组件映射到一个典型的 Oracle 环境中的示例。

3.2.1　企业网格概述

企业数据中心和所有的资源(如不同的硬件和软件组件)一起，可以被共同看作企业网格。图 3-1 来源于 EGA 参考模型 V1.0 中的图(i)，从不同的参与者的角度为企业数据中心提供了一个视图。

数据中心的消费者，比如业务用户，客户，合作伙伴等等，可以查看和访问企业应用。数据中心操作员管理所辖区域内各种不同的企业资源。不同企业资源所有的管理功能都被封装在网格管理实体(Grid Management Entity，GME)中。网格资源包括硬件和软件资源，如存储器、服务器、数据库软件等等，它们都处在企业应用层之下。GME 按照一定的策略将服务映射和再映射到这些资源上，从而对服务质量进行控制。今天，这些工作大部分由数据中心操作员来进行(如 IT 管理员)。

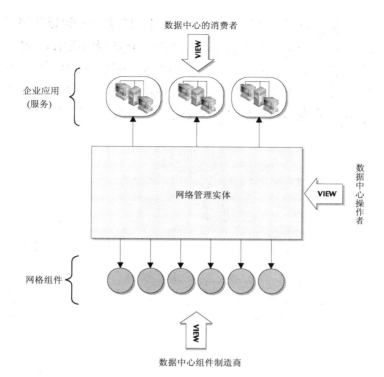

图 3-1 企业网格概要(来源自 EGA 参考模型 v1.0)

3.2.2 企业网格组件

根据 EGA 参考模型，每个数据中心组件，不管它是抽象的(如企业应用)，还是具体的(如物理组件)，都是一个网格组件。因此，网格组件可以是传统的资源如服务器、网络交换机、存储器等，也可以是一个软件系统，如数据库、应用服务器以及企业应用如 CRM、ERP 等等。

EGA 也没有区分服务与资源，而是将注意力集中在这样一个事实，即所有的组件都是可以管理的实体，并具有共同的属性集。按照这个观点，一个组件是资源还是服务并不重要。比如，一个"书店"服务可以被分解为数据库和业务逻辑组件，数据库组件同样可以被分解为数据库实例、操作组件和服务器组件，所有这些都可以看作服务或资源。

网格组件之间的依赖关系

网格组件，如业务智能服务，可能由许多其他的网格组件(如数据库、应用服务器、服务器、存储器等等)组成。因此，一个网格组件可由其他组件递推生成。一个网格组件可以使用一个包含其他相关组件的有向图(DAG)来表示。DAG 的最底层由物理组件如服务器、存储器以及网络等组成，从管理的角度来讲，这些物理组件不能被进一步分解为子组件。

图 3-2 描述了一个企业应用"书店"的 DAG，"书店"是一个可以让消费者购买图书的在线应用。这个应用使用了永久性存储层(a)，业务逻辑层(b)和表示层(c)。最顶层是消费者使用的 Web 站点，此层需要为消费者提供快速的反应时间，并能够应对可预计数目的并发用户。业务逻辑层是应用服务集群，它由多个应用服务实例组成。表示层是数据库集群，由多个数据库实例组成。在它们之下是物理层，包括如服务器、存储器以及网络等组件。

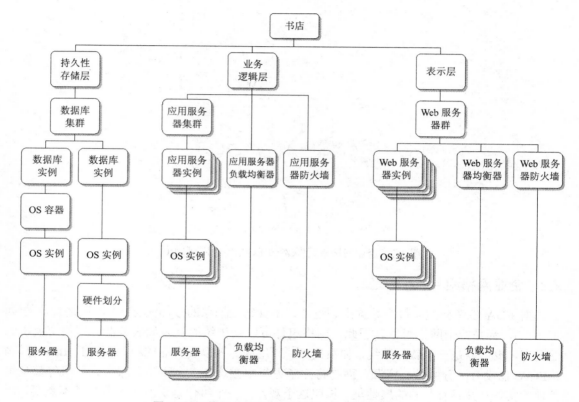

图 3-2　网格组件依赖图(来源自 EGA 参考模型 v1.0)

网格组件的生命周期

网格组件是一个动态实体，在它的生命周期中要经历多次状态改变。这些状态改变包括供应、执行管理和退出，图 3-3 描述了这些状态。供应是指根据相关组件初始化配置一个组件。执行管理根据相关组件调整资源分配来满足期望的服务质量。退出是指将某个网格组件以安全的方式停止服务。

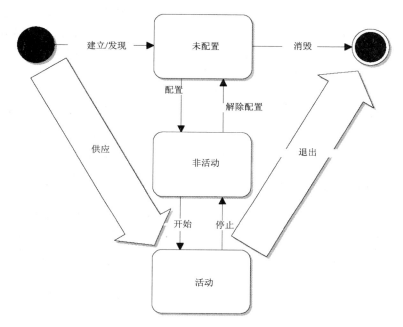

图 3-3　网格组件的生命周期(来源自 EGA 参考模型 v1.0)

　　对于由其他组件构成的网格组件来说，可以为应用到网格组件上的每个操作定义一个单独的 DAG。DAG 也可以为应用到网格组件上的操作指定执行次序。在图 3-2 中，根据需要施加到"书店"应用上的操作，有向图中的操作次序可能会发生改变。举例来说，"书店"应用的初始化需要自底向上地将各个组件初始化。另一方面，这个应用的退出需要将各个组件按照自顶向下的次序退出。

组件的虚拟化

　　组件虚拟化为某个组件以及它所依赖的组件之间增加了一个层次，从而一个子组件可以使用一个相似的组件来替换，同时又不影响父层的组件。组件虚拟化使得在多个用户之间共享和动态供应资源成为可能。虚拟化技术可以由供应父层组件或子层组件的开发商来提供，也可由二者共同提供。比如，对数据库所使用的存储器进行虚拟化的技术可以由 Oracle 数据库通过自动存储器管理(Automatic Storage Management，ASM)来提供。ASM 为多个 Oracle 数据库分配存储器，同时将主机上的底层存储空间隐藏起来。这种能力也可以由服务器开发商或者存储器开发商以存储卷管理器的方式提供。客户可以在他们的配置中选择其中的某一个。

3.2.3　网格管理实体

　　根据 EGA 参考模型，网格管理实体(GME)是一个逻辑实体，它封装了企业数据中心转变为网格所需要进行的操作。当前这些操作已经完成，尽管通常是以特别的方式进行的。EGA 参考模型将这些操作的描述和自动化过程在 GME 逻辑中形式化了。这是实现降低成本、减少风险、提高响应性以及通过调整应对数据中心(业务)增长和复杂性的关键。

GME 管理着网格组件、组件之间的关系以及它们的生命周期。GME 需要保证不同的网格组件实现它们各自的服务等级目标。需要注意的重点是，GME 是通过使用人员(管理员)、程序(IT 管理程序)和技术(管理工具)的组合来实现的。尽管 GME 是一个同网格组件相分离的逻辑实体，实际上 GME 的功能可能包含在网格组件中。例如，Oracle 10g RAC 是数据库软件(一个网格组件)的一部分，它管理数据库实例，为多个应用分配资源(作为一个 GME 组件提供服务)。

1. 网格管理实体的角色：抽象和管理

图 3-4 描述了 GME 的角色，以及它如何与网格组件、其他 GME、企业用户以及开发商进行交互以实现企业网格。虽然此图只描述了 GME 同一个网格组件进行交互，但实际中 GME 会同企业网格中所有的逻辑组件进行交互。GME 通过同网格组件交互以实现对网格组件状态的管理和监测，并达到实现企业网格服务等级要求的目的。GME 同企业进行交互，获得关于它如何进行决策的策略信息，同时将计费和账目信息反馈给企业。通过与开发商交互获取可利用的补丁和升级包，并向开发商提供错误报告。

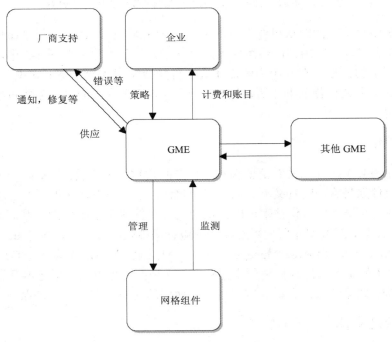

图 3-4　网格管理实体

EGA 没有给 GME 的具体实现制定规范。GME 本身可以看作 GME 相关组件的 DAG，每个 GME 组件均是一种类型的网格组件，因此，实际上 GME 的功能可以是逻辑上分布的、层次式的。

2. 协调网格组件

正如前面所讨论的，单一的网格组件可以通过协调其所依赖的一组相关网格组件来实现。GME 负责协调所有这些组件、以及它们的生命周期和相互之间的关系。GME 需要管理从复杂的业务应用或服务到网络化资源结构的映射，以满足一定的目标(如 SLO，业务限制等等)。GME 需要管理的内容如下：

- 企业网格内部某个服务的安装或创建
- 管理服务以满足业务目标和约束
- 为服务的拥有者提供使用或计费信息
- 停止组件运行

3. 基于策略的管理

GME 为企业网格提供了基于策略的管理方式。最高层的策略是为整个企业中心定义的。GME 可以是层次式、分布的 GME 组件的集合。每个 GME 组件在它的辖域内负责应用这些策略，并同 GME 协调。今天，绝大多数策略都由人员来控制和应用。我们可以期望这些工作将来会逐渐由软件工具来支持完成。作为实施支持网格数据中心的一个步骤，企业可以开始为它们的数据中心定义自己的策略。

根据 EGA 参考模型，策略可以分解为以下部分：

- 目标——SLO 和 SLA
- 约束和配置
- 规则

目标——服务等级目标(SLO)和服务等级协议(SLA)

服务等级协议(Service-Level Agreement，SLA)定义提供者和消费者之间业务级别的服务协议。SLA 定义可接受的服务等级，并把这些明确在一个标准文档中，文档中也可以同时指明当达到这些目标时的奖励机制或没达到目标时的惩罚措施。

SLA 会被转换成服务等级目标(Service-Level Objective，SLO)，这些 SLO 是可操作的，同时也是衡量单个网格组件的标准。SLO 通常根据下面的要求进行定义：

- 响应时间要求
- 容量和吞吐量要求
- 可用性要求——总体可用性(包括计划内和计划外的断线时间)
- 以 MTTF(平均故障时间)和 MTTR(平均恢复时间)衡量的可靠性和可恢复性要求
- 安全性要求

举例来说，一个电子"书店"的业务应用的 SLO 包括以下内容：

■ 图书购买事务的平均响应时间是 0.5 秒，80%的图书搜索会在两秒内做出响应
■ 200,000 个并发的登录用户和 100,000 个并发的搜索
■ 每个月用于安全和软件维护的断线时间最多为 30 分钟
■ 不会发生未经认证的对永久性存储层或业务逻辑层的访问

在本书后面的内容中，当讨论 IT 栈中的每一层时，我们将提供可能应用到此层上的 SLO。

约束和配置

GME 需要在给它指定的约束下工作，这些约束来源于网格组件的限制、它们的配置以及拓扑结构。例如，存储器组的扩展性可能会受它所能容纳的最大存储容量的限制。网络互连的速度和延迟可能决定了多个服务器如何聚集成一个 RAC 数据库。

规则

当某种情况发生时，规则用来指导 GME 的行为。这些规则可以管理特定的自动响应来应对发生的情况，或者是当冲突发生时有助于对 GME 任务指定优先级。例如，当两个不同的服务请求相同的资源时，这些规则可以引导 GME 为这些请求指定优先次序。

4. 服务等级管理

服务等级管理(Service-level management，SLM)利用策略并解释策略，为针对顾客的企业应用提供所需的服务等级。SLM 的重点集中在通过 SLO 来自动管理服务和应用，这是有效使用企业网格的关键。图 3-5 强调了 GME 在动态管理网格组件生命周期中的角色。

基于现有数据中心的工作方式以及面临的紧迫需求，EGA 参考模型将网格组件的初始配置或供应过程同现有的闭环负载管理和优化相分离。然而，在现实中，网格的本质就是不断地供应和补充数据中心组件来应对变化的负载和业务需求。

初始配置或供应

在网格组件的初始配置之前，GME 需要产生它的 SLO。通常通过以下步骤实现：

■ **服务规范化** 服务规范化识别各种相互依赖的组件并定义 DAG，依此来确定如何将相关的组件拼装以初始化服务；
■ **服务量化** 决定了为达到一定的服务等级所需要的各种不同相关组件的数目或单位数。一般情况下，这通过特定的基准测试、能力规划训练以及/或从类似的配置中得到的历史数据来确定。

今天，服务规范化以及初始的量化大部分是手工完成。为不同的网格组件生成组件级的 SLO 还没有一个令人满意的标准解决方法。但一些开发商已经通过特定的工具或者基于特定的基准测试做出了一些尝试。由于每个应用的负载是不同的，标准的基准测试程序并不是实际配置中具体使用模式的典型代表。幸运的是，网格的本质使快速消除这些差异变得较为容易，我

们将在下一章节讨论这个问题。

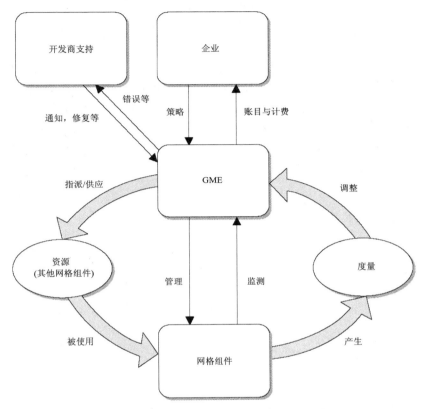

图 3-5　服务等级管理(来源自 EGA 参考模型 v1.0)

　　一旦网格组件根据其相关的组件进行了规范化，并且产生了组件级的 SLO，那么 GME 就可以装配各种需要的组件并生成服务。例如，为了生成一个"书店"网格组件实例，GME 将会为应用服务器和数据库装配好所需要的存储器和服务器，实例化数据库和应用服务器，然后部署"书店"网格组件。需要注意的是，每次部署网格组件时并不需要从头重复整个过程，因为在为具有相同 SLO 的服务部署网格组件时，同样的配置信息可以重复利用。

负载管理和优化
　　一旦服务或者网格组件被部署，GME 就会对网格组件进行控制以满足它期望的 SLO。GME 监测已经供应了网格组件的资源使用情况以及服务等级，例如响应时间、吞吐量以及可用性等等。根据这些信息，GME 可以确定资源相对于满足服务要求所需来说是过量还是不足。这样 GME 可以对资源进行平衡，从而达到资源的合理分配。

资源的再平衡通常需要改变各种不同组件的用途。GME 需要按照 DGA 定义的操作次序来移除和/或提供网格组件。再平衡的示例包括部署额外的应用服务器实例，回收数据库服务器实例，分配额外的存储器等等。再分配通常由少数几个网格组件在任何指定的时间内完成，以避免造成潜在的系统不稳定。

GME 可能同时会采用多种资源利用率度量，这些资源利用率度量通常用于以下目的：

- **计费和账目** 资源利用率度量可以将服务所需的成本或费用分布到不同的企业应用上；
- **量化和能力规划** 在对新的应用进行量化时，已获取的信息很有价值。这些信息也可以在将来用于能力规划和获取资源。

企业在实现支持网格的数据中心的过程中，可以使用特定的管理框架或工具，用来衡量它们所拥有的数据中心组件的服务性能和资源利用率参数。它们也可以考虑根据需求将各种资源的分配操作自动化。

5. 网格管理实体的实现

GME 是一个逻辑实体，它封装了企业网格中所有的管理功能。EGA 没有对 GME 的实现指定明确的规范。GME 的功能可以在多个离散的组件中实现，这些组件是单纯的管理组件，如系统管理工具或框架，GME 的功能也可以嵌入在特定的用于管理网格组件的实现中，或者是上述两种方式的结合。这同时也说明 GME 本身是由网格组成的，比如用来实现管理企业网格功能的网格组件。

6. 标准化 IT 流程的角色

GME 中包含的各种不同的数据中心操作可以实现标准化和自动化。在向企业网格模型过渡时，标准化的 IT 流程发挥着巨大的作用。流程的标准化减少了 IT 管理中的复杂性和多变性，同时也减小了出错几率。标准化的流程也可以实现自动化。这在对 IT 管理资源进行扩展以应对数据中心的增长和复杂性时尤其有用。我们主要涉及两个同 IT 管理相关的流程标准——ITIL和 eTOM，它们在为数据中心操作的标准化提供了重要的帮助。这些标准可以用作蓝图，将来可以加以改变来满足单一企业的需求。

ITIL

信息技术基础库(Information Technology Infrastructure Library，ITIL)是信息技术服务管理的一套最佳操作标准，可以为 IT 服务管理提供量身定做的操作架构。ITIL 由英国 OGC(政府商务司)提出，现在由一家非盈利性销售商和用户组织—— IT 服务管理论坛(ITSMF:http://www.itsmf.com)维护和开发。ITIL 在欧洲已经使用了 15 年，目前在世界 IT 服务管理中正逐渐被广泛地采用。

ITIL 提供了最佳操作标准和架构，将 IT 流程和业务流程相结合，帮助 IT 提供正确的、适当的业务解决方案。ITIL 包含了各种不同 IT 操作具有的全面流程，以及以下核心模块：

- **服务支持**　包含同 IT 服务相关的日常支持和维护操作；
- **服务传送**　涵盖了 IT 服务的规划、传送以及改进质量等相关的长期流程；
- **ICT 设施管理**　包括了从业务需求到提出流程，再到数据中心组件的测试、安装、部署和执行操作等整个基础设施管理周期；
- **服务管理实现规划**　用于检查在规划、实现和改进服务管理流程中的组织性和根本性问题；
- **应用管理**　描述了应用从初始业务需求，到部署再到退出的生命周期；
- **业务展望**　引导 IT 人员如何执行调整从而最大化他们对业务目标的贡献；
- **安全管理**　详细描述了规划和管理信息以及 IT 服务中安全性的细节。

eTOM

eTOM(增强的电信运营图)是为服务提供者提供的业务流程框架。最初是为电信产业设计的，但现在对任何 IT 服务的提供者都适用。eTOM 关注的焦点是服务提供者的业务流程，流程之间的关系与接口，以及被多个流程使用的客户、服务、资源、供应商/合作伙伴以及其他信息。eTOM 为供应商组织中不同层次上的服务和角色提供了一个分类。它把每个业务流程看作是客户与企业中服务、资源以及合作伙伴之间的一个流。每个流程被分解为多个不同的功能组件，每个组件具有特定的输入和输出。eTOM 流程元素可以面向 IT 终端用户，以服务为中心对 IT 流程进行建模。此外，ITIL 流程也可以使用 eTOM 框架进行建模。

3.3　将 EGA 参考模型应用到 Oracle 环境中

为了向支持网格的数据中心转变，企业可以将它们的数据中心映射到 EGA 参考模型上。首先，它们需要识别出数据中心中各种不同的网格组件并根据与之相关的组件进行规范化，然后确定管理这些网格组件的 GME 组件。这些 GME 组件以及围绕着它们的 IT 管理人员和流程共同形成了数据中心的局部 GME。下一步是定义策略，比如针对不同网格组件的 SLO、限制和规则。这使得企业可以承担服务等级的管理，开始时可以是手工的服务等级管理，然后随着时间的推进再逐渐将各种操作进行标准化和自动化。

作为上面使用 EGA 参考模型向网格转变的过程示例，我们将把此模型应用到 Oracle 环境中的各种组件上。

3.3.1　作为网格组件的企业应用

无论是盒装、定制还是自己开发的企业应用，都可以被看作网格组件，每个应用都依赖于多个不同的网格组件，比如向它提供数据的 Oracle 数据库，或者是运行业务逻辑的 Oracle 应用服务器。数据库和应用服务器又可以部署在物理服务器集群或者是网格组件上。应用本身可以是一组松耦合的模块，每个模块可以看作是一个网格组件。

每个应用都需要转换成服务等级目标，这些 SLO 使用 QoS 衡量标准来定义，如响应时间要求、吞吐量要求、安全性要求以及可用性要求等等。同时，这些 SLO 还包含这些 QoS 标准的其他形式，如有效时间、有效日期等等。甚至在一个单独的企业应用中，不同应用模块或信息类别的 SLO 都会不同，需要各自定义。例如，在"书店"应用中，购买图书事务可能会有 0.5 秒的响应时间要求，而对搜索操作则需要在 2 秒之内给出响应。这是组成 GME 的各个 GME 组件的需要完成的工作，GME 监测 SLO 的性能，并需要把把适当的服务等级传递给被管理的网格组件。

在本节接下来的内容中，我们将针对 Oracle 环境中经常使用的网格组件和 GME 组件展开讨论。

3.3.2　存储器网格组件

企业组件需要使用存储器来完成多个目标，如对软件镜像、配置信息数据、数据库的数据文件和日志文件等进行存储。这些不同的用途将多个 SLO 施加到存储器设施上。随着数据值的改变，有关延迟、吞吐量、容量、可用性以及安全性的 SLO 也要发生变化。存储设施中 GME 的目标是以较低的成本满足 SLO 的需求，从而最有效地利用企业的存储器资源，同时达到这些目标所需的管理成本也应该比较低。存储设施中 GME 的示例包括如 EMC Control Center 以及 HP Storage Essentials 等 SRM 工具，这些 SRM 工具将存储器的监测和管理功能集中化。

Oracle Database 可以作为 Oracle 数据库所使用存储器的 GME。Oracle 自动存储管理(Automatic Storage Management，ASM)提供了跨多个 Oracle 数据库进行存储器供应以及有效地利用存储器的 GME 能力。Oracle Database 的信息生命周期管理(Information Lifecycle Management，ILM)功能使得透明的数据迁移成为可能，这种迁移可以在数据值发生变化时有效地利用存储器。Oracle Recovery Manager、Oracle Backup 以及 Oracle Data Guard 实现了数据可用性和数据包含等 SLO。这些都是在网格组件内提供的 GME 功能的具体实例。此外，数据库可能使用网络存储器，比如 SAN，在这种情况下 GME 以及服务等级管理功能由存储器开发商提供。

第 4 章我们将讨论不同的技术，包括前面提到的由 Oracle 以及存储器开发商提供的相关技术，这些技术使得企业可以将它们的存储器向网格模型转变。

3.3.3 服务器网格组件

服务器设施为业务功能提供了基本的处理能力。Oracle 数据库和应用服务器部署在服务器上。服务器设施中 GME 的目标是将这些处理能力分配给多个企业应用，从而满足在响应时间以及吞吐量等方面的 SLO，同时最有效地利用服务器的处理能力。

Oracle Real Application Cluster 和 Oracle Application Server 可以将数据库和应用服务器部署在服务器集群上，它们可以作为服务器设施中的 GME 组件来使用。多个企业应用可以部署在 Oracle RAC 数据库或 Oracle 应用服务器集群上。在这些应用中，Oracle 数据库和应用服务器提供了分配或分布处理能力的 GME 功能。然而，随着各个部署应用的负载发生变化，为每个数据库和应用服务器分配的服务器资源也需要发生变化，以便实现期望的 SLO。

上述的技术为企业向服务器网格转变提供了一个起始点，我们将在第 5 章详细讨论这个话题。

3.3.4 GME 组件——Oracle 网格控制

Oracle 网格控制(Oracle Grid Control)是 Oracle 的网格管理工具，在 Oracle 环境中它可以看作是负责管理 Oracle 环境的 GME 组件。Oracle Grid Control 对 Oracle 环境有着详尽的了解，因此是实现这个目标的理想选择。它包括全面的服务等级管理能力，适合将 GME 中的多种功能自动化。我们将在第 8 章和第 9 章对 Oracle Grid Control 进行更为详细的讨论。

前面已经提及过，GME 是一个逻辑实体，它的组件可能与生俱来就是层次式的。在 Oracle 环境中，Oracle Gird Control 是一个 GME 组件，主要负责同 Oracle Database 和 Oracle Application Server 交互，后两者同时也会向它们的辖域提供一定的 GME 能力。比如，Oracle Grid Control 可以监测到多个 Oracle 数据库资源需求的变化。Oracle Grid Control 也提供了为新服务器供应操作系统和 Oracle 软件的能力。在第 8 章我们会详细讨论这个方面。另外，Oracle Grid Control 同其他被管理的组件交互，如存储器、服务器和网络负载平衡器等，它们可能都具有自己的组件级 GME。更进一步，随着网格管理中标准化工作的发展，在这些不同的 GME 组件中将有更多的相互操作出现。

此外，像应用模块和信息等抽象实体也可以看作是 EGA 参考模型中的网格组件。

3.3.5 应用网格组件

现代业务应用可能使用松耦合的模块来设计，被称作面向服务架构(SOA)。这些模块可以看做是构成应用网格的网格组件。举例来说，顾客信息服务可能会被计费应用使用，用来给顾客计费，也可被货运应用在运送商品时用到。应用网格使实现动态业务流程成为可能，从而可以快速应对变化的业务需求。

应用网格层的 GME 功能由 UDDI(Universal Description, Discovery and Integration，统一描述、发现和集成)和 BPEL(Business Process Execution Language，业务流程执行语言)等技术来提供，这些技术可以发现服务，并将服务动态协调到业务应用中。UDDI 提供了注册和发现 Web 服务的机制。BPEL 为创建动态业务处理流程提供了标准语言。随着业务需求的变化，可以容易地、动态地修改流程，从而为变化的业务情境提供快速响应。

我们将在第 6 章详细讨论这些技术。

3.3.6 信息网格组件

企业中来自不同方面的信息可以在逻辑上合并成一个信息网格。这样的信息网格是由自描述的信息源组成，这些信息源可以看作 EGA 参考模型中的网格组件。发现哪些信息源存在，它们拥有什么数据，数据的生命周期以及数据如何被解释都是可能的。这些组件同时也将相异的企业数据源相连接，包括存储在数据库中的结构化数据，文档中的非结构化数据等等。应用组件可以发现这些信息源并同它们进行交互。基于 XML 的语义标准,如资源描述框架(Resource Description Framework，RDF)和 Web 本体语言(Web Ontology Language，OWL)等，都可以应用在自描述的网格组件实现中。

信息网格层中的 GME 功能包括在所有的信息资源中进行动态发现和数据互连。XML 元数据库(Metadata Repository)就是一个提供 GME 功能的技术示例，它通过组织所有资源参与到信息网格中进而形成了一个层次关系。这个库提供了比如事件管理、业务规则、版本控制、访问控制和权限管理等服务。Oracle Database 中包含了对 XML 元数据库的支持。

我们将在第 7 章对信息网格和相关技术进行详细讨论。

3.4 本章小结

在本章中，我们介绍了支持网格的数据中心的概念，以及表征此类数据中心的目标——可预测的服务质量、资源的有效使用、灵活的 IT 基础设施和可扩展的 IT 管理。EGA 参考模型为这类数据中心中各种不同的功能性元素提供了一个设计模式。各种数据中心组件都可以表示为 EGA 参考模型中的网格组件。网格管理实体是一个逻辑实体，它在网格组件的生命周期管理以及服务等级管理中发挥着至关重要的作用。GME 允许网格降低成本、减少风险、改进响应性以及随着数据中心的增长和复杂化趋势增加管理员。正如本章中所描述的，EGA 参考模型可以应用到 Oracle 环境中的多种实体上。

在接下来的几章中，我们将详细描述企业 IT 栈中的不同层，并对每一层中的各种组件如何供应和管理进行讨论。接下来从企业存储设施开始讨论。

3.5 参考资料

[EGA Reference Model] EGA Reference Model v1.0. May 2005.
http://www.gridalliance.org/en/WorkGroups/ReferenceModel.asp

[ITIL] Rudd, C. Introductory Overview of ITIL. July 2004.
http://www.itsmfusa.org/mc/page.do?sitePageId=2993

[eTOM] The enhanced Telecom Operations Map (eTOM).
http://www.tmforum.org/browse.asp?catID=1647

第 4 章

存 储 网 格

　　我们在上一章讨论了支持网格的数据中心模型及其企业数据中心网格计算的作用。在一个抽象的网格管理实体的控制下，IT 基础设施的每一层可以分解成网格组件，抽象的网格管理实体实现对这些网格组件的管理。本章将探讨支持网格的数据中心内部的存储基础设施。内容将包括：存储在企业计算中的作用，当前在 IT 环境下是如何供应和管理存储的，以及企业如何实现将他们的存储基础设施向企业网格计算转化。我们将描述在 Oracle 环境中的存储层是如何表述网格管理实体的，最后将展望存储标准的前景。

4.1 企业存储基础设施

企业存储基础设施为业务功能提供持久化存储及访问。企业存储基础设施包括：存储介质(如磁盘、磁带等)、将服务器与存储介质连接的存储网络组件(如 SAN 交换机、主机总线适配器等)，还有存储访问软件(如卷管理器、文件系统等)。

在企业中有很多实体需要占用存储空间，下面列出主要的几个。

1. 数据库

用数据库可以管理企业中来自各种应用的数据。存储空间中最大的消耗来自数据库，例如，Oracle 数据库使用存储基础设施来存储以下内容：

- **数据文件**

    数据文件存储了系统目录和应用数据。

- **恢复文件**

    与恢复相关的文件(如 Redo 日志文件)包含了对数据库事务处理的记录。当执行数据库操作的时候对恢复文件执行写操作，在恢复操作的时候访问恢复文件。

- **备份文件**

    备份文件是数据文件和日志文件的副本，主要作用是用来定期负责处理业务连续性和灾难恢复。建立 Oracle 数据库能够自动产生归档日志文件，以便对 Redo 日志文件进行备份。

- **配置文件**

    这些文件包括 init.ora、controlfile 等，用以说明关于 Oracle 数据库的配置信息。

2. 平坦型文件(flat file)中非结构化或半结构数据

很大比例的企业数据是放在数据库之外的——平坦型文件中。这种数据包含 word 文件、电子表格、图像、声音和视频记录等。企业将上述数据散布于不同位置上，从个人文件夹到不同业务单位中的集中式 NAS 服务器上都存在这类平坦型文件。这些信息的访问类型和操作需求是频繁变化的。

3. 操作系统映像

操作系统(例如 Windows、Linux 等)提供了运行企业应用的平台。通常情况下，操作系统映像、补丁以及操作系统配置信息分别安装在不同服务器上，并且需要对其进行供应和管理。

4. 软件映像与配置数据

企业使用了的大量应用，包括自主开发的、盒装的以及定制的等各种类型的应用。这些应用的软件(执行文件和数据)和配置文件需要存储空间。相同的应用软件可能由于不同的目的而部署在不同的地方。

存储基础设施运行需求

存储的大量使用带来了存储基础设施的不同运行需求。需求根据存储、性能(以反应时间和吞吐量来度量)、业务连续性目标、保留时间以及安全性而不断变化。存储管理员必须以减少总体的存储成本为目标来权衡需求。

1. 性能

企业应用中存在着不断变化的存储访问类型，因此需要对其提供不同的性能保证。存储访问类型可以产生不同程度的读写操作，以及随机或者顺序的访问。在数据库存储中，应用访问类型直接影响到对数据库数据文件的访问。例如，金融交易应用需要高性能和低延迟，而 HR 可以容忍较长的响应时间。再例如，数据仓库的某些应用主要执行顺序访问，而 OTLP 的应用则执行随机访问。

应用的性能需要也是随时间变化的。OLTP 应用在白天更活跃，而批处理应用在夜里更活跃。例如，总台账是大多数时间很少使用的应用，除了在每个季末需要外平时不会用到。存储需要动态调整来获知应用不断变化的需求，从而为这些应用提供更好的性能。

存储管理员必须设计和提供存储以应对变化的性能需求，而目标就是提供更优化的存储分配——良好的经济效益并且满足于应用的性能要求。

2. 业务连续性

业务连续性需要保证应用软件在所有的情况下——从偶尔的电力中断到火灾或者地震的灾难——提供所期望的可用性。在数据中心组件(例如存储、系统、网络、数据库等)有计划或无计划停机的情况下，必须设计存储解决方案以确保应用软件保持可用性。

考虑存储，业务连续性需要处理三个方面的问题——备份和恢复、灾难恢复、高可用性。

(1) 备份和恢复

为了防止可能由于系统故障、存储介质故障或者人为错误而带来的数据破坏，应用软件需要保护起来。企业通过定期地备份来保护关键的信息。出于管理方面的原因，企业也需要备份自己的记录，在下一章节将更详细地进行讨论。

随着数据的过时，访问过时数据备份的频率会减少。结果，企业保持了多级备份——主要的数据副本，它们与活动数据存放在相同的位置。企业可以很快恢复这些副本。随着磁盘价格的下降，企业开始使用磁盘代替磁带来保存存档数据。这就是二级备份。二级备份之后是要归档到磁带。

(2) 灾难恢复(Disaster Recovery，DR)

当整个数据中心不可用的时候，灾难恢复的解决方案在灾难发生情况下仍提供了业务连续性。典型的 DR 包括在不同位置的故障转移。这需要主要数据的镜像备份保存在活动数据外面，例如，放在二级备份的位置上。存储解决方案还需要集成主机端的故障转移方案。在灾难发生的情况下，数据损失容忍度是随应用而变化的。这决定了 DR 解决方案的复杂性，影响了它的成本。

(3) 高可用性(High availability，HA)

存储基础设施能够帮助建立高可用的解决方案，从而保护应用，防止各种故障，具体来说：

- 防止存储硬件故障
- 防止存储网络故障
- 防止服务器故障

任何 HA 的解决方案必须在设计的时候考虑应用的优先权和可用性需求。在存储硬件的情况下，通过使用多余的存储组件来预防磁盘或者存储控制器故障。预防存储网络故障需要通过多路径 I/O 进行冗余网络连接。通常，预防服务器故障需要在应用端进行服务器集群。集群技术可以对集群服务器的存储提供共享和协调的访问。

3. 安全性

企业存储基础设施中保存着重要的业务信息。根据业务信息的性质，只有需要访问这些资料的人通过适当的访问机制(例如应用)才能访问。因此，存储基础设施必须确保信息的安全，能够阻止恶意用户通过后门获得信息的访问权。

4. 循规一致性

一些新的规则，如 Sarbanes-Oxley、HIPPA 等，与强制执行的规则一起，已经实现了业务数据存储的持久性和安全性。一些循规一致性法规规定某些特定的信息在某段特定时间内不能被篡改。并且，当达到期限时，必须完全销毁这些信息。企业存储基础设施必须提供对这些新需求的支持。

5. 易于管理

为了能够持续地给各种用户提供服务，必须对存储基础设施进行定期维护和监测。因此，存储基础设施应当便于管理，即需要最少的人工管理。另外，可以方便地在某个中心地点进行远程管理操作。易于对新的应用或现有的应用提供存储供应。

6. 降低成本

在当今激烈的商业环境下，企业一直希望减少运作成本。存储基础设施存在着巨大的利用率不足——平均来说，大型企业的存储利用率通常低于30%。企业每年的存储设施管理开销是购置成本的两至三倍。因此，企业希望找到更有效的使用存储的方式，同时也希望减少存储基础设施的购置和管理成本。

考虑到这些需求，已有的存储体系结构面临严峻的挑战。在下一节，我们将试图了解这些问题的原因。

4.2 企业存储基础设施问题

正如第1章所述，现有的企业存储基础设施由各种存储孤岛构成，这些存储孤岛的配置各不相同，这导致了存储的高额成本。存储体系结构并不是如企业所期望的那样能够灵活地满足业务需求。这些存储孤岛管理起来也很复杂，下面将对此进行详细描述。

4.2.1 存储孤岛

图4-1描述了现有企业存储体系结构中的存储孤岛。每过一段时间，企业的单个业务单位就需要获得来自多个开发商的关于不同容量、性能、消耗的存储信息。过去，一般购买直接附加存储设备与服务器一起使用，例如磁盘直接连接服务器的方式。如今，存储容量的购置加大了对存储网络的投入，即存储区网络(SAN，storage-area network)和网络附加存储(NAS，network-attached storage)设备。尽管存储网络承诺能够用一个单独的网络连接多个存储设备，但实际上，多种存储网络协议和开发商间的互操作问题经常会导致零散的存储 silo。

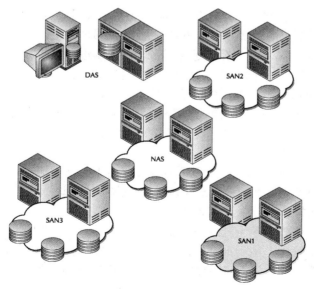

图4-1 存储孤岛

1. 直接附加存储

在直接附加存储或 DAS 中,存储设备是指带有磁盘驱动的主计算机部分、RAID 阵列或与单个服务器直接相连的磁带库。为了连接到存储设备,网络工作站必须访问服务器。作为第一个广泛流行的存储模型,DAS 产品在当前存储基础设施的存储系统中仍然占有 10%~20%的使用比例。直接附加存储很容易部署,和其他的存储方案相比有着较低的初始部署成本。

DAS 导致了存储孤岛的增加。简而言之,连接在每个服务器上的存储器本身是一个孤岛。当存储能力散布到这些服务器孤岛上时,在一个服务器中未使用的容量便不会被其他系统访问。这导致了存储的利用不足。另外,DAS 的可扩展性受到能够连接到服务器的 SCSI 驱动器数量的限制。这导致 IT 管理者在购买服务器的时候,需要预先估计 DAS 存储的增长需求。

服务器停机导致了连接到服务器的存储访问的停止。DAS 也很难管理。例如备份、供应等存储管理操作必须在每个服务器分别执行。

存储网络——NAS 和 SAN——为前面提到的 DAS 问题提供了一个答案。事实上,SAN 和 NAS 存储提出了迈向存储网格的第一步。由于较高的资产运作和简化的集中式管理带来的性价比,存储网络模型适合于高可扩展性以及高容量的需求。

2. 网络附加存储

NAS 设备把传统文件系统的文件服务功能划分为专门的块。NAS 省掉了存储服务器和文件服务,而且由于其独立性在数据访问上提供了更大的灵活性。多个服务器通过以太网连接到 NAS 存储。

和 DAS 比较,NAS 有很多优点:

- NAS 提供了一个简单、廉价的方案,能够在文件级别上实现多个客户端的快速数据访问。这种即插即用的解决方案,不管有无 IT 人员的协助,都易于安装、部署和管理。
- NAS 的使用率很高,因为存储是跨越多个服务器进行共享。
- 企业数据保护机制(例如为了业务连续性的复制和镜像功能)集中在 NAS 设备中。多个 NAS 系统也可以集中管理,以便节约时间和资源。
- NAS 系统是在存储压力很大的情况下使用存储的,以便高效地使用数据中心空间。随着数字信息容量的持续增加,具有高可扩展性需求的组织能够较为廉价地将 NAS 扩展为 TB 级的存储。
- NAS 提供了异构数据的共享以及所有操作平台上的文件服务。在网络上,NAS 系统使得所有客户都如同面对的是一个本地文件服务器,这意味着在 NAS 系统中文件是以本地文件的格式进行保存或者使用的。

然而不幸的是,即使来自单一开发商的多个 NAS 设备可以作为组来管理,但来自多个开发商的设备却必须分别管理。由于部署的简单性,大大增加了 NAS 设备的数目,这就意味着整个企业的存储仍是零碎的,尽管比 DAS 要少一些,仍导致部署在企业中的 NAS 解决方案变成了 NAS 存储孤岛。

3. 存储区域网络

存储区域网络简称 SAN，是一个特定的、高性能的用来在服务器和存储基础设施间传送数据的存储网络，它有别于局域网。典型的 SAN 使用光纤信道(Fiber Channel)协议——高可靠的千兆互联技术，可以同时在工作站、大型机、服务器、数据存储系统以及其他外围设备间通信。

SAN 提供下面的好处：

■ 传统的 SAN 用于需要高带宽、低延迟的应用。私有的 SAN 为基于块的应用如数据库，提供高效的存储访问。

■ 为了保证最大的运行时间，SAN 内部设置了一系列故障转移和容错特性。对于信息存储需求有明显增长的大型企业来说，SAN 也提供了出色的可扩展性。

虽然 SAN 有很多好处，它的广泛应用也受到几个因素的影响。SAN 技术的成本和复杂性限制了它在大企业中的采用。设计、开发和部署一个 SAN 需要很大的投资。SAN 部署需要大量硬件和软件组件协同工作，这些组件包括交换机、主机总线适配器、主机附加工具包等。这么多的组件增加了成本和管理的复杂性。因此，SAN 部署的建立和管理是很昂贵的。另外，缺乏标准化导致了互操作性问题，不同软件和硬件开发商提供的产品无法如期望的那样协同工作，这导致企业需要建立多个 SAN。

4.2.2 存储基础设施的高成本

企业在存储上投入的成本比想象的要多得多，这主要是因为存储基础设施的利用不足所导致的，同时企业在高端存储阵列的投资是非常大的。

1. 存储利用不足

当前的存储环境由各种 DAS、NAS 和 SAN 孤岛组成。由于跨越这些存储孤岛的应用不能共享存储资源，所以导致了存储利用不足。例如，用于数据仓库的存储阵列可能有大量可用的空闲空间，但是将它们分配给 E-mail 服务器却是不容易实现的。因此，IT 部门必须投资购买一个新的文件服务器来满足 E-mail 系统的需求，这导致了更多的花费以及对现有存储的利用不足。

即使在存储阵列中，也需要针对各个应用进行存储的预分配，通常是使用如逻辑单元数(Logical Unit Number，LUN)和逻辑卷此类固定大小的虚拟分区。对于这些虚拟分区的任何改变都是麻烦和耗时的，一些操作还需要停机，这使得改变虚拟分配不切实际。因为应用软件的存储增长率是变化的，固定大小的分区也导致了存储利用不足。某些应用软件可能在很短的时间内用完了所分配的空间，而其他的则可能不会使用到分配给他们的空间。

2. 高端整体存储阵列的高成本

对于关键的任务应用，企业通常使用高端存储阵列。这些高端存储阵列使用同低端及中端模块化存储阵列相同的存储磁盘，但复杂的控制软件和阵列体系结构提供了高性能、可用性以及可扩展性。这些高端阵列每 GB 的成本是极高的，并不是所有的应用都需要这种高端性能。

4.2.3 不灵活的存储基础设施

当今存储体系结构还不够灵活，难以满足业务的变化需求。当前的做法是根据各种应用的存储需求进行静态地分配，应用软件的存储需求必须在分配时间之前确定。当具体数值和应用需求随时间改变时，重新调整存储分配是极为困难的。

1. 无力满足变化的应用需求

当前，存储是静态分配给应用的。分配给应用的存储性能特征在存储供应的时候就确定了。因为每个应用有不同的负载特性，并且这些特性随着时间(日、星期、月)而变化，所以它们对于存储的性能要求也是在变化的。存储基础设施还不能灵活地满足这些变化的需求，因此，当前主要是根据估计的应用峰值性能需求来进行存储分配。

2. 存储与业务性能需求不匹配

在一个孤岛中的应用不能访问另一个孤岛上的存储。只能在有存储请求时，根据同一孤岛内可用的空间在来分配存储。因此，本来一个低性能、可靠性的存储就可以满足的请求，有时却由一个昂贵的高端的存储系统来实现。基于存储需求的急迫性，高端存储请求有时通过次优化存储分配来满足。随着时间的变化，应用需求和分配存储空间的存储系统之间几乎没有关联性。

3. 无法实现存储与变化的数据值间的匹配

由应用产生、并由应用使用的数据值一直随着时间而改变。随着时间的推移，对大部分企业数据的访问频率减少了，数据也变成了部分历史记录，但是这些都必须首先满足循规一致性的需求。例如，客户订单的数据在创建的时候是最活跃的，一旦客户订单完成而且付了账，订单就几乎是只读的了，而且很少会再访问。

这些数据被创建时要求高性能的存储，但当数据过时后就不再需要同一级别的存储了。理想情况是，当数据过时后，应当转移到相对便宜、慢的存储类别上。然而，现在以一种对应用透明的方式在不同的存储类别间移动数据是繁重和麻烦的。

4.2.4 存储管理的复杂性

每个存储孤岛必须分别管理，这就导致了高复杂性和过度昂贵的存储管理成本。针对每个应用的操作，如供应、备份、镜像和归档数据等，也必须各自管理。性能检测也很复杂。集中地跟踪存储资产的使用率是很困难的，因此导致了自组织容量规划的产生。

1. 存储硬件管理

存储硬件由很多组件组成，如存储设备、网关、路由器、交换机等。另外，在部署使用存储系统前，需要根据性能需求和 HA 特性对其进行单独配置，从而创建各种虚拟分区。不同开发商的存储系统配置是不同的，这导致了异构存储基础设施的产生，其管理也极其复杂。

为了描述这样一个部署的复杂性，下面来我们来分析某 SAN 部署的异构性。这里的 SAN 部署拥有来自多个开发商(包括 EMC、Network Appliance、HDS、IBM、HP 和 Sun)的存储阵列。每个开发商的 SAN 阵列需要进行不同的部署，并分别为用户创建 LUN。同时还拥有来自多个开发商(包括 Cisco、Broadcom、Brocade、Emulex、Qlogic 和 McData)的 SAN 交换机，这些交换机都需要进行配置。每个存储阵列开发商都有各自的主机端软件，用来在主机上配置存储。每个开发商所带来的细微差别增加了其管理的复杂性。

2. 复杂的业务连续性和归档管理

企业中有业务连续性和归档解决方案。在不少方面需要数据的多种副本形式(备份、镜像、档案等)。跟踪和关联数据的多个备份是极其困难的。如果出现了故障，没有一个简单的方法可以立即识别需要从哪个备份进行恢复。例如，备份副本可能已经从主存转移到了第二级存储，也可能从第二级存储移到第三级存储。对于手工备份，进行识别并且把存储碎片拼凑起来也是极为复杂的。通常，没有简单的方法可以识别应用中需要恢复位置，也没有简单的办法在备份时将恢复点与时间相关联。

与存储相关的操作带来的复杂性导致了高额的存储管理成本。随着数据卷的增多和维护窗口的减少，备份与恢复操作的性能和可扩展性成为了问题。

3. 性能监控

在给定存储区域和存储孤岛数目的情况下，连续监控所有的存储系统是不可能的。因此，不存在主动的性能监控。存储管理员是被动地工作的——只有当性能问题严重到引起了终端用户的中断时管理员才知道。并且弄清楚引起问题的根源是困难而费时的。

在大多数情况下，性能问题是由于栈顶层问题或者错误配置引起的。目前，诊断这些问题的主要障碍是，无法在从应用到底层存储系统之间的各个层上关联和跟踪数据。

当问题存在于存储层时，通常是由存储系统中的热点(hot spot)引起的，主要是出在存储器的配置问题上，存储器提供不了期望的性能。当前，为了解决这个问题，通常是手工操作将数据从一个存储系统移到另一个存储系统上。这个过程不仅耗时，而且需要停机操作。

4. 容量规划

在今天的存储基础设施中，容量规划是根据预测以一种自组织的方式完成的，存储孤岛使得跟踪存储的可用性和利用率极为困难。存储资源的使用在跨越这些孤岛时是变化的，而且也是不可预见的。没有或者很少有关于存储使用的可用的历史信息。另外，由于缺少关于各种应用的存储需求趋势信息，很难对存储的增长做出有效的预测。

4.3 存储向企业网格计算发展

存储向企业网格计算发展包括多个存储孤岛的合并以及有效的存储分配和管理的部署等流程。应用数据可以根据业务的价值进行分类，进而可以基于成本和性能，为这些数据选择合适的储存类别。较新的技术，例如 IP SAN、网关、自动精简配置等也能够帮助企业实现这一流程。存储网络工业协会(Storage Networking Industry Association，SNIA)正在致力于实现各个开发商产品互操作性的存储标准。这也扫清了合并无连通的存储孤岛时所遇的障碍，并且简化了异构存储资源的管理。

图 4-2 阐述了企业如何合理化存储和合并存储孤岛，从而缓解刚刚讨论的问题。这样的基础设施就称为"存储网格"。功能上，存储网格由下面的要素组成——存储池、统一的存储网络结构、应用的虚拟存储和逻辑集中管理。人员、方法和技术的组合使得这一切成为可能。

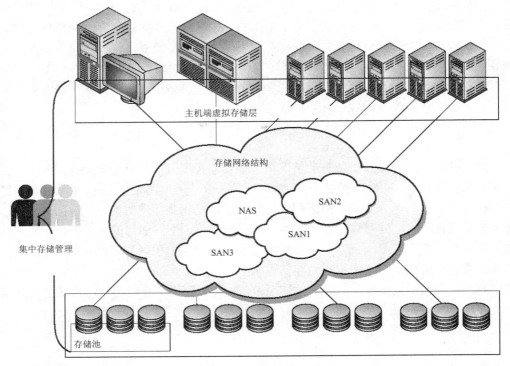

图 4-2　合理化存储和连接存储孤岛

在图 4-2 里面描述的体系结构中，有很多主要的方面区别于现今的存储基础设施。现今的存储设施不是使用作用于每个应用的存储阵列，而是集成模块化存储阵列来满足多种多样的企业应用的需求。这需要将跨越多个存储网络的存储孤岛合并在一起，分配给应用的存储容器并通过虚拟化来有效的共享性能和容量。最后，由一个单一的点来管理整个存储基础设施。

下面，将一层层地扩展这个图，并且对实现此设计的相关技术和产品进行讨论。然后，在"存储网格管理和供应流程"部分将讨论向存储网格发展的过程要素。

4.3.1 存储阵列

存储阵列组成企业存储基础设施的最低层或骨干部分，企业为他们的应用软件使用各种低端和高端存储阵列。对于应用高端整体性存储阵列的企业来说，低等到中等规模的存储模块阵列或者模块组将提供非常划算的选择。下面将进行详细的阐述。

1. 中等规模存储阵列

存储硬件技术的进步减少了模块化存储阵列的成本，同时提供了更多的存储容量和更高的存储性能。在存储阵列上的控制软件也在提供更好的使用性、更高的可用性。这导致了中规模存储阵列市场的增长，这些阵列的性能和容量已经足以满足大多数企业应用的需要，同时，它们也比低端的简单磁盘捆绑(JBOD)更易于管理。

2. SATA 与混合 SATA 磁盘阵列

串行 ATA 简称为 SATA，是并行 ATA 物理存储接口的改进。基于 SATA 的阵列比基于 IDE 或者 ATA 的廉价阵列具有更好的性能。同时，基于 SATA 的磁盘比基于 FibreChannel(FC) 的磁盘更便宜。SATA 磁盘比 FC 磁盘有更多的容量，更多的 SATA 磁盘可以放在同一存储阵列中。这样，基于 SATA 阵列提供了更高的容量价格比。

基于 SATA 阵列和基于 SATA 和 FC 的混合阵列在企业里都很流行，尤其在使用磁带的地方，用来做备份和归档。随着这些低端存储阵列性能和可用性的增加，企业已经开始在非关键的应用中或者在环境测试中使用这些阵列。随着这些阵列性能和可用性的进一步改进，应该可以在更多的企业关键应用中使用它们。

4.3.2 存储网络技术

之前，我们讨论了存储网络，即 NAS 和 SAN，企业应用 NAS 和 SAN 可以通过 NFS/CIFS 和 FibreChannel 协议进行各自的存储访问。我们也提到了今天的企业存在着很多 NAS 和 SAN 孤岛。下面的章节将回顾一些存储网络层上的技术，通过实现对更多类型的服务器存储的访问，可以帮助合并存储孤岛，从而改进使用率，减少存储基础设施的整体成本。

1. IP SAN

传统情况下，NAS 通过 IP 网络来提供文件服务，而 SAN 存储则是通过 FibreChannel 网络连通存储块。相比而言，IP SAN 使用基于 IP iSCSI(Internet SCSI)的协议提供了在 IP 网络上和块存储的连接。这样一来，IP SAN 把 SAN 的高性能和可用性等优点，同 SCSI 的成熟性、精通性、功能性和普遍性，以及 IP 网络和以太网技术结合在一起。IP SAN 比 FibreChannel SAN 更便宜，因此受到需要块存储但不想被 FibreChannel SAN 的高投资所累的中小型公司所青睐。另外，SAN 存储机制提供 IP 和 FC 端口，因此可以构建 IP 或者 FC 连接的服务器的访问。通过这样的方式，大范围的企业应用可以通过 IP SAN 来访问同样的存储基础设施，减少了存储孤岛，使存储得到更好的利用。

2. 统一存储设备

统一的存储设备(例如 FAS(Network Appliance's Fabric Attached Storage)产品)同时支持多个存储网络(如 FibreChannel SAN、IP SAN(使用 iSCI 协议)以及 NAS)协议。该设备可以插入到企业的多个存储网络中，进而简化了存储网络。有着不同存储需求但不想分别在 SAN、IP SAN 和 NAS 存储上进行投资的企业可以部署统一的存储。因为整个数据中心的多个企业应用共享一个设备，所以存储利用率得到了很大的提高。

3. 网关

企业应用有不同的存储需求，有些应用需要 NAS 在 NFS/CIFS 上进行访问，而有些应用需要在 IP 或者 FC 网络上的块存储。结果，企业通常投资于各种用于特殊应用的 NAS、SAN 以及 IP SAN 存储，造成了存储孤岛。网关是在无法通过指定的存储网络协议访问对存储阵列的情况下，通过提高连接度来提供帮助的存储硬件。在图 4-3 描述了网关的示例，左边的服务器是 IP 网络，这些服务器无法访问 SAN(FibreChannel)。网关扮演着连接一端 SAN 到另一端 IP 网络的中介角色，由此提供对这些服务器的 SAN 存储的访问。因此，这些网关扩展了提供给企业应用的存储池。由于存储阵列可以被更多的应用访问，所以其资源可以得到更为高效的使用。

网关有很多种类，下面的章节中将做简要讨论。

(1) IP SAN 网关

典型的 SAN 存储通过 FibreChannel 来访问，这需要服务器拥有特殊的 FC 主机总线适配器。企业利用他们现有的 IP 设施来访问 FibreChannel SAN 是很方便的。IP SAN 网关提供了中介功能，企业应用可以在 IP 网络上连接到 FC SAN 存储。IP SAN 扩展了 FC SAN 存储到服务器的连接，而不需要额外的 FC 投资。SAN Valley 系统的 SL IP SAN Gateway 是这类产品的一个示例。

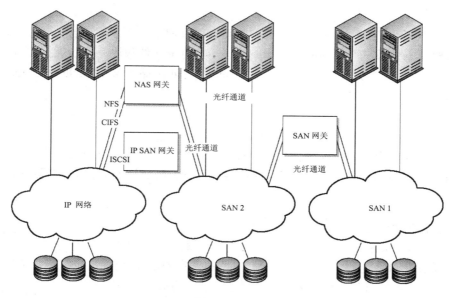

图 4-3 网关

(2) SAN 网关

一般情况下，在 SAN 内的存储设备上使用 FibreChannel 协议，然而企业经常有像磁盘或者磁带等不需要 FC 连接支持的存储介质。因此，通过以 FC 连接建立的主机服务器不能访问这些设备。SAN 网关和路由器产品(例如 IBM 的 SAN Data Gateway)FC 服务适配器和基于 SCSI存储设备提供了一个桥梁。这些网关可以在 FC SAN 下合并更多的存储，也可以简化管理。

(3) NAS 网关

NAS 网关是一个可以连接到 SAN 存储的文件服务设备。NAS 网关提供了对企业应用的文件访问(通过 NFS 或者 CIFS)，同时使用 FC 协议连接到存储。因此，原本需要购买新的 NAS设备的应用部署现在就可以共享现有的 SAN 存储。企业能够利用这些 NAS 网关，以使用 SAN存储为需要文件存储的应用服务。

(4) 统一的 SAN、NAS、和 IP SAN 网关

统一的网关集多个网关的性能于一体，这充分地改进了连接性能，服务器(企业应用)可以通过任何的协议连接到这些网关——NFS、CIFS、FC 或者 iSCSI。反过来，网关通过 FC 协议连接到多个 SAN 存储阵列。这类产品包括 Network Appliance 的 V 系列产品。希望使用文件和块应用合并存储的企业可以使用统一网关。

接下来的章节，将讨论存储虚拟的概念。存储虚拟通过创建一个抽象层来把物理存储与使用它的应用相分离。

4.3.3　存储虚拟化技术

存储虚拟化把存储的应用视图从真实的物理存储介质中分离出来，这使得底层的物理存储可以按照需要动态地改变而不受应用的影响。这一节讨论文件和块存储的虚拟技术，同时还将讨论为 Oracle 数据库提供虚拟存储的 Oracle 自动存储管理(Oracle Automatic Storage Management，ASM)。

1. 块虚拟

块虚拟可以让几个磁盘看起来像一个大磁盘，或者是一个大磁盘看起来像几个小磁盘。块虚拟化的目标是提供对存储简化的访问，而隐藏下面的存储结构，包括需求容量、性能、HA质量。这些通常是和 SAN 环境相关的。

(1) 逻辑单元数(Logic Unit Number，LUN)

图 4-4 说明了块虚拟技术是如何实现，存储阵列的控制软件提供了一个块级的底层磁盘虚拟化。这些磁盘集成在一起，或者是由一个大型的特定的磁盘(或者是一组磁盘)划分开来，作为 LUN 展现给服务器。LUN(通过 RAID)提供了所需的存储容量、所需性能以及高实用性质量。

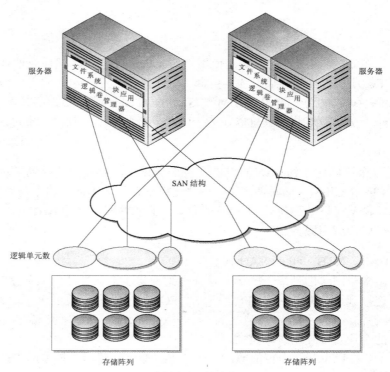

图 4-4　块虚拟

(2) 逻辑卷管理器(Logic Volume Manager，LVM)

在主机端，逻辑卷管理器从应用的角度虚拟化了 LUN。LVM 聚合和/或划分了 LUN，创建应用访问的逻辑容量。另外，各种 LVM 开发商提供了基于主机的镜像和在他们产品内复制的功能，从而为企业应用的高可用性提供了完整的解决方案。企业把一个文件系统放在 LVM 之上，而不再直接使用原始的 LVM，从而简化了管理。

(3) 块虚拟技术的使用

当前块虚拟技术是如何使用的呢？企业根据应用所需要的容量、性能和镜像来决定在一些存储阵列中磁盘的数目。作为存储容量计划运行的一部份，磁盘被划分成 LUN 来处理当前应用的存储需求。每一个主机获得它的 LUN 访问权，并进一步使用 LVM 来进行集成或者分割。当对应用提供需要的容量、性能和可用性属性时，块虚拟就可以实现物理存储细节的隐藏。但是，正如开始看到的那样，基于 LUN 的虚拟技术并不是没有其他问题的。

(4) 块虚拟技术面临的挑战

LUN 管理起来极为复杂，需要熟练管理员处理很多方面的事情，例如空间供应、LUN 隔离/映射、创建、扩展、分区等。每个 LUN 需要像一个物理隔离的存储一样被高效地管理，基本上形成了一个存储孤岛。

此外，在今天的存储解决方案中，性能和容量的联系较为杂乱。存储阵列的控制软件将它的 I/O 扩展到多个磁盘上，来为 LUN 提供需要的性能。因此增加性能需要添加额外的磁盘，即使应用不需要，高性能的需求也会要求添加额外的容量。类似的，某些应用需要更高的容量，而不是更多磁盘带来的更高的性能。这样，添加的性能就被浪费了。

另外，添加存储容量很简单，而删除不需要的存储容量却很困难。LVM 隐藏了真正在 LUN 上使用的存储容量。这样，一旦供应存储容量后，存储容量的收回就极为复杂。

(5) 可能的解决办法

存储器开发商正在致力于解决上述问题，一个可能的解决方案就是把 LUN 从底层物理存储中分离出来，用大量的磁盘构建存储池。不是给每一个 LUN 分配自己的磁盘集合，而是多个 LUN 共享同一存储池。通过这个存储池，存储(通过 LUN 或者文件)分配给不同的应用。这方便了多个应用的容量和性能共享。例如，一个需要较高容量、较低性能的应用和一个需要较高性能、较低容量的应用可以进行平衡。性能和容量的需求随着时间变化，这些需求依赖于所有应用的累积需求而不是个别应用的行为。这样技术的示例包括 NetApp 的 FlexVol 技术，这种技术允许从一个大型的存储池创建灵活的容量——不需要对应用的任何中断就可以添加更多的存储。Oracle ASM(后面将讨论)在主机端提供这样的技术，允许跨多个数据库的实现存储共享。

2. 集群文件系统

由于规模、性能和高可用性等各种原因，企业可能在更小的服务器集群上部署应用(也被称为横向扩展配置，详见第 5 章)。这些服务器集群需要访问同一共享存储，由于这些服务器可以从 SAN 或 IP SAN 存储获得同样的 LUN，对数据的访问必须协调好从而阻止数据破坏，保证数据访问的一致性。集群文件系统(例如 Red Hat Global File System、IBRIX Fusion™ 软件、Oracle Cluster File System(OCFS))提供了这样的性能。文件系统群提供了一个跨多个服务器的一致性文件系统映像，对于存储块来说功能就像交通警察，仲裁来自多个服务器的读和写。

对于在 SAN 或 IP SAN 上带有 Oracle 真正应用集群(Oracle Real Application Cluster，RAC)的集群数据库部署，Oracle 推荐使用 Oracle ASM 或者 OCFS。虽然 RAC 调整了多个服务器上的数据访问，但是 OCFS 提供了在原始磁盘上简化使用的优点，也去除了很多在原始磁盘上的限制。例如，原始设备在主机上作为没有使用的空间出现，可能导致被其他应用意外地覆写。

3. 文件虚拟化

文件实现了底层存储的虚拟化，并且提供了所需的存储容量、性能和高可用性质量文件的访问(通过镜像或者 RAID)。例如 NFS 的网络文件系统虚拟了文件的物理位置，这意味着存储不需直接在主机上访问。这使得多个主机能够对文件系统进行访问和共享。NAS 工具是专门高度优化文件服务功能的工具，因此本身就提供文件虚拟化。

从这些讨论中可以明显看出，相比块虚拟技术，NAS 工具本身的使用更简单。管理员不需要担心使用前在主机端创建逻辑容量和文件系统。有了 NAS，管理员只需要简单挂载 NAS 生成的文件系统，并且很容易使用。在过去的十年中，以太网带宽和 NFS 性能上的改进使得 NAS 在数据库存储甚至在安全攸关的应用上，成为 SAN 坚定的选择。

NAS 聚合器

NAS 聚合器通过为客户提供单一的虚拟文件系统，为多个 NAS 设备提供了统一的视角。NAS 聚合器通过全局命名空间，可以帮助企业合并其企业级的 NAS 系统。一些开发商(如 NetApp)正在研究这一领域的先进技术，从而可以从某个企业应用的角度统一 NAS 系统，并且动态调整系统间的存储资源分配，以满足应用变化的性能和容量需求。

4. Oracle 数据库存储虚拟化

Oracle Database 10g 引入了自动存储管理(Automatic Storage Management，ASM)能力，在数据库和挂载在主机上的存储之间提供了一个虚拟层，图 4-5 说明了 ASM 的存储虚拟化能力。管理员分配给 ASM 一系列磁盘，这些磁盘可以是通过 FC 或者 iSCSI 挂载在主机上的原始盘，也可以是 NAS 存储的文件。反过来，ASM 对 Oracle 数据库供应存储，从而消除了分离文件系统和数据库存储的容量管理器的需要。

ASM 技术以自动和透明的方式，提供了传统的 LVM 所具备的特色，尤其是优化了 Oracle 数据库。下面将讨论 Oracle 数据库中 ASM 技术的好处。

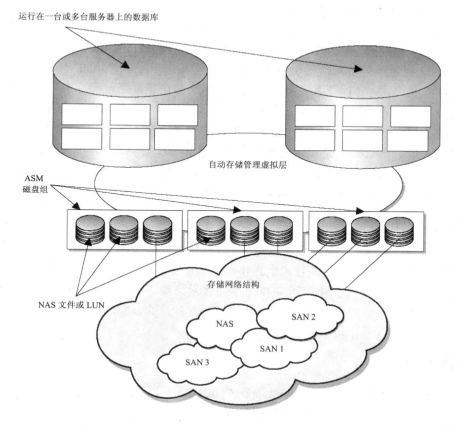

图 4-5　Oracle ASM

(1) Oracle 数据库的简化存储管理

　　管理员为使用 ASM 定义了一个存储池，称为磁盘组。磁盘组由一组磁盘(原始磁盘或者文件)构成，这些磁盘作为一个单元被统一管理，一个单一磁盘群的存储可以分配给多个数据库，ASM 从数据库管理员提取底层存储。因此，管理员现在只需要管理 ASM 提供的虚拟存储层，不用再对原始磁盘、LUN、LVM 或者每个数据库文件分别管理了，从而大大简化了数据库的存储管理。

　　磁盘组可以动态添加或者删除磁盘，且不会影响数据库。每添加一个磁盘时，ASM 都会动态地将数据重新分布到所有磁盘上，以平衡磁盘组内磁盘间的输入/输出(I/O)。重新分布的速率可以增加或减少，以将对数据库的性能影响控制到最小。与此相似，要删除一个磁盘时，管理员将通知 ASM 需要删除的指定磁盘，ASM 把数据从磁盘中复制出来，之后便可以安全地删除这个磁盘了。

(2) Oracle 数据库存储的内置 HA

ASM 也提供了内置 HA 能力，可以与不具备 HA 能力的存储一起使用。在创建磁盘组的同时，ASM 通过镜像提供数据冗余，有三种冗余选择——外部的、正常的以及高级的。对于外部冗余，ASM 通过于外部系统提供镜像。对于正常冗余，ASM 提供了单向镜像。对于最高级别容错的高级冗余，ASM 提供三路镜像。故障组为数据增加了一级保护。故障组是磁盘组中的一组磁盘，共享防止故障发生的公共资源。例如，一个故障组可能由连接在相同 SCSI 控制器上的多个磁盘组成。ASM 智能地复制数据冗余并存放在不同的故障组中，以免单个故障组中的磁盘损失造成的数据丢失。这些内置式 HA 能力意味着 ASM 即使使用弹性低的、廉价的的 SATA 磁盘，也可以实现高效的部署。在 Oracle 的低成本存储主动规范(Resilient Low-Cost Storage Initiative)倡议下，Oracle 正与很多存储和服务器开发商一起为上述配置研究最佳方案。

4.3.4 存储供应技术

当前，企业的存储分配是静态的，这意味着为了适应数据增长，企业需要供应比目前必需的更多的存储能力。随着存储供应技术的进步，基于业务需求的动态分配存储成为了可能，从而可以确保对存储资源进行优化使用并减少存储容量浪费。企业可以根据当前需求来获取存储，在需要存储增加的时候再获取更多的存储。这种技术极大地减少了存储基础设施的获取、维护和管理的成本。下面让我们看看这些技术。

1. 自动精简配置

一些开发商(例如 DataCore、Network Appliance 和 3Par)提供了自动精简配置(Thin Provisioning)技术，它可以根据需求动态提供存储的供应。有了自动精简配置，可以通过提供虚拟容量来满足容量需求。现实中，只有在有物理需求的时候，业务才能得到它们想要的容量，实际上只分配一部分而且不是立即分配所有需要的存储量，剩余部分作为一个配额而进行简单的标记。注意，对于所有不同的应用，存储设备甚至可能没有真实存储空间分配给这样的联合配额。当需求增加时，额外的存储被添加到设备中，自动提供给应用。对于合计存储需求以及多个企业应用增长率的情况而言，自动精简配置技术带来的好处越发明显。

例如，考虑十个企业应用，今天每个应用使用 300GB，估计一年后增长到 1TB，两年后增长到 2TB。使用新的技术后，我们不必在两年内获得需要的 20TB，企业只要先获得 5TB，然后就可以使用自动精简配置，这样使得应用认为它们都拥有了 2TB，尽管事实上仅当它们需要的时候才为其分配存储。当应用的需求增长的时，企业可以购买额外的存储容量。通过延期购买额外的 15TB 容量，企业不仅仅节省了前期投资和随之而来的对 15TB 的维护成本，而且由于两年内存储成本的减少也为其节省了将来购买同样的 15TB 存储的开销，甚至两年后，一些应用可能不需要预计的整个 2TB 了。

2. 快照和基于快照克隆

企业出于一些原因(例如业务连续性、循规一致性等)需要保持某些数据的原始副本。存储开发商提供的快照技术可以帮助企业获取数据的只读备份,从用户的角度来看,这是对数据的完全复制。底层存储技术能够优化副本所占的存储,例如,使用网络设备的存储快照技术,只有在更新版本上变化的块才需要额外的空间。

存储开发商(例如 Network Appliance)也提供了可写的快照技术。从用户角度看来,每个用户有其数据个人副本和数据的克隆,而且能够使用这些数据。但是从存储角度而言,克隆共享了没有修改过的数据的存储空间。这一技术对测试和开发环境的帮助尤其大。QA 职员和开发者可以获得由数据库、应用软件等构成的环境的个人副本,他们能够根据具体环境做出任意的改变。一般在企业中,每个 QA 职员或者开发者通常只改变数据环境中的很小的部分,只有改变的部分才需要额外的存储。这样可以提供巨大的节约成本,极大地改进了存储使用,同时也因其快速创建了克隆环境而提高了生产力。

请注意,存储开发商对这些技术有着不同的实现。因此,根据不同开发商的不同解决方案,存储的空间节约和性能增益会有不同的效果。

3. ASM 的 Oracle 数据库存储供应

前面我们讨论了实现数据库存储虚拟化的 Oracle ASM 技术,现在我们来回顾 ASM 存储供应的特点。一个单独的 ASM 实例可以为多个数据库提供存储。DBA 可以发布数据库命令,在磁盘组中动态地创建数据库文件。ASM 自动为写入 ASM 磁盘的文件产生名字,ASM 可以识别 Oracle 数据库使用的不同类型的文件(如数据文件、日志文件等),而且内建了模板以优化这些文件的性能。ASM 也对不使用的文件提供了自动清除功能,例如,自动删除已经删除的表空间所对应的数据文件或者是自动删除由一个失败的 RMAN 备份创建的部分文件。

ASM 大大消除了同集群数据库供应存储相关的复杂性。过去,集群数据库的存储包括创建和管理跨多个服务器的共享逻辑卷,DBA 不得不与系统管理员和/或存储管理员协作,以创建包含数据库文件的每个逻辑卷。有了 ASM 技术后,DBA 不需要系统管理员或存储管理员就可以在 ASM 磁盘组中直接创建这些文件。而且,由于 ASM 通过内容而不是路径来识别磁盘组的磁盘,磁盘不需要在集群里的每个节点上拥有相同的 OS 路径,从而提高了灵活性。对于数据库集群环境的供应存储的流程来说,ASM 同时还极大地减少了其复杂性。

一旦企业把多个存储 silo 合并到一个更大的存储池中,并从应用的角度虚拟化了存储,存储将更易于集中式管理。下一节将对这些内容做详细讨论。

4.3.5 集中式存储管理

正如前一章讲的那样,集中式管理是企业网格计算的核心要素。集中式管理简化了管理功能,使得管理员可以规划设备增长,减少管理成本。集中式管理使得 IT 转向以服务为中心的模型，重点是把要求质量的服务提交给企业应用。这一章将探讨集中式存储管理的好处及其挑战。

存储管理的构成广义上包括两部分：(a)存储硬件管理；(b)包含供应、备份等操作的以应用为中心的存储管理。二者都和企业应用直接联系，前者一般由存储管理员执行，后者可能需要系统、数据库以及应用管理员的介入。接下来我们将对存储管理中这两个领域进行探讨。

1. 存储硬件管理

典型的企业拥有来自众多开发商的存储。存储资源管理(Storage Resource Management，SRM)工具能够集中大量的监控能力，实现异构存储系统中的一些管理功能。SRM 工具例如，EMC Control Centre(ECC)、IBM TotalStorage Productivity Center(TPC)、HP Storage Essentials、Symantec CCStor 和 CA BrightStor。

尽管 SRM 工具不提供管理所有存储系统的完整能力，但仍然可以提供一个单独的中心位置来监控存储基础设施，它们还提供了一些关键的监控能力，包括资产发现、存储阵列使用监控、文件系统容量监测以及存储阵列健康监测。

SRM 产品正在不断加强其存储管理能力，以便提供一个集中更多存储操作的途径。如今，超过 50%的企业存储是 SAN。典型的 SAN 部署包括来自多个开发商的产品，其中包括存储阵列开发商、交换机等等，这些管理起来都很复杂。这对 SRM 开发商来说是一个巨大市场机会。结果，SRM 开发商不断扩展 SAN 管理的覆盖面。当前，SRM 工具提供了包含分区、LUN 供应以及交换机管理在内的能力——所有这些在 SAN 环境下都是很普通的。

正如您能想象的那样，每个开发商都用私有的 API 来监控和管理自己的系统，其结果是 SRM 开发商必须建立以独立支持每个开发商的产品。如最著名的存储管理主动规范(Storage Management Initiative Specification，SMI-S)这样的标准旨在减少异构存储管理的复杂性。当 SRM 纳入 SMI-S 的支持，存储开发商把他们的存储交付给 SMI-S 提供者来管理时，对异构存储硬件的管理和监控也将变得更加简单。

2. 以应用为中心的存储管理

存储基础设施必须和企业应用服务等级需求相一致。存储管理包含很多关系到企业应用需求的操作，例如，对应用的存储供应、备份和恢复、性能调整等活动。这些操作涉及到不同层——存储、系统、数据库、网络和应用——管理员间的协作。集中式管理工具能够极大地简化执行这些操作的工作流。下面将分别阐述这些操作。

(1) 业务连续性管理

企业为保护数据和灾难恢复执行常规的企业数据备份，如磁盘到磁盘备份和/或磁盘到磁带的备份。根据某个指定的应用，备份可以由 DBA、系统管理员或者存储管理员来执行。数据恢复也可能包括 DBA、系统和/或存储管理员之间的协作。集中式端到端备份管理工具(如 Veritas NetBackup，Legato 等)在管理和监控备份上也非常有用。

(2) 应用生命周期管理

应用生命周期起始于为不同的应用需求供应和安排存储，涉及到建立不同的产品、测试以及开发系统，并在系统间迁移和复制数据。产品数据及其子集将被周期性地复制到测试环境中，以确保对真实数据的测试。同样，在应用开发和测试后，需要把这些应用复制到生产系统中，以保证系统与开发和测试环境是相同的。这些操作单调且麻烦，自动化的实现可以极大地缩减执行时间、减少成本，存储开发商的快照复制技术也能够极大地简化和加快这些操作。

(3) 端到端的性能管理

企业应用涉及 IT 栈中的不同层次间的复杂交互。对应用操作的性能影响可能来自 IT 组件本身，也可能来自两个或更多的 IT 组件间复杂的交互。IT 栈端到端的观点在诊断这种性能问题的时候非常有用。对于一些平台和存储配置，有很多执行端到端性能监控的工具，例如 Oracle Grid Control、IBM Tiboli、HP OpenView、Quest 以及 BMC Patrol。

(4) 归档和循规管理

循规一致性要求某些关键数据必须在一次写入多次读出的(WROM，Write-Once-Read-Many)存储中保留一定的时间。企业通常把不常访问的数据放入归档中，如果在这样的操作中发生了错误，对企业来说可能就是灾难性的，因此，企业更倾向于自动监控和管理，自动化可以帮助企业消除操作中发生错误的可能性。

存储管理的理想目标就是对上述提到的所有存储操作进行集中式管理并实现自动化操作。但是，目前还没有一个简单的工具能够处理所有对存储硬件的操作。SRM 开发商正在坚持不懈地扩展他们的产品，其中包括备份管理和报告，归档报告等等。集成了 SRM 工具的系统管理工具能够帮助企业数据中心位于一个端到端的角度，而且在简化存储操作上也给予了极大的帮助。

以前提到过，向存储网格发展的过程是技术、人员和方法的结合，到现在为止我们已经讨论了帮助企业向着这一目标前进的存储技术和管理工具的进步，下一章节将描述在企业存储网格中存储管理和供应流程各个方面的情况。

4.4 存储网格管理和供应流程

存储合并和集中式管理的最终目标是向一个服务中心型观点的存储管理方向发展。存储池允许企业在满足多个应用需求的时候，对不同的应用做最优化的分配存储，因此以廉价的方式提交需要的服务质量。这一流程可以分解成为几个部分——了解当前企业存储设备，确定和记录各种服务的服务等级需求，存储的初始供应以及对监控维护这些服务等级进行管理。下面详细地讨论每个部分的内容。

4.4.1 了解现有存储基础设施

存储基础设施服务等级管理的第一步是记录并更好地了解存在的存储基础设施。存储管理员需要完全了解并记录使用的大量组件，包括阵列和控制器、存储网络组件、磁带子系统、媒介和管理服务器、复制的链接以及回收现场存储。这一过程也包含记录主机创建者、多个数据路径、交换机、路由、扇入/扇出比例、交互交换机链接、管理 LAN 和关联的防火墙以及阵列控制器等。

要设计在成本效益方面满足业务需求的存储基础设施，了解存储基础设施环境是至关重要的。例如，了解双径能力、可接受的扇入/扇出比例、交互交换机链接的使用、阵列的端口连接等等对设计关键任务应用的高可用和高性能存储是很有用的。

这一过程也揭示了约束存储操作的信息，例如，在多个存储平台间移动信息包括很多的相互依赖性。还揭示了这样的一个事实——很多快照、复制和数据复制技术只能在同种类型平台使用，这是让解决方案变得复杂的原因。

对存储基础设施的了解定义了服务等级管理的约束和配置，正如第 3 章建议的 EGA 参考模型。

4.4.2 了解企业存储需求

服务等级管理流程的下一步是了解不同应用的存储需求并对需求排列其存储需求。为了获得最佳经济效益，用业务数据值排列存储使用很重要。被存储的数据值随着时间改变，数据的应用需求也随着时间改变。因此，随着时间的流逝，数据应当移到正确的存储平台来平衡数据值和存储消耗。这一过程在存储工业中被称为信息生命周期管理(ILM，Information Lifecycle Management)，它事实上是通过策略、方法和工具的结合来完成的。

下面来看看 ILM 如何在当今的企业环境下实现的。

1. 定义服务类别

开发一个 ILM 方案的第一步是定义信息的服务类别。信息对业务来说是很有价值的，可以按照价值及其业务需求(例如响应时间和吞吐量需求、业务连续性需求、保留和遵循需求、安全等)来分类。

下面是对信息进行分类的一些示例：

(1) 使用类型

信息的使用类型是经常的、常规的、周期性的、偶尔、很少、按需或请求、还是从不使用？这个使用类型如何随着时间变化的？使用类型是按每日、每周、每月、每季度等变化的吗？

■ 访问类型/性能

信息的访问类型和性能需求是什么？是只读、读/写、还是只写的？这些操作的延迟需求是什么？

■ 生命周期

信息可用性的需求是立即的、合理的、在一个定义的或可扩展时间内的、有限的、还是不必要的？

■ 业务价值

信息不可用的运作的，金融的和规定影响是什么？是重要且立即的、重要长期的或者短期的、潜在长期的、可能、不可能、或者不存在的？

■ 安全

信息的安全需求是什么，是公开可用的、隔离的、还是加密的？

(2) 服务等级目标(Service-level Objective，SLO)

每个信息类别从基于信息类别的 SLO 支持设备中获得一个预定的服务等级,对于信息的每个类别，很多不同的操作参数加入到服务等级对象的决定中。一些 SLO 存储的示例包括如下:

■ 供应时间

供应时间是指为应用供应新的或的额外存储的时间。

■ 存储性能

存储性能是指应用看到的存储和存储网络的性能。性能的度量包括相应时间(读和写)或者吞吐量(IOPS)。

■ 存储开销

存储开销是指分配给特殊应用的每一兆字节存储的花费。这应该是存储的总体拥有成本(TCO, total cost of ownership)，包括工具、设备和软件。最后，这个 TCO 应当在每个月或者每天的基础上包含一个折旧计算。

■ 恢复时间

恢复时间是指当存储或系统失败后，重建一个应用所耗费的时间。这包括灾难恢复和业务连续性等问题，涉及的范围从磁带备份到远程热备份的设备与位置。

■ 存储可用性

存储可用性是指存储组件的聚合可用性，包括结构和阵列。

(3) 存储层

服务类别一旦被定义了之后，就需要设计不同的存储层来满足每个类的需求。存储管理员可以通过合适的存储层分配存储，并对特定服务类别的存储请求作出响应。服务存储类别提供了粗粒度的存储，可以包括额外的存储属性以满足个别应用的详细的 QoS 需求。图 4-6 给出了一个数据分类和对应的存储层的示例。

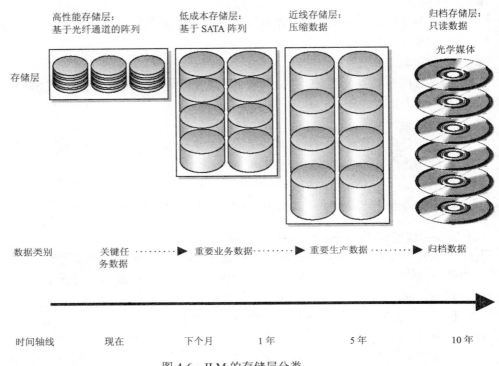

图 4-6 ILM 的存储层分类

2. 应用透明的 ILM

信息的价值随着时间改变，在其处于不活跃状态(即很少被使用时)和最后终止前，其价值可能随着信息从一个活跃状态(经常改变)移动到一个参考状态(只读)而上升或者下降。信息价值随着时间而改变，信息应当移向可以匹配它的值的合适的存储架构。应用透明 ILM 有能力对任何使用这个信息的应用在没有任何影响的情况下移动信息。大部分企业信息放在数据库中，Oracle Database 10g 提供了可以帮助企业实现应用透明 ILM(Oracle ILM)的特色。

(1) 分割

分割涉及到根据一个数据值进行物理的数据分段。因为数据的值与它产生的时间有关系，通过日期进行数据分割是 ILM 经常使用的技术。分割数据提供了一个简单的方式，根据数据的值把它分布到合适的存储层上，而保持数据在线并且存储在廉价的设备上。分割对任何访问数据是完全透明的，移动数据不需要任何应用的变化。新的数据可以使用 ADD PARTITION 语句来简单的添加，而新的分割可以放在高性能磁盘阵列中。当分割中的信息不再有规律性地被访问，分割可以用一条 MOVE PARTITION 命令移到相对便宜的存储，例如 ATA 磁盘或者最终能存档到磁带里。

(2) 自动存储管理

前面讨论的 ASM 也对应用透明 ILM 有所帮助，正如图 4 -7 所描述的，每个 ASM 磁盘组能够创建对应的数据库以解决具体的存储层的需求。多个数据库也可以通过使用同样的 ASM 磁盘组来共享这些存储层。数据过期时可以根据它的值(例如年限)移到排列最佳的存储层上。当一个层的存储需求增加时，磁盘能够动态并且透明地添加到它的磁盘组，而保持数据库正常运行。

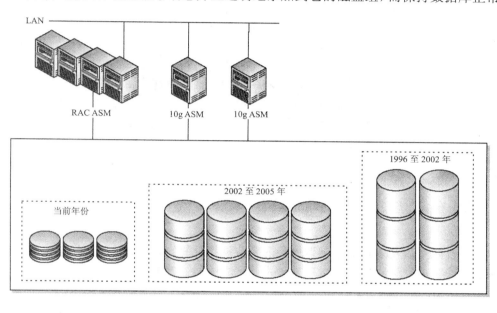

图 4-7 带有 ASM 磁盘组的存储层

4.4.3 存储基础设施服务等级管理

存储基础设施提出了约束和配置，而信息分类提出了 SLO。下一步是定义不同的策略规则来指导存储管理的行为。这些策略通过存储管理流程的执行定义了满足和加强 SLO 的必要行为，能够帮助精简操作并提供多种业务的良好的服务水平纪录，也引导被多种业务和存储管理员所期待的行为。

向自动基于策略供应发展

随着企业熟悉定义存储操作工作流的策略，他们可以渐渐地自动完成这些操作，如备份、存储供应和数据移动的重复性操作可以作为自动化的起点，从而大量减少管理员。例如，自动地存储供应能够消除大多数与配置存储性能和数据保护相关的艰苦和冗长的工作。Oracle 网格控制，还有多种 SRM 和系统管理工具，提供了用来定义和自动化这些工作流的性能。

4.4.4 监控使用与容量规划

服务等级管理的另一个重要方面是收集反馈信息，用以帮助将来做出更好的决定。在存储的环境下了解存储类型和在时间上的增长能够为将来做出更好的规划。

利用集中式存储管理，存储管理员可以更好地把握各种应用使用的存储资源——不仅仅是主要数据的存储，还有第二级、镜像的以及数据归档副本的存储。随着存储资源和企业网格计算的汇集，管理员可以访问更多的资源，因此可以很容易地协调某个应用不寻常的存储要求。多个应用的分组使得存储的需求曲线变得平滑，单一应用增长率中的凹凸状况被多个应用要求所吸收。

企业通过更好地了解不同企业应用的使用类型，监控现有可用的存储容量，能够显著地改进容量规划过程。存储使用类型能够在不同存储层(例如高性能存储层和低开销存储层等)中规划存储增长。了解存储使用也能够根据使用帮助将开销分布到不同的业务单位。

下一节我们将看到存储技术和管理领域的新兴标准，这使得实现当今存储网格要素的可能性更大。

4.5 存储标准

企业在开始实现基于存储基础设施上的企业网格计算时，需要排列和优化跨越异构存储基础设施的操作。对于跨越多个存储开发商的存储监控和管理来说，标准是向企业网格计算转变的根本所在。SNIA 是一个领先的存储标准协会，它提出了和网格计算相关的两个倡议：存储管理倡议(Storage Management Initiative，SMI)和数据管理论坛(Data Management Forum，DMF)。

4.5.1 SMI

SMI 始于帮助终端用户减轻执行和管理不同开发商的存储基础设施所带来的苦恼。在SMI-S 之前，SAN 的每个装置有着自己不同的管理接口，这对于管理员和系统集成者来说是很可怕的。SMI-S 通过让开发商合并管理接口，解决了这个问题。互操作本质上对 SMI 的成功至关重要。因此，SMI 也使得产品的测试符合 Colorado Spring 公司 SMI-I 实验室 SINA 技术中心一致性测试程序(conformance test program，CTP)。

SMI-S

SMI-S 的 1.0.2 版本在使多个开发商存储网络更易于执行和管理方面迈出了第一步，它提供了一个可靠的接口，允许存储管理系统识别、分类、监控、控制物理和逻辑存储资源。在高层次上，SMI-S 是一个重点在存储硬件"提供者"和软件管理应用"客户"间的管理互操作上的标准。本质上，SMI-S 提供了使得存储硬件和软件管理互操作的标准管理接口。SMI-S 的 1.0.2

版本是完善的、官方的 ANSI 标准。存储开发商开始在他们的产品中支持 SMI-S 标准，成功完成了 SINA 的一致性测试程序。

这个规范包括客户管理控制台和设备之间通信的基本操作，内容包括自动发现、访问、安全、提供容量和磁盘资源的能力，LUN 映射和隐藏以及其他主动的管理操作，它包含了存储管理员的日常活动。

4.5.2 数据管理论坛

SINA 的数据管理论坛的目标是定义、执行、限制、教授对电子数据和信息的保护、保持以及生命周期管理的改进的可靠的方法。

信息生命周期管理倡议

信息生命周期管理倡议的工作开始于界定信息生命周期管理的远景——一个 ILM 会变成什么样以及在数据中心的影响的统一的远景。目前的工作是对未来的 ILM 体系结构进行定位，包括数据分类、市场和产品分割、分阶段实施借用信息管理和数据管理服务。

4.6 存储网格的前景

企业网格计算的征途才刚刚开始，还存在很多没有解决的问题。但也取得了一些进展，现在正在对这些困难进行解决。

(1) 统一的存储和服务器的网络

无限带宽和 10Gb 以太网是即将到来的高速度、低延迟的纽带。无限带宽和 10Gb 以太网提供了单一的、统一的 I/O 构造，创建了一个连接存储、通信网络和服务器集群的更高效的方法，同时保证了 I/O 基础设施制造出数据中心所必需的产生效率、可靠性以及可扩展性。对于存储而言，这也是相对于 FibreChannel 网络的一种低消耗的选择。这些技术有可能简化数据中心中的存储网络。

(2) 真正的存储互操作性

SINA 在开发商产品的支持互操作性上取得了很多进步，尤其是在存储组件管理的问题领域中。但问题仍然存在，尤其是和快照复制、克隆以及数据复制技术相关的领域。开发商把这些技术当做其核心的能力而不愿公开。一个真正的存储网格需要信息自由地从一个存储基础设施到另一个设施流动，尤其是当信息值在它的生命期内改变时。SINA 正在研究上述问题，其他组织例如 EGA 也在研究不同存储产品间的互操作问题。

(3) 存储容器和信息的全局命名空间

随着企业把不同的存储孤岛进行互连并且向动态的网格计算世界发展，在企业内部，提供一个统一的关于存储容器和信息的机制变得至关重要。存储容器指包含信息的虚拟存储，信息指的是存储管理所关注的应用级别的数据集。如今，企业使用自己的方法来区分这些存储容器和信息，主要依赖于他们现有的存储孤岛。当分开的存储孤岛被连接到一起的时候，这一模型行不通，如果是很多不同的存储基础设施，情况会变得更复杂。对存储容器和信息在全局范围内的命名空间是有必要的，全局命名将是提供对信息的透明访问而不管信息位于何处的一个有效的技术。

(4) 存储安全

在系统等级上，存储仍然受到了安全限制和服务器限制的约束。基于 Unix 和 Windows 的系统也有不同的安全特点。因此，需要一个集成、统一的端到端的用户安全模型，而且这个模型应该可以扩展到存储硬件上。

(5) 在服务器和软件供应中存储的作用

共享存储在维护认证软件映像库的配置中发挥着重要的作用，当动态地提供服务器时，可以使用已认证的配置与合适的软件映像一起配置。这些配置可以利用快照复制技术来安全地打补丁，如果打补丁的过程中出现故障，可以使用快照复制技术在几秒钟内恢复原有的软件配置。不需要占用额外的空间就能够维护多个而且是几乎相同的软件备份。

(6) 端到端服务质量(QoS)管理中存储的作用

存储基础设施是企业运作中的关键组件。当分配额外的服务器给动态工作量管理时，存储基础设施必须提供合适的软件映像、配置信息、或者是配置服务器的应用数据。在运作过程中，可能也需要供应带有合适服务类别的其他存储。企业应用的工作量改变时，存储基础设施需要动态地调整以持续地满足应用等级的性能需求。

4.7　本章小结

今天，企业的 DAS、NAS 和 SAN 存储孤岛存在巨大的不足，在存储成本和存储包含的信息价值间的不匹配也十分显著，这些都导致了存储基础设施及其管理的高额成本。

在存储基础设施级别，企业网格计算可以减少当前企业中存在的存储孤岛，目前有许多技术可以帮助企业合并这些不同的存储孤岛。存储网络技术(例如统一的存储网关和设备)可以帮助合并 SAN 和 NAS 存储的隔离池。存储虚拟化和供应技术(例如 Oracle ASM 和自动精简配置)通过共享多个应用的存储资源，且以按需分配存储取代提前分配，从而实现对存储资源更为高效的使用。集中式管理技术简化了存储管理并降低了存储管理的成本。

在存储基础设施级别上的服务等级管理(也称为 ILM)可以帮助企业根据业务需求部署他们的存储基础设施。企业定义不同存储层来提交具体的 SLO，并基于对业务的价值在这些存储架构中为信息分配存储空间。一旦定义了服务等级对象，企业就能够使用一定的策略来逐渐实现管理的自动化，例如分割和 Oracle ASM 技术简化了存储分配以及在不同存储层中的信息迁移。

标准根本上推进了集中式管理的互操作性，以便合并来自多个开发商的存储。SINA 是在存储工业中推进标准的领导性联盟。

企业存储网格的下一个要素是计算能力。下一章，我们将看到服务器技术的进步，以及企业在把他们的服务基础设施向企业网格演化时所使用的方法。

4.8　参考资料

[Oracle ILM 2005] Hobbs, L. Implementing ILM Using Oracle Database 10g (an Oracle White Paper).March 2005.
http://www.oracle.com/technology/deploy/availability/pdf/ILM_on_Oracle_10g_TWP.pdf

[SMI-S] SNIA Storage Management Initiative home page
http://www.snia.org/smi/

[Oracle ASM] Oracle Technology Network ASM page
http://www.oracle.com/technology/products/database/asm/index.html

[DMF] SNIA Data Management Forum home page
http://www.snia-dmf.org/

[Ditch LUN1] Tyrell, J. Ditch the LUN, Part 1.Measure IT. June 2004.
http://www.cmg.org/measureit/issues/mit15/m_15_6.html

[Ditch LUN2] Tyrell, J. Ditch the LUN, Part 2.Measure IT. July 2004.
http://www.cmg.org/measureit/issues/mit16/m_16_4.html

[SAN Gateway] IBM San Data Gateway Datasheet
http://www1.ibm.com/support/docview.wss?rs=528&&uid=ssg1S7000583

[FlexVol] Network Appliance FlexVol & FlexClone
http://www.netapp.com/poducts/software/flex.html

[RLSI] Oracle Resilient Low-Cost Storage Initiative
http://www.oracle.com/technology/deploy/availability/htdocs/lowcostorage.htlm

[Management Cost] Emerging Technology: Keep Storage Costs Under
Control. Network Magazine. October 2002.
http://www.itarchitect.com/article/nmg20020930s0004

[Giga Storage Utilization] Strategies to Improve Storage Capacity
Management. Giga Information Group .September 2002.
http://www.forrester.com

[Storage Facts] Storage Reduction Facts and Figures
http://www.connected.com/pdfs/resources/info_sheets/storagefacts_figures.pdf

第 5 章

服务器网格

  在企业中，服务器硬件是 IT 基础设施的主要部分。企业目前采用的服务器设施通常由一组服务器组成，专门为特定业务单位或应用需求服务。这种情形使得在补充硬件资源以满足对计算能力的紧迫需求时缺乏灵活性，导致响应灵活度的缺乏、物理资源的效率下降以及巨大的服务器硬件开销。本章中，我们将介绍企业网格计算模型如何通过两种方法来解决这些问题：一种是采用虚拟化服务器，另一种是允许服务器资源在整个企业内被多个业务应用共享。我们还将讨论如何根据多个应用的当前需求动态地供应服务器资源，以便对这些应用的服务等级进行管理。最后，我们将简要介绍 Oracle 相关技术，这些技术使得企业能够利用服务器网格的优势。

5.1 企业服务器基础设施

企业服务器基础设施为运行企业应用提供计算能力。服务器通常具有一个或多个 CPU，易失性存储器(也称作 RAM)以及与其他服务器和存储器相连的连接部件，这些服务器提供了原始的计算能力。安装操作系统以及像数据库和应用服务器等执行特定功能的应用软件之后，企业应用就可以使用这些服务器。图 5-1 描述了企业中典型的服务器设施。

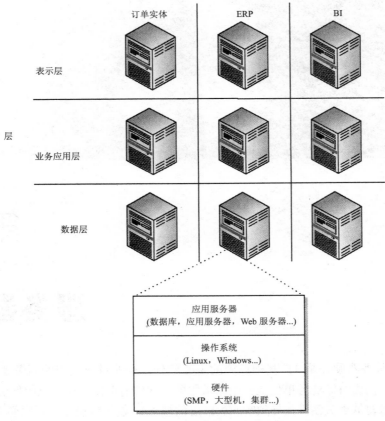

图 5-1   企业服务器设施

基于服务器设施所提供的高层次的应用功能，可以将服务器设施分为三层：表示层、业务应用层和数据层。图 5-1 中给出了上述分类的图示。除了这些服务器之外，还有雇员的桌面系统，它们通常不被认为是"企业级服务器"，本书不讨论其相关内容。然而，在实际应用中，同管理和配置企业服务器相关的许多概念和问题同样适用于桌面系统。

(1) 表示层

表示层的服务器设施提供了直接面向顾客的服务，如运行公司的 Web 站点并对终端用户的请求做出响应。表示层处理与客户的交互，包括显示信息并接收和处理客户的请求。此层包括了 Web 缓存和 Web 服务器，它们通常为顾客和雇员与企业应用进行交互提供第一个接触点。

(2) 业务应用层

业务应用层的服务器运行包括实际的业务逻辑和处理流程等企业应用软件。运行其他软件如应用服务器，应用集成代理甚至像电子邮件、Web 会议等协作应用的服务器也可以划归为此层。表示层和业务逻辑通常在同一个软件组件中实现，如应用服务器。

(3) 数据层

数据层的服务器负责对由业务应用使用的数据进行查询和更新。这一层为业务数据提供了持久性支持。通常来说，这一层运行业务数据库软件，并负责管理业务数据和信息的生命周期。

服务器设施的需求

我们看到，一个典型的企业需要一个相当完善的服务器基础设施。组成服务器设施的硬件、操作系统、应用软件以及 IT 架构和流程必须能够为它所服务的特定应用功能提供所需的服务等级。应用服务等级的需求通常包括性能、可靠性以及安全性要求。对业务用户来说，服务器设施只是简单地提供它所要求的计算能力。对管理员来说，服务器设施需要对易于监控、易于管理和自动化提供相应支持。而对于 IT 主管人员来说，服务器设施需要以低成本的方式满足上述要求。

下面我们将对这些需求进行较为详细地描述。

1. 性能

每层的服务器设施都必须满足一组对不同响应时间和吞吐量的要求，这些要求随服务器设施为之提供服务的具体应用而定。比如，用于事务处理的数据库每秒必须处理成千上万的事务，而用于数据仓库的数据库需要较高的数据处理吞吐量。表示层和中间层必须能够处理并发的成千上万的用户连接。这些需求通常通过结合多种技术来完成，而服务器设施需要在这些要求发生改变时灵活地作出响应。

2. 业务连续性

不同的企业应用具有不同的可用性要求级别，服务器设施需要能够处理这类问题。关键业务应用在所有层都应该是可靠的和可容错的。这些应用需要在短时间内建立并开始运行，即使是在致命的灾难发生后。每天 24 小时都在运行的电子商务中，如果一个公司的 Web 站点或者业务处理系统发生哪怕是几分钟的故障，都可能会导致巨大的经济损失。随着计划停机时间的不断减少，需要能够在最小的停机时间内极其快速地对一个服务器硬件或软件组件进行维修、替换或升级。因此，需要建立 IT 管理程序来支持这种严格的业务连续性需求。

3. 安全性

根据其功能，企业服务器具有不同的安全性需求。关键服务器，尤其是那些直接面向 Internet 的服务器，必须能够一直免受黑客、病毒等外部入侵的破坏。存储关键业务数据的数据库所在的服务器需要足够安全，从而阻止未授权的访问。由于服务器的安全性同其上运行的软件及相关数据关联密切，因此服务器硬件设施的设计可以极大地简化对应用安全性的管理，但也可能会妨碍安全性管理。

4. 易于管理

一个典型的大型企业通常会使用上百台甚至上千台服务器，因此服务器的管理是 IT 管理任务的一个主要组成部分。平均来说，企业中服务器的管理花费需要占到购置成本的四分之一。为了对问题提供适当的反应时间，对服务器进行远程监控、配置和管理是十分必要的。必须能够在不影响其他单元的情况下快速识别故障单元并进行替换。一些可以使平常管理任务自动化的方案在帮助管理人员进行调整以应对大数量服务器时极其有用。

5. 供应

由于业务需求的变化以及用户数目的增长，企业的计算需求也在不断变化。服务器设施需要在各个层提供新的服务器，从而能够快速适应这些需求的变化。比如，服务器设施需要能够在表示层和中间层分配额外的服务器来处理增加的连接负载，或者是在数据层分配额外的服务器来支持年终报告。给现有的应用供应额外硬件要求占用较短的时间。部署新应用的提前期需要具体到天而不是月。理想情况下，供应过程需要是透明的，并且不依赖于具体应用用户的信息。如果无法满足这些要求，那么进行供应时所需的停机时间必须至少是事先了解的，以便使应用用户对任何可能发生的中断做出规划。供应过程应该不会导致企业未经规划的停机时间。从管理员的角度来说，供应过程必须简单，能够降低人员发生错误时的风险，从而增加其可预测性和时效性。

6. 使用率跟踪和能力规划

企业希望能够不间断地跟踪和衡量它们在服务器投资上所得到的价值。监控服务器的使用率可以帮助企业跟踪使用率，并可以辅助企业进行未来能力规划。服务器利用率的增长可以被监控，并可以用来以主动的方式证明未来购买硬件方案的合理性。服务器利用率监控也可以帮助识别可以减少服务器投资的场合。

7. 成本控制

目前，降低成本成为 IT 的每一层都奉行的准则，服务器也不例外。当前的企业对购买新服务器来增加短期的计算能力都表现地较为勉强。它们具有充分压榨每一个比特位来收回服务器投资的强烈动机。通过对购买新服务器方案进行不断地权衡，企业希望能够买到能满足它们需求的最低价格的服务器。企业也希望通过采取简化的管理方案和自动化来降低整个服务器设施的成本。

不过，在当前的企业部署架构中实现这些要求不是那么容易。我们将在下一部分解释这种情形出现的原因。

5.2 当前企业服务器设施

前面的章节曾提及，当前的企业 IT 设施由一系列的资源孤岛组成，每个孤岛都针对特定的应用或业务单位。服务器设施也受到一些同样问题的困扰。通常来说，每个业务应用都具有满足自己组件需求的单独的服务器设施，如应用服务器和支撑数据库等。应用运行在多个不同的硬件和操作系统平台以及版本上也不是不常见。部分原因是服务器是在不同的时间从不同的开发商手中购买的，并且不同的业务单位具有自己的购买和升级周期。这些资源孤岛需要被各自管理，从而导致了大量特殊的、冗余的管理流程的存在。

silo 架构的问题

每个业务应用对服务器资源中的特定服务器硬件"拥有"独占权利，而部署这些服务器资源的方法会受到几个问题的困扰，下面对这些问题进行了简单介绍。

1. 使用率不高

在 silo 架构中，服务器需要按照应用的峰值负载进行供应。因此，没有达到峰值负载时，这些服务器大部分时间都主要处于空闲状态。比如，美国的零售商在圣诞节前一个月的销售额接近是他们全年销售额的 50%。幸运的是，所有的应用在同一时间达到峰值并不常见。举例来说，在图 5-2 中我们给出了两个应用：订单处理和业务智能(BI)。在圣诞节的前一个月，开发商可能会在 BI 上加大投资来确定合适的销售策略。而随着圣诞节的临近，订单处理系统的负载将会逐渐增加。

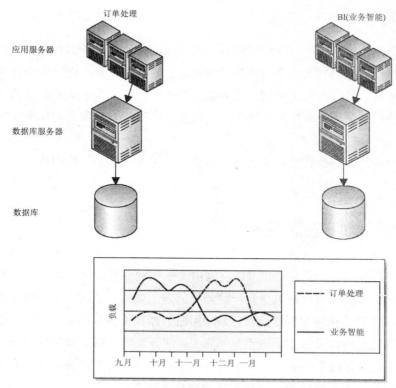

图 5-2　服务器设施中的 silo——利用率不高问题

　　服务器系统中相互独立的 silo 导致的问题在于，要通过将指派给一个应用(如 BI)的空闲资源进行转移来满足另一个应用(如订单处理)的即刻需求几乎是不可能或是非常耗时的。结果，剩余容量必须被划分，然后分配给各个 silo，导致整个服务器设施的利用率大大降低。各种调查结果显示，在一个典型的企业中服务器的平均使用率通常不会超过 20%。

　　现在的业务必须非常灵活，因此峰值需求是不断变化的。精确地预测需求的峰值以及它何时会发生改变是不可能的。这就导致企业希望购买比它们可能的需求大得多的容量，从而带来了高价过量供应和低使用率二者的组合。

2. 服务器设施的成本

　　企业服务器，尤其是运行数据库的服务器，通常使用大规模对称多处理机(SMP)服务器来提供高性能的计算能力。然而，SMP 通常不容易扩展。我们可以给一个 8 路的服务器增加更多的处理器，但是这同时需要购买更多的存储器，在有些情况下还可能需要增加一个更快的总线部件等。因此，对服务器进行升级需要付出极其复杂的努力。新服务器购买之后，它的大部分功能部件可能在长时间内处于空闲状态，直到应用需要额外的计算为止。这意味着给一个应用逐渐增加计算能力并不是需要较小的成本，而是需要大的投资。企业可能会强制它们的用户先使用过载的服务器，直到有足够多的需求才购买新的服务器。使用率、复杂性和成本之间的瓶颈是持续存在的。

服务器硬件本身是不能操作的，它需要运行软件来发挥作用。企业需要在每个业务应用的 IT 预算中考虑硬件和软件的许可费用。软件通常是按照将要安装到的系统中处理器的数目来许可的，而不是按照实际的使用状况。因此，软件的许可费用与过量供应和使用率不高两个问题一起，给 IT 预算增加了负担。

3. 数据中心的成本

数据中心的成本占据了 IT 预算中很大的一部分。数据中心的不动产非常珍贵，而其中服务器又占据了大部分。因此，将尽可能多的计算能力组装到尽可能小的空间中是很重要的。服务器的电源和制冷等设备也增加了数据中心的成本。其次，服务器需要同存储器和网络相连接，电缆带来的复杂性使得数据中心的控制极其复杂，这也增加了管理成本。利用率不高的服务器又需要附加上这些相关成本，实际上，统计结果显示，未使用的计算能力所需的控制、电源、冷却和不动产成本通常要超过购买和维护服务器硬件和操作系统所需的成本。当每个业务单位都拥有和操作自己的数据中心时问题会进一步恶化，不过这种情况在大型企业中并不常见。

4. 管理面临的挑战

在过去的几年中，IT 硬件设施的管理正变得惊人地复杂。数据中心成了电缆和服务器机箱组成的迷宫。IT 人员需要保证设施的正常运行以满足每个业务应用的可用性和性能需求。如果增加了一个新服务器，管理员需要为它安装必需的软件，分配存储器空间，并使用电缆将它同网络和存储器相连接。这个任务会由不同组的成员来承担，导致供应过程需要耗费大量的时间和成本，而且容易带来风险。比如，服务器管理员安装了操作系统，而另一个安全管理员设置了防火墙配置，又一个网络管理员指定了 IP 地址、DNS 服务器等。随着服务器数目的增加，手工供应服务器将很快变得不可行。

给软件打补丁需要非常频繁地进行，尤其是针对像病毒和缓冲区溢出等安全漏洞的补丁。在每个应用都拥有自己服务器的架构中，企业最终总是通过服务器硬件和软件配置的各种组合来构建 IT 设施。当对这些硬件或软件进行维护要测试所有的这些配置是非常困难的。这意味着停机事件经常不会按照计划发生，从而导致意料之外的结果产生。

如今的管理员每天都面临被解雇的危险，因为他们没有余地来执行主动式管理、有计划的升级进度表或者预防性的维护活动等。IT 预算早就开始缩减，IT 人员的日子也越来越不好过。

在下一部分，我们将讨论如何将企业网格模型应用到服务器设施中，使企业可以更好地应对这些问题。我们同时也会讨论如何通过将技术与最优管理方法相结合，来使当前已经配置好的设施转变为服务器网格。

5.3 面向服务器设施的企业网格计算模型

由于服务器硬件和管理技术的进步，企业有可能在它们的服务设施中抛弃 silo 而转向企业网格计算模型。图 5-3 描述了一个合理的服务器架构，此架构可以减轻如我们前面所述的 silo架构所带来的问题。我们称这样的设施为"服务器网格"。在图中，企业中所有的有关服务的资源都被封装在少数几个共享池中。所有的服务器都通过一个公共管理接口进行访问和管理。横跨多个异构组件的管理流程遵循一个通用的操作模型，比如，对来自不同开发商的服务器的管理或对不同操作系统配置的完善都以标准化的方式进行。

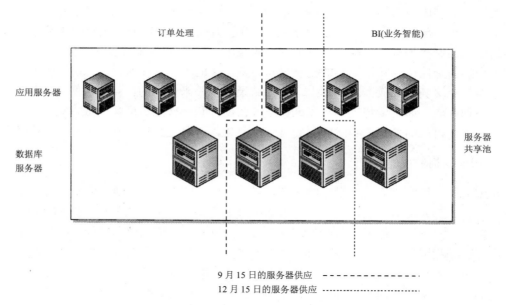

图 5-3　将企业网格计算模型应用到服务器设施

在这个架构中，从单个应用的角度来看，服务器资源被虚拟化了，换句话说，没有哪个应用只针对单个的服务器硬件。实际上，应用并不关心它被连接到哪个服务器上，而是由设施来保证根据各个应用的需求为其提供足够的服务器资源。如果需要，也会给某个应用提供额外的计算能力，当此应用不再需要时，这些服务器将被收回并部署在其他地方。比如，在图 5-3 中，随着圣诞节的临近，在圣诞节的前一个月补充给 BI 的额外的资源会转移给订购流程。这种架构带来的一个关键好处在于客户端应用可以共享可用计算能力，因此可以降低在可用计算能力上的总投资。由于两个应用通常不会同时达到的峰值负载，因此与使用 silo 模型相比，使用服务器网格的单个应用在遇到意料之外的负载增加时，将会拥有更多全局可用的计算能力。在服务器网格中，你将几乎看不到一些应用拥有多余的空闲资源而另一些应用却缺乏资源的情形。

在服务器网格中，管理同样是在整个企业环境中，从全局的角度来实行的，而不是为了单个应用 silo 或业务单位的需求。这样导致的结果是管理职责和优先权可以在整个企业中实现共享和逻辑上的集中。比如，像为操作系统打补丁等日常维护工作可以由同一个管理员集合在所有系统中共同进行，而不是仅仅针对每个单个的系统。管理流程可以被标准化，最终实现自动化来最小化人们参与各种平常和重复活动的需要。例如，为某个应用进行的服务器供应工作可以通过预先确定的策略自动完成。这使得一个小的管理员群组就可以管理较大的服务器集合。此时管理员可以将精力集中在主动式管理上，并将时间花费在更好地处理异常和挑战性情形上。

服务器的共享会转变为硬件和一些软件许可费用的共享。随着服务器资源的逐渐有效使用，硬件和软件上的支出将会全面地减少。

在下面的几节中，我们将会讨论使企业向这种合理化蓝图转变的各种方法——包括技术上的和管理实践上的。接下来首先讨论服务器网格相关的技术和部署架构。

5.4　服务器硬件的发展

服务器硬件、网络技术以及基础软件如数据库、文件系统和操作系统等的进步，使实现服务器网格变得可行。在本节中，我们将会讨论几种技术，包括低成本模块化服务器，服务器集群以及不同层的虚拟化技术，这些技术促进了企业中服务器设施利用率的提高。我们还将讨论这些技术是如何应用到 Oracle 环境中的，尤其是 Oracle Database 10g 和 Oracle Application Server10g。

需要注意的是，新技术的使用并不意味着希望部署服务器网格的企业只需要简单地将它们现有的硬件用新产品取代就可以了。我们将会看到，随着时间的推移，这些技术的标准化会大大降低服务器设施的成本。

5.4.1　低成本模块化服务器

Intel 驱动了 CPU 的批量生产，结果导致了服务器的商品化。当前已经可以配置成群的由 1~4 个 CPU 组成的低成本模块化服务器。这些模块化服务器的广泛采用的形式是机架优化服务器和刀片服务器。下面给出较为详细的介绍。

1. 机架优化服务器

基于机架或机架优化服务器已出现了多年。每个机架优化服务器本身是一台完整的计算机。数据中心机架和服务器按照标准尺寸组装为多个单元，每个单元称作 1U(一个机架单元的高度为 1.5 英寸)，典型的数据中心机架通常包含 42U~70U，而一个典型的可装配在机架上的服务器可以水平地插入机架，占据 1U~2U 的空间。同计算能力相当的 SMP 系统相比，购买使用基于 Intel 的机架优化服务器构造的系统所需成本大大降低。

2. 刀片服务器

刀片服务器通常简称刀片，是当前最大化压缩服务器硬件的一种新技术，它为单个数据中心容纳较大数量的服务器提供了一种解决途径。虽然在最初的购买成本上刀片没有机架优化服务器便宜，但是它具有较高的服务器密度，在数据中心的不动产非常珍贵时，刀片是扩展或构造数据中心的实用可选方案。

几乎每个主要的服务器开发商，包括 IBM、HP、Fujistu、Dell 等，都提供了刀片服务器业务。虽然刀片的详细规范随着开发商的不同而不同，但每个典型的刀片服务器都是独立的计算机，具有自己的处理器和主存，并提供连接网络和存储器的接口，所有这些都包含在一块单独的主板上。图 5-4 给出了传统上的基于机架的服务器和刀片服务器在架构上的差别。几个刀片垂直地插入一个底盘(也称作刀片框)中，所有或几乎所有的连接都要经过将刀片和底盘相连的连接器。一个底盘中的所有刀片通常共享电源、制冷和集成的网络互联机制，在某些情况下是集成的存储器网络互联。采用这种架构的好处在于每个服务器都没有电缆，从而减少了电缆需求，也减少了整体的管理成本。

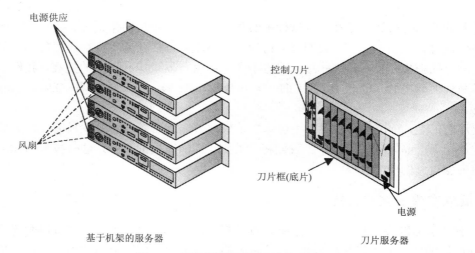

图 5-4　刀片服务器和基于机架的服务器

3. 裸机供应

裸机供应是指为先前没有安装操作系统或其他软件的服务器安装操作系统和其他相关软件。许多开发商包括 IBM、HP、Sun、Fujitsu、Oracle 等都开始提供裸机供应技术，来为模块化服务器专门安装 Linux 操作系统。例如，Oracle Grid Control 提供了安装 Linux 操作系统和 Oracle 软件的裸机供应业务。大多数刀片服务器开发商也提供刀片管理软件，这些软件对它们刀片业务的裸机供应提供支持。

4. 在模块化服务器上运行应用

由于每个模块化服务器都是一个独立的服务器，因此一个机架或刀片底盘可以为多个服务器应用提供服务。同一个管理员可以管理多个应用的服务器资源。使用自动化的裸机供应软件，有可能动态、可靠地将一个服务器由一个应用重新分配给另一个应用使用。多层的企业应用通常具有多个组件，这些组件中的一个或多个可以在多个服务器上运行。某些软件如应用服务器及类似的 Oracle(具有实时应用集群)数据库等可以通过集群配置运行在多个服务器上。我们将在下一章讨论服务器集群的相关内容。

5.4.2   商用服务器集群

基础设施软件如数据库的部署架构通常包含一个单独的大规模对称多处理机服务器。当根据需求增加来对架构进行扩展时，有两种解决方案。一是使用更大规模、更复杂和更昂贵的服务器来取代当前的大规模服务器(通常有 8 个以上的处理器)。另一种方案是使用一组小规模和较便宜(1~4 个处理)的服务器来进行"放大"——这种使用多个服务器来执行一个大规模服务功能的能力就是所说的"集群化"。

我们在前一章中提到过，在过去的几年中，服务器硬件正快速地商品化。企业级的操作系统如 Linux 和 Solaris，现在已经可以运行在基于 Intel/AMD 的硬件上。许多开发商(如 Dell、HP、IBM 和 Sun)都在出售预先安装了这些操作系统的低成本模块化服务器。这导致了将低成本模块服务器集群化的出现，成为取代大规模对称多处理机系统来运行基础设施软件的可行方案。这在 Oracle 环境中尤其有所体现，因为 Oracle 应用服务器和 Oracle 数据库都可以部署在服务器集群配置上。在接下来的章节中，我们将详细讨论这种方案及其益处。

1. 中间层的服务器集群化

集群通常被分为松耦合和紧耦合两种，前者中多个服务器节点相互之间没有太多的交互，而在后者中，多个服务器节点必须要共同工作，并通过共享数据或状态来处理应用工作量。

在对中间层进行部署以便将 Web 服务器和应用服务器进行扩展时，松耦合配置较为理想。这种架构通常称为服务器农场，其中的每个服务器应用软件的一个独立备份，一种负载平衡机制用来将工作量分发到多个服务器上。这种方案跟采用单独的一个大规模对称多处理机服务器相比有多个好处。依赖于应用，这种架构本身可以通过负载平衡来改进性能，提供了更好的可靠性和可用性。如果一个服务器停机，整个层不会受到影响。发生故障的服务器可以使用另外的服务器直接替换，同时保证应用的可用性。同时，如操作系统补丁等软件升级可以在几个服务器上进行，而不用将整个应用停止。

商品化模块服务器的出现使这种架构变得划算，且具有可扩展性。这种可扩展性可以帮助解决整个企业中的服务器使用率不高的问题。在基于集群的架构中，额外的计算能力可以在需要时通过向集群中增加少数服务器来获得。服务器也可以由一个应用重新指派给另一个应用。

因此，多个应用可以共享净计算能力，从而提高了整个服务器设施的利用率。并且，这个供应过程可以实现自动化。

Oracle 10g 应用服务器为支持在一组低成本服务器上部署应用提供了必要的基础设施。我们将在动态资源管理和为应用服务器进行服务器供应部分进行更为详细地讨论。

2. 数据库集群化

针对 Oracle 数据库的服务器集群化技术在多年前就可用了。然而，过去主要的瓶颈通常在于"互连"，它是在多个集群节点间进行协调流程和共享数据的通信接口。为了使集群有效，需要一个快速、可靠和低延迟的互连。在过去的几十年中，互连技术在延迟和带宽上都有了提升，许多协议已经被加入到 IEEE 标准中，由此逐渐开始商品化。基于千兆以太网的交换机已经出现了多年。一些开发商已经开始提供 10 千兆以太网交换机。

这些高速互连技术，与低成本服务器刀片相结合，使得集群化成为扩展 Oracle 数据库的一个可行、划算的选择。我们在上一章节所描述的集群化的所有好处——包括改进的性能、可用性以及低成本适用性——都可以应用到数据库层。我们将在下一章节讨论 Oracle 的数据库集群化技术——真正应用集群(Real Application Clusters)。

Oracle 数据库真正应用集群

Oracle 真正应用集群(Real Applicatin Cluster，RAC)使得 Oracle 数据库可以运行在服务器集群上。根据应用的需求，集群节点可以是低成本的模块化服务器，也可以是大规模服务器。RAC在各个 RAC 节点的数据库连接之间自动进行负载平衡。此外，一个单独的数据查询也可以在多个 RAC 节点上并行运行。

通常情况下，集群需要特殊的软件来负责监控集群的状态并在发生故障时进行恢复操作。集群软件是平台相关的，一般由集群硬件开发商、操作系统和服务器开发商，或者是平台工具开发商提供。类似的软件有 SunCluser，Veritas 集群服务器和 HP。Oracle 为所有的操作系统提供了它自己的集群软件 Oracle Clusterware，消除了在多种情形下购买、安装和配置第三方集群软件的需要。

RAC 提供了对动态供应的支持，我们在"Oracle 数据的服务器供应"一节有所讨论。

3. 是否需要集群

当然，集群并不是解决问题的万能药！集群的出现并不意味着企业需要简单地将它们的大规模 SMP 机器替换掉。如前所述，一个集群化架构确实能够通过简单地增加服务器来不断地扩展，并且是低成本的。然而，尽管过去通常是为了对 SMP 配置进行扩展需要大量的前期投资来购买较大的服务器，当前的大多数开发商都提供了按需供应(在稍后的章节会详细讨论)，运行企业可以只购买大规模服务器中用得到的部分。

运行在单个服务器上的应用(如在非集群化架构中)受限于此服务器的处理能力。我们可以在集群中使用比单个服务器多得多的处理器，因此集群有能力为多个应用提供更高的吞吐量。另一方面，一个大规模 SMP 配置可能会在特定类别的或应用特定数据集的延迟等方面胜于小规模的集群。

从这些讨论中我们可以得出，技术的进步为扩展基础设施软件提供了新的更为划算的选择。企业需要通过仔细权衡它们的特殊应用来决定最具成本效益的架构。

在下一节，我们将讨论服务器虚拟化的概念和技术，我们认为此项技术是服务器设施转化为服务器网格的关键。

5.5　虚拟化

我们在前面曾提到，一个典型企业中的服务器以统一的配置进行部署。在图 5-1 中，每个服务器都包含几层，如硬件、操作系统以及其他可能安装的软件。服务器的虚拟化意味着每一层的实现都同上一层用来访问它的接口相分离。这通常是使用一个额外的硬件、软件或固件层来实现的。

5.5.1　虚拟化带来的好处

虚拟化使得每一层的具体实现对其他层来说是不可见的，只要保证层之间的接口不发生改变，可以修改每一层的具体实现而不修改依赖于此层的其他层。这带来了一定的灵活性，并为在虚拟层实现额外的功能如资源管理和动态供应提供了可能。例如，使用 Solaris 10 Container 对操作系统进行虚拟化，可以使得多个应用运行在同一个操作系统上，而它们的资源使用保持相互隔离。对基础设施软件如 Oracle Database 10g RAC 等进行虚拟化意味着应用现在不再需要知道哪一个数据库实例用来对它的查询做出回答。因此，如果数据库上的应用增加，就可以为数据库补充更多的服务器而不需要知道依赖此数据库的应用信息。

虚拟化为服务器设施增加了灵活性，并使得资源(在较低层)可以被共享(被较高层)，从而增加了利用率。例如，使用硬件分区或虚拟机监控软件(如 VMWare 等)对物理服务器进行虚拟化，就可以使多个操作系统安装在同一组硬件上。

虚拟化可以合并相似的资源，从而简化管理。我们可以通过虚拟化将某层的资源同它在高层的使用者相分离。这就允许我们建立一个抽象层，把这个抽象层当成管理的公共接口。一个简化的示例是，如果所有的应用都运行在虚拟机上，我们就可以仅仅通过虚拟机和它们的配置参数来管理服务器资源的供应，而不需要处理硬件、操作系统等底层组件。这使得对整个服务器设施的集中管理成为可能，而后者又有利于对各种管理功能进行跟踪或使其实现自动化，我们将在后面的章节中讨论集中式管理和自动化。

5.5.2 虚拟化概述

图 5-5 概括描述了服务器中各个层的虚拟化机制。接下来将在企业网格的背景中讨论每种技术及其带来的好处。

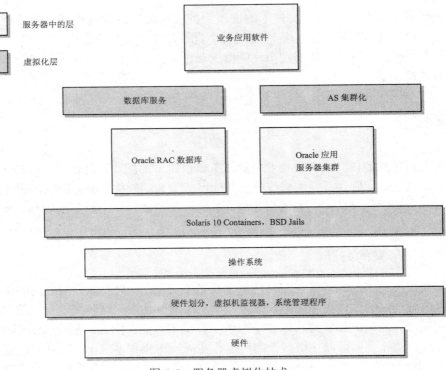

图 5-5 服务器虚拟化技术

5.5.3 硬件虚拟化

服务器硬件的虚拟化对运行在它上面的操作系统隐藏了具体的物理硬件。实现硬件虚拟化有两种技术——硬件分区和虚拟机监视器。这些技术可以用来让多个应用共享单个的服务器硬件，从而有效地使用这些硬件资源。

1. 硬件分区

硬件分区技术把 SMP 的总线或背板划分为一个组件集，每个组件都像单独的计算机一样运行，并且相互之间或多或少地独立。每个硬件分区都可以像服务器一样运行，具有自己的 CPU、操作系统，主存和网络连接等等。如果一个分区发生故障而崩溃，它对运行在其他分区上的应用没有任何影响。这种硬件分区需要硬件和操作系统的支持。此技术可以使多个应用相互完全独立地运行在一台 SMP 上，从而提高服务器的利用率。

　　硬件分区在 IBM 主机中已经实现了较长时间，目前主要是使用在 Unix 平台上，如 Sun 的针对 Sun Fire 服务器的动态系统域(Dynamic System Domain)。硬件分区的局限性在于可以创建的分区数量同硬件的规格紧密相关，比如，在单处理器上就无法创建硬件分区。

按需提供计算能力

　　硬件分区导致了一种新"使用时支付"SMP 价格模型的出现，也就是众所周知的按需供应计算能力(Capacity-On-Demand，COD)。我们在前面讨论过，企业通常需要为了应对不可预料的负载变化而购买过多的服务器。对于 SMP 架构来说，由于巨大的购买成本，企业中未使用的计算能力会消耗 IT 预算的很大一部分。而在 COD 中，企业只需要为在特定时间使用的 SMP 中部分的处理器付款。服务器起初就进行了分区，从而实现只可以使用固定数目的处理器，比如 32 个处理器中只允许使用 16 个。企业只需要购买 16 个 CPU。随着时间的变化，如果企业需要更多的 CPU 资源，此时其余的 CPU 就可以被"解锁"，然后企业购买这些 CPU 资源。因此，SMP 的购买成本可以在较长的时间内分期偿还。COD 为企业运行 Oracle 数据库提供了除集群之外的另一种选择，也可以在无法实现集群时使用 COD 运行其他的业务应用。IBM 的计算能力按需升级(Capacity Upgrade on Demand，CUoD)以及 Sun 的 COD 是这种价格模型的示例。

2. 软件分区

　　硬件分区之外的另一种虚拟化技术是软件分区，它创建了一个使用软件或固件的虚拟层。虚拟层通常是使用虚拟机监视器(Virtual Machine Monitor，VMM)，用户创建多个虚拟机，每个虚拟机都可以用来运行一个不同的操作系统。VMWare 的 ESX Server 是常见的 VMM 示例，它可以把任何基于 x86 的服务器分为多个虚拟机，每个虚拟机最多可以使用两个处理器。另一个 VMM 示例是 IBM 的 LPAR，LPAR 是针对大型机的 VMM，它的中间层 Unix 服务器使用了固件和软件的组合。

(1) 为何使用 VMM

　　在虚拟机上运行操作系统的一个好处是服务器硬件同 OS 相分离。OS 的执行故障(如 Windows 的蓝屏和死机)都只可能是虚拟机崩溃而物理服务器不会受到影响，在其他虚拟机上的 OS 还可以继续运行。尽管如此，需要注意的是，如果 VMM 本身发生了故障，它就会导致所有的虚拟机和以及运行在虚拟机上的 OS 实例停机。

　　一些 VMM 支持将运行在一个物理服务器上的应用迁移到另一个服务器上，在迁移过程中应用不会发生中断。VMWare 的 VMotion 就提供了这类支持。有了这类支持，就可以在关键的应用不发生中断的前提下对服务器进行升级和维护。这同时也使需要不同补丁层次的应用的维护得以简化。

　　在 VMM 机制下，像主存等服务器资源可以根据应用的需求在多个虚拟机之间进行分配。

(2) 准虚拟化

需要附加的 CPU 开销是传统软件 VMM 如 VMWare 所具有的一个不利方面。在大计算负载服务的物理机器上同时运行过多的虚拟机是不切实际的。另外一种称作准虚拟化的技术可以消除这些开销。这种技术创建了一个"薄"层来运行多个操作系统，并在这些操作系统间进行切换，然而，大部分繁重的作业(如绝大多数设备的访问和主存管理等)都直接由宿主 OS 来执行，而不是由 VMM 执行。目前准虚拟化的不足之处在于通常需要 OS 可以被修改和重新编译。XenSource 公司开发了一个开放源码的准虚拟化软件 Xen Hypervisor。处理器开发商如 Intel 和 AMD，软件开发商如 RedHat，Novell，Sun 和 HP 都已对 Xen 技术表示了支持和认可。

(3) 未来的 VMM 和准虚拟化

人们在虚拟化领域有很多兴趣和活动，而且虚拟化技术也在不断发展。Intel 和 AMD 等处理器开发商正在它们的处理器中直接嵌入支持虚拟机监视器的机制(hook)，如 Intel 的 Vanderpool 和 AMD 的 Pacifica。这使得未来的虚拟化软件可以不需要修改 OS 就能运行，并且只需要很少的 CPU 开销。我们希望不久的将来，在 Xen 和 VMWare 中能使用这些处理器内嵌机制(hook)。VMWare 现在也提供免费的 ESX 服务器入门级版本。

基于软件的虚拟化技术现在还是一个新兴的领域，时间将会告诉我们哪一种特定的方法或产品会成为主流。尽管如此，虚拟化技术似乎将会在未来的企业服务器网格中发挥重要的作用。需要留意的是，在本文写作期间，Oracle 的产品包括 Oracle Database，Application Server 和 Grid Control 在内的软件都支持在虚拟机监视器上运行，特别是在 VMWare 上运行测试和开发系统。然而，Oracle 还没有为它的产品系统提供在 VMWare 上运行的支持，读者可以查看 Oracle 的 Web 站点来确定它们要求的配置是否被支持。

3. 虚拟 SMP

另外一项值得注意的技术是 Virtual Iron 公司提供的，此技术可用于一个 OS 在由较小的低成本 x86 系统组成的集群上运行，使整个集群像单独的 4 路或 16 路 SMP 系统一样工作。一些应用不能在集群上运行而需要 SMP 架构，此时，同单个的大规模 SMP 相比，Virtual Iron 的技术可以大幅度降低成本，尽管性能较低。这种技术是对上一章节讨论的单个服务器上分区技术的补充。

虚拟化是企业网格模型的核心。在前一部分中，我们已经讨论过服务器硬件的虚拟化，意味着将物理硬件同应用相分离。企业可以综合使用这些技术来创建服务器硬件的虚拟化共享池。下一部分将从使用基础设施软件的应用的角度讨论基础设施软件的虚拟化，如操作系统、数据库和应用服务器等。

5.5.4　基础设施软件的虚拟化

基础设施软件的虚拟化将它提供给应用的服务同服务器中的低层相分离。在这一部分中，我们将介绍操作系统的虚拟化、Oracle 数据库和应用服务器的虚拟化。

1. 操作系统虚拟化

操作系统虚拟化将在一个 OS 实例上运行的多个应用隔离开来，这样每个应用在其"沙盒"(sandbox)内运行。OS 虚拟化技术的示例包括 BSD Jails 和 Solaris 10 Containers，它们将一个操作实例的资源虚拟化为多个独立的分区。每个分区提供一个完整的操作环境，并具有 Unix"根"目录模型的简单性。这些技术还提供分区间的动态资源管理。Solaris 10 Containers 会有栈溢出和缓冲区溢出之类的异常(通常会被病毒和其他形式的安全入侵所利用)发生，但不会导致大范围的损害。虽然 HP-UX 和 AIX 操作系统不像 Solaris 10 Container 那样提供虚拟化的环境，但它们可以为运行在服务器上的多个应用提供动态负载和操作系统资源的平衡机制。这些负载管理(通常缩写为 WLM)机制可用于将服务器上的计算资源(CPU、主存和磁盘 I/O)动态分配给运行在同一个服务器上的多个 Oracle 数据库，同时保证在达到峰值需求时关键应用不被系统中不太重要的应用所影响。

2. 利用服务名称的数据库虚拟化

Oracle 10g 引入了"服务名称"的概念，用于识别特定应用到数据库的互联。服务名称(也称为服务)将 Oracle 数据库服务器从使用它的应用的角度进行虚拟化。应用现在只是简单地与一个服务名称相连接，而不是连接到物理的宿主节点或网络地址。服务允许将各种负载分离开来，如 OLTP 的批处理、特别报告中的规划报告等，并允许将数据库资源合理地分配给这些负载。

一旦定义了服务，就可以指定支持这种服务的数据库实例，即"首选实例"。Oracle Net Services 将请求转向数据库服务所在的适当的物理位置。Oracle 提供了在支持服务的多个实例间进行服务请求的运行时连接负载平衡。如果一个服务具有多个实例，可以根据使用率统计，将应用连接转接到最轻负载的服务实例上。可以完全由网格控制(Grid Control)来定义和管理实例。

服务提高了数据库对应用的可用性。定义服务时，也可以确定当首选实例发生故障时服务应使用的实例。这意味着如果服务器需要离线维护，数据库服务可能在不同的服务器上运行实例，但应用的连接信息不需改动。同样，使用 Oracle ODBC/JDBC、OCI 和 ODP.NET 客户端的应用可以利用故障切换通知(Failover Notification，简称 FaN)事件在发生意料之外的事件时自动切换到可用的服务实例。FaN 还提供了故障连接的自动重连功能。

在使用服务的情况下，就有可能将多个数据库合并到一个数据中，同时保证不同的应用可以得到它们所需要的数据库计算资源。先前连接到不同数据库的各种应用现在可以连接到适当的服务上。将数据库虚拟化的一个好处是我们可以通过服务来监控性能数据，通过使用 Oracle 10g 自动化负载仓库(Automatic Workload Repository)，这意味着跟踪不同应用对公共数据库的使用情况。此外，服务名字可以被稍后提到的数据库资源管理器使用，用来为不同的应用建立资源使用规则。因此，实际上可以对所有独立的数据库进行控制而不需要单独对它们进行维护，同时节省了单独管理带来的成本开销。

3. 利用 AS 集群虚拟化 Oracle 10g 应用服务器

Oracle 10g 应用服务器(Oracle 10g Application Server)是应用服务器的中心，它基本上是一个管理实体，用来把多个 AS 实例作为一个单元来管理。每个 AS Farm 都同一个公共设施仓库相关联，此仓库中存储了配置信息以及其他关于 AS 组件的元数据。利用 AS Farm，可以把一组 Oracle AS 实例部署为一个 AS Cluster——Oracle 10g AS 实例的集合，集合中的每个实例都具有相同的配置和应用部署。图 5-6 描述了一个具有两个 AS Cluster 的 AS Farm，一个集群被配置为运行 Oracle Web 服务器(Oracle Web Server)，另一个集群为 Oracle Java 容器(Oracle Containers for Java，OC4J)所定义。AS Cluster 又可以部署在一组低成本的模块化服务器上。

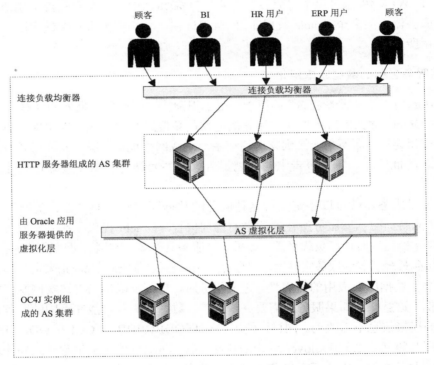

图 5-6 Oracle 应用服务器的虚拟化

AS Cluster 中的所有实例都可以被配置成为如同逻辑 AS 实例一样运作，从而实现从应用的角度将特定应用服务器实例虚拟化。其中嵌入了负载平衡机制，用来把 HTTP 和 OC4J 请求在一个集群内转发。例如，如果有一个 OC4J AS Cluster，那么部署在这个集群上的 J2EE 应用就有可能实际运行在多个不同的 AS 实例上。Oracle AS 将根据负载和应用状态透明地把应用调用发送到这些 AS 实例之一上，并在实例内部处理企业 Java Bean 的管理工作。一个 AS Cluster 也可以从全部故障的角度提供虚拟化——如果 AS Cluster 内的任何一个实例发生故障，其他的实例也可以有能力来处理应用负载。同数据库一样，多个应用共享相同的应用服务器集群会带来一定的好处。

我们已经看到虚拟化可以实现服务器栈中各个层上的资源整合。虚拟化减轻了令当今企业苦恼的利用率问题。在共享的服务器设施中，资源的分配不再一定是静态的，相反，资源可以在需要的时候供应给应用。我们将在下一章节主要针对 Oracle 软件讨论动态服务器资源管理和供应。

5.6　动态服务器供应和资源管理

企业中服务器资源最大的消费者可能是提供持久性存储和数据访问的数据库，以及在企业应用中运行业务逻辑的应用服务器。企业应用的特征之一就是它们的负载随时间变化。在每个业务单位都有自己的资源 silo 的架构中，IT 部门尽最大努力来保证数据库和应用服务器有充足的资源可用性，这样业务用户才可以正常工作。另一方面，如果使用上节讨论的技术将服务器基础设施进行了虚拟化和共享池化，就有可能使用新的机制实现自动化和动态资源供应。Oracle 10g 包含了一些非常有力的特性，能够为数据库和应用服务器实现自动化及服务器资源的动态供应。接下来将对这些特性进行介绍。

5.6.1　对 Oracle 数据库的资源供应

Oracle 数据库的资源供应可以看成在两个方向进行，一个是给数据库供应额外的服务器资源，另一个是基于应用需求或优先级为使用数据库的多个应用分配现有的数据库服务器资源。这两个方向对于解决网格环境中存在的问题同等重要，而 Oracle 为两种需要都提供了丰富的工具集。Oracle 10g 有三种机制用于灵活管理资源，同时不会干扰应用，这三种机制分别是：增加或删除 RAC 配置中的节点、动态调整数据库服务器的规模和数据库资源管理员。接下来我们依次介绍这三种机制。

1. Oracle 数据库 RAC 的动态服务器供应

Oracle 数据库 RAC 包括很多不中断应用对数据库访问的同时动态供应服务器资源的特性。需要注意的是这些特性通常都不关心物理硬件，例如，一个集群可以由几个物理服务器组成，也可以由几个虚拟服务器组成(如使用硬件或软件分区创建的虚拟服务器)。

建立可运行多个 Oracle RAC 数据库的服务器集群是可能的。随着这些数据库负载的改变，可能会开启或关闭服务器实例，以改变对这些数据库的服务器资源分配。作为示例，考虑一个具有五个节点的集群，节点 A 到节点 E 支持两个 RAC 数据库："ERP" 和 "CRM"。在正常时间内，RAC 数据库 "ERP" 在节点 A 至节点 C 上运行，"CRM" 在节点 D 和节点 E 上运行。随着数据库 "CRM" 上负载的增加，可以在节点 C 上增加一个 "CRM" 实例，并关闭节点 C 上的 "ERP" 实例，从而改变这两个数据库间的资源分配。Oracle Clusterware 支持在其上运行多个版本的数据库，这将进一步简化多个数据库对集群的共享，并通过不断升级来方便管理。

在运行 RAC 数据库时也可以向集群中增加新的节点。这时，新的节点需要添加在集群软件层，数据库软件需要安装在新的节点上，而新的节点需要添加到 RAC 数据库中。所有这些操作均可通过 Oracle 网格控制(Oracle Grid Control)管理工具来进行。对于 Linux 上的 RAC 数据库，甚至可以在新增加的节点上安装 OS。向 RAC 上增加更多节点的一种很方便的方法就是克隆一个现有节点。在第 8 章中，我们将更加详细地介绍网格控制(Grid Control)中这些软件供应细节，尤其是软件克隆，而这些步骤都可以在数据库不中断服务的情形下完成。

2. 数据库服务器的动态调整

服务器虚拟化的好处之一是硬件或软件分区可以动态地扩大(或缩减)。Oracle 可以通过动态调整数据库服务器，来利用底层服务器资源分配的改变所带来的好处。数据库可以动态增加共享存储器的规模并增加新的服务器进程，以充分利用额外的资源。在一些如 Solaris 等的操作系统上，数据库服务器动态调整的过程可以自动进行，而在其他操作系统上，可能需要手动进行。但数据库服务器动态调整对数据库服务没有任何干扰。这种动态改变资源分配的能力清楚地刻画了服务器虚拟化的作用。如果资源不再有用，数据库服务器也可以减小数据库规模。

3. 数据库资源管理员

由虚拟化和操作系统提供的资源管理工具仅用于粗粒度地管理数据库资源。例如，它们可以用于限制一个大型服务器的哪一部分被 Oracle 数据库使用(目的是降低软件许可成本)。但是，这些资源管理工具不能感知到内部状态，而且不能控制服务间的资源分布。在这种情况下，各种应用或使用数据库的应用服务可以使用 Oracle 资源管理工具(Oracle Resource Manager)来实现对底层服务器计算资源进行细粒度控制。

数据库管理员可以将具有相似资源需求的用户会话归类为资源消费者群组。管理员可以通过定义资源规划(Resource Plan)来为任何群组制定资源的使用限制。图 5-7 描述了一个具有两个资源规划的示例，该资源规划在多个访问数据库的应用间分配一个 SMP 服务器上的 CPU 资源。

不同的资源规划可以应用于一天中的不同时间段。例如，在图 5-7 中面向数据仓库的规划在夜间使用很有效，它允许使用更高的 CPU 占用率来执行批处理负载应用。白天则使用另一种规划，该规划对订单处理系统赋予较高的优先级，以确保对系统中的交互性或事务性的用户做出及时响应。资源规划可以使用各种资源分配方法。例如，资源分配方法中可以指定分配到不同资源消费者群组的 CPU 百分比，或者通过限制每个群组可以使用的活动会话数来实现资源分配，也可以通过限制群组发起查询的最大并行度来进行资源分配。

资源消费者群组和资源规划可以完全由 Oracle 网格控制(Oracle Grid Control)进行创建和管理。而且，管理员可以定义一个将用户会话与适当的资源消费者群组相关联的映射，从而使用诸如登录名、数据库服务名称等会话属性。资源消费者群组也可以交互地进行变更，例如：如果一个会话执行时间过长，可以将它切换到拥有较低资源使用权的群组中。

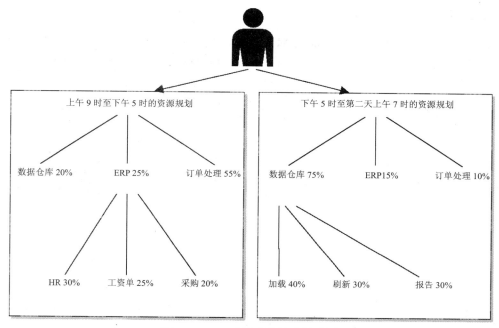

图 5-7　DBA 制定资源规划和策略

5.6.2　Oracle 应用服务器的资源供应

前面我们已经讨论过如何在一个应用服务器(Application Server，AS)集群配置中部署 Oracle AS 10g。AS 集群支持动态服务器供应和资源管理。

1. 在 AS 集群中动态供应 AS 实例

在 AS 集群中，如果某种特定类型的实例需要附加的资源，可以向集群中加入一个新的实例(使用集群中的常用配置)。例如，如果一个对企业 Web 站点的访问连接突然崩溃，可以向 web 服务器集群中添加一个新的 Web 服务器实例。可能会通过开启或关闭一个 AS 实例来改变不同 AS 集群中的 AS 服务器资源分配。为了增加一个符合要求的新服务器，需要使用 Oracle 网格控制(Oracle Grid Control)来安装供应 AS 集群中的一台服务器所需的所有软件(包括 Linux 操作系统的裸机供应)，这点在第 7 章将会进行详细地介绍。

Oracle AS 集群也可以通过动态发现新实例改变集群中的成员。Oracle 通知服务(Oracle Notification Service，简称 ONS)可以在 AS 集群间进行通信，如增加新的 AS 实例、故障、尺度等。在使用 ONS 的情况下，当添加一个新的 OC4J 实例到集群中时，路由逻辑会自动发现这个新的实例，并将其包含进去以用于将来的应用需求。ONS 还可以将新的应用动态绑定到一个 OC4J 实例中。

2. 动态监控服务和资源管理指令

Oracle AS 的动态监控服务(Dynamic Monitoring Service，DMS)可以监控一个集群内的所有 AS 实例。管理员可以制定资源管理指令(Resource Management Directive，RMD)，用于确定当满足某个特定条件或超出某个阈值时触发的行为。资源管理指令被集成到网格控制中的策略管理器中，第 9 章将会对其进行详细介绍。行为使用 OPMN 来实现，OPMN 是网格控制的过程控制组件。例如，一个 RMD 可以写成下面的形式：如果一个 OC4J 实例的 CPU 使用率超过 85％，那么就需要供应一个新的服务器节点，并在其上启动一个 OC4J 实例。RMD 还可以包含处理行为未能完成情况下的异常。

我们已经看到新的硬件技术的影响，以及在服务器基础设施上实施虚拟化和动态供应的价值。下一节将介绍可以简化服务器基础设施管理的相关技术和过程。

5.7　服务器网格管理

IT 基础设施的集中管理是企业网格计算模型中的另一核心问题。前面介绍过，任何层通过虚拟化都可以使用一致性接口对该层的所有属性进行建模，进而就可以对该层进行逻辑上的集中管理。随着管理要在越来越高的抽象层次上进行，管理员可见的可操作部分也越来越少。由于规模化经济，企业可以用更少的员工实施更多的工作。管理过程的特殊化逐渐降低，而变得更加标准化和更加可靠。重复过程一旦标准化，就可以自动运行。

那么，企业如何从当前的 silo 模型得到服务器管理的理性化模型呢？一般来说，这需要综合利用人、过程和技术。"过程"(process)对服务器资源进行集中共享，并标准化服务器管理的操作过程，而且，如果可能的话，可以使用集成的管理工具。通过采用"技术"(technology)，我们可以有效利用当前服务器硬件和软件的供应及自动化特性。"人"(people)即管理员，他们的角色通常是主动式的，而不是反应式的。接下来的章节中将会对这三个部分进行详细的介绍。我们首先讨论服务器资源的整合或集中。

5.7.1　集中服务器资源

在网格模型中对服务器基础设施进行有效的集中管理要求企业服务器资源不再为单个事务单元或应用程序所"独占"，相反，它们应该以一组代表业务单位的共享资源池的形式被集中管理。一个池中的服务器资源一般具有类似的功能或操作特征，如性能或可用性等。例如用于应用服务器和 Web 服务器的模块化服务器池和用于低延迟应用的 SMP 池。这种方式逻辑上集中了企业中所有的空闲能力，因此，管理员可以根据需要灵活地为应用程序分配资源。这样可以在整个企业范围内在安全性、补丁升级及其他维护活动上对服务器进行最优配置。集中服务器资源从整体的角度、基于优先级和开销对资源需求和可用资源进行匹配。

5.7.2 挖掘服务器的硬件和软件特性

本章讨论的多数技术都遵从了集中化管理的原则。大多数模块化服务器提供远程管理、重启和关机功能，管理员不需要亲自在服务器上执行某些操作，因此，可以有效节省时间，而且可以降低人为错误的风险。裸机供应使用适当的软件包，简化了服务器供应，而不需要人工干预。服务器硬件通常包括那些可以对局部进行维护的特性，如服务器刀片可以进行热插拔，而不会导致专用机箱中其他服务器关机。一些软件在服务器或集群上配置好后，还需要进行在线升级，当对集群中的一个或多个服务器打补丁或升级时，不需要关闭整个应用程序。Oracle 10g可以对应用服务器组件在线升级，同时还可以为 RAC 数据库进行在线打补丁。

通过有效利用服务器技术的自动化特点，可以明显地简化管理。简化管理的另一种途径是使用集成的管理工具，接下来对其进行介绍。

5.7.3 使用集成的管理工具

在接下来的章节中我们将介绍一种新的服务器管理标准，它使得用一种通用工具来管理多种服务器硬件更有可能。管理工具可以提供资源跟踪、变更管理、服务器使用跟踪、容量规划等形式的附加操作。服务器管理框架的示例有 IBM Tivoli、HP Openview 和 CA Unicenter 等。Oracle Grid Control 也可以对 Oracle 环境包括服务器进行集中管理。

1. 管理异构服务器

理想情况下，企业应该将服务器硬件标准化为一种通用的硬件和操作系统平台。然而，实现起来并不容易。当把许多分散的服务器孤岛集中起来时，一般企业中也集结了一堆不同的服务器资源。出于业务考虑，企业可能不想仅仅局限于一个开发商，或者一些软件开发商可能仅仅只授权给特定的服务器硬件或操作系统。结果，在处理不同种类的服务器(如 SMP 服务器、刀片服务器、机架服务器和集群)和不同开发商的服务器的异构问题时，管理软件变得尤其重要。

2. 资源跟踪和使用报告

因为服务器从企业间一个公用的池获得供给，服务器资源跟踪对于业务单位按所用计算能力进行适当的负载分配相当重要。历史使用报告可以用于容量规划，以决定服务器资源中有多少是空闲的，并决定是否需要更多的资源。随着企业中服务器和软件数量的增长，很难跟踪记录每台服务器上安装的软件、配置和补丁级别、安全补丁状态等。因此，配置和更改跟踪记录是所有服务器管理软件中的核心部分。Oracle Grid Control 可以跟踪运行 Oracle 软件的服务器的详细记载，及其配置、软件版本和补丁级别。

3. 监控、故障检测和故障处理

有效的服务器管理需要监控服务器操作，并快速地进行故障检测。故障可以是软件系统故

障，也可以是硬件故障，如网络和存储部件故障。问题产生的根本原因可能并不在观察到故障或症状的子系统中。一个集成的管理工具可以为服务器操作提供可视性，从而精确地确定故障发生的原因。这对动态网格环境尤其重要，因为在动态网格环境中同一个组件可能为多个应用程序进行服务。

基于策略的管理可以为没有预期的事件和自动决议的过程设置警报。例如，如果有一个无法解释的崩溃发生，服务器将被设置为自动重启。在网络组件故障的示例中，会触发切换到冗余网络路径的故障切换机制。在 Oracle Grid Control 中，管理员可以设置警报，以便当 Oracle 数据库出现性能问题时通知管理员。故障事件的记录与跟踪也很重要，以利于采取措施来降低故障事件重复发生的机会。跟踪故障并提供报告的管理软件可以帮助 IT 管理员对服务器网格的运行状况做出判断。

在第 8 章和第 9 章，我们将对 Oracle Grid Control 的特性进行讨论，Oracle Grid Control 可以对 Oracle 软件进行集中管理。在接下来的部分中我们可以看到拥有共享池并采用集中管理的服务器基础设施可以更加有效地利用管理员的能力。

5.7.4　服务器网格中管理员的角色

目前企业面临的一个问题是管理员经常忙于处理大量的日常管理活动以至于不能够有效地处理一些甚至可以预防的灾难。对于共享服务器基础设施，管理员可以在更高层次进行管理，而不是处理很多独立的组件。供应和打补丁之类的日常操作可以自动运行，这样，只有异常事件才需要人工干预。这种改变使得管理员的工作更加主动，而不是反应式的。

服务器网格使得管理员有能力承担整个数据中心范围内的系统管理工作。管理员的技能将会应用到为整个数据中心定义最优的系统配置，而不是单独地管理每个系统。管理员可以定义在企业范围内进行部署的策略来保证系统的安全。管理员还可以为备份之类的重复性工作定义脚本，然后在各种系统中使用这些脚本。因此，服务器网格中，管理员变得更加多才多艺，他的技能可以在 IT 数据中心管理中发挥更大的作用。

我们已经看到如何通过对人力、过程和现有技术进行组合，从而将企业服务器基础设施合理化为一小组集中管理的池。接下来将介绍如何将服务器基础设施管理视为企业范围内计算服务及其服务等级管理的一个整体。

5.7.5　服务等级管理

整合和集中化管理可以看作是企业解决现有 IT 架构中所存问题的第一步。最终的目标是使计算资源的管理更容易、适应性更强，以最划算的方式满足业务需求。在第 3 章中，我们讨论过使用 SLA 和 SLO 进行服务等级的管理。在这一部分中，我们将介绍如何从服务器基础设施的角度进行服务等级管理。

1. 理解企业的服务器需求

服务器基础设施需要不断调整以应对各种业务应用的需求。服务器调整过程的第一步是为基础设施努力满足其需要的企业应用定义 SLA 及其对应的 SLO。下面列举了服务器基础设施中包含的几个 SLO：

- **应用的吞吐率** 需要给多少个应用请求提供服务？了解这些需求随时间如何变化也很重要。
- **应用的响应时间** 例如，Web 站点应用可能会要求所有的客户请求在两秒内返回数据。
- **恢复时间目标** 它可以保证一旦发生故障，可以在一定的时间限内恢复操作。
- **每年的总停机时间** 业务可能会明确说明最大可接受的每年总停机时间。

2. 供应资源

应用需求以 SLO 的形式来定义，它可以指导如何对服务器硬件、OS 和软件进行一定的配置，以满足 SLO 的要求。一般来说，这个过程非常复杂而且很耗时。然而，企业网格计算模型允许企业通过创建少量用于提供服务的标准配置对该过程标准化。而且，网格结构与生俱来的灵活性意味着首次就得到初始的完美供应不再特别重要，因为在后来对供应进行调整时不会遇到太多困难。

3. 监控和加强 SLA

服务等级的传递并不是一次性过程，而且显然不会在初始供给后就结束。必须对 SLO 相关的关键性能度量值不断地进行测量和监控，以确保它们在可接受的级别范围内。重复的 SLO 传递故障可能导致 SLA 冲突，并将给 IT 部门带来不利结果。此时，我们就可以明显看出企业网格计算模型的优点。集成管理框架中的监控和特性报告，可以用于主动判断度量值是否接近不可接受的级别。例如，Oracle Grid Control 及其基于策略的监控和报警机制，在监控 Oracle 数据库和应用服务软件的服务等级中扮演很重要的角色。在负载增加时，策略可以自动改变资源分配，而不是在收到用户投诉时才改变资源分配。例如，Oracle AS 的 DRM 特性可以在负载突然增加时自动供应一台运行新 OC4J 实例的服务器。一旦负载恢复正常，服务器会自动收回。备用服务器池中的共享资源可以处理这种没有预期到的负载增加。

4. 建立反馈回路

服务器基础设施中的服务器级别管理还可以有效地跟踪服务器资源的使用。可以对在给定年份内服务等级的实际数据以及传递成功或失败的情况进行分析，以分析来年之后的能力规划。例如，如果结果显示尽管还有空闲的计算能力，但此年的 SLO 已几乎受到干扰，那么说明应用的总需求增加了，就需要购买更多的服务器。另一方面，这也可能预示着某种类型服务器的配置可能有问题。由于记录并分析了关于各种事件的历史数据，这可能暴露出 IT 过程不够高效，因此需要流水化，以使规划过程更加高效地使用实际数据。

5.8 服务器管理标准

我们在前面曾经提及，在整个企业内部一般不会采用同样的服务器环境。单个开发商也不可能提供完整的端到端管理的解决方案。因此，为了集中管理和实现更好的自动化运行，有必要采用一致的管理接口来管理来自各个软件和硬件开发商的产品。多种管理工具必须可以互操作，进而形成一种高效的集成管理框架。通过将各种组件间的接口标准化为数据模型和协议及消息/数据格式，可以获得最好的互操作性。我们将在服务器管理的环境中讨论目前正处于起步阶段的标准化工作。

我们在第 2 章中曾介绍过一些标准化组织，如分布式管理任务组织(Distributed Management Task Force，DMTF)和 OASIS，它们均致力于研究企业应用和管理的标准。在这一部分中，我们简要介绍 DMTF 和 AOSIS 正在开发的服务器管理标准。

5.8.1 CIM

公共信息模型(Common Information Model，简称 CIM)是由 DMTF 制定的，是一个成熟的标准，而且 DMTF 仍在对其进行完善。它允许以平台无关、技术中立的方式互换管理信息，定义了不依赖于平台的行业标准管理架构。CIM 使得系统可以在服务器管理系统中进行端到端的互操作，因此简化了集成并降低了开销。第 9 章将会对 CIM 进行更加详细的介绍。

5.8.2 ASF

警告标准框架(Alert Standard Framework，ASF)为管理没有操作系统的服务器和网络组件提供一个标准框架。它为网络化部件提供远程控制和报警接口，从且有助于服务器资源的裸机供应。

5.8.3 SMASH

服务器硬件系统管理架构(Systems Management Architecture for Server Hardware，SMASH)是一套关于框架性语义、工业标准协议及用于统一数据中心管理等配置信息的集合。建立在 DMTF 公共信息模型方案基础上的 SMASH 命令行协议(CLP)规范独立于机器状态、操作系统、服务器系统拓扑结构及访问方法，可简单、直观地管理数据中心内的异构服务器系统。SMASH 在离线模式(Out-of-Service)和带外管理(Out-of-Band)两种管理环境下都可以方便服务器硬件的本地和远程管理。SMASH 包括 SMASH 管理元素解决规范(Managed Element Addressing Specification)，SMASH CLP 到 CIM 的映射规范(Mapping Specification)，SMASH CLP 发现规范(Discovery Specification)，SMASH 配置以及 SMASH 白皮书。

5.8.4　DCML

数据中心标记语言(DCML)是由 OASIS 提出的标准，用于描述数据中心环境，不同数据中心组件间的依赖关系以及这些环境的构建和管理。DCML 提供了一种结构化的数据模型来描述数据中心环境。它可以用于描述、复制并自动操作各种数据中心过程。DCML 的主要任务是推动数据中心环境的自动操作，以实现企业网格计算[DCML-OASIS]。

5.9　未来方向

我们已经看到服务器技术如何发展以支持网格计算。但还远没有达到服务器基础设施管理的自动化。当前可用或很快就可用的工具将着手解决当前企业中遇到的问题。在这一部分中，我们介绍了一些企业中可能会遇到的问题，这将有助于充实网格模型。

5.9.1　新许可模型

当前的许可模型中，许可开销实际上是基于一个估计的峰值负载来计算的。随着网格计算模型的逐渐流行，需要对许可模型进行修改。新的许可模型需要能够更加灵活地配置和使用资源。理想的情况是：在新的许可模型中，企业根据其所用的硬件和软件资源进行付费。在介绍 SMP 的按需供应方式时，我们使用了一个按照每次使用进行付费的模型。这些许可模型面临的一个主要问题是缺少精确的度量和跟踪资源使用情况的计量技术。

5.9.2　服务器互操作性

服务器基础设施的管理技术需要进行标准化。而且，要能够从一个中心控制台来管理和供给数据中心内多个开发商提供的服务器。管理技术需要考虑这些服务器上的各种负载管理和虚拟化技术，以为各个企业需求进行最优的资源分配。裸机技术也需要进行标准化，拓展到各种 OS 环境。这样企业就不会仅仅拘泥于一种技术或一个开发商。

5.9.3　多核处理器

迄今为止，处理器成功地按照摩尔定律持续提高性能。Intel 和 AMD 推出的低成本、模块化的双核处理器已经广泛投入使用，Intel 和 AMD 的四核处理器也即将出现。多核处理器系统实际上是低成本的 SMP 系统，如基于 SPARC T1 的系统拥有 8 个核，每个核有四个线程，因此，它实际上是一个 32 路的 SMP 系统。而且，这些模块化的多核系统可以用于集群配置，以低成本获得更高的计算能力。使用虚拟化和集群技术的多核处理器给企业提供多种选择来降低服务器硬件成本，同时更加高效地利用企业中的服务器基础设施。

用于多核处理器系统的新的软件许可模型已经出现。包括 Oracle 在内的大多数开发商已经制定出新的规则，用于管理运行在这些多核处理器上的软件的定价。

5.9.4 服务器与存储器的统一互连

企业要将它们的硬件资源集成到一个数据中心中，自然需要统一计算和存储互连结构。Infiniband、10 Gigabit Ethernet 等技术已经开始着手计算和存储器的统一互连。

5.10 本章小结

具有计算资源孤岛的企业结构已经不再能够支撑当前业务的动态本质。使用企业网格模型，企业可以将所有资源汇总到一组共享池，从而解决它们遇到的问题。具有集群结构的标准化、低成本、模块化的服务器为替代昂贵的较大规模的 SMP 系统提供了一种更划算的解决方案。而且虚拟化技术可以更好地利用已有的服务器基础设施。Oracle 数据库和应用服务器具有很多支持网格模型的特性，这些特性通过集群、虚拟化、动态服务器供给来支持网格模型。Oracle 网格控制(Oracle Grid Control)提供端到端的系统监控、维护和供给，用于运行 Oracle 软件。

下一章将会讨论企业应用层，其中我们将看到面向服务架构如何为将企业网格计算中的原理应用到具体应用中提供范例，以进行灵活地动态业务处理的。

5.11 参考资料

[EGC] Strong, Paul. Enterprise Grid Computing, ACM, Queue, Enterprise Distributed Computing, Vol. 3 No. 6. July/August 2005.

[N1-Grid] Carolan, Jason, et al. Building N1(TM) Grid Solutions: Preparing, Architecting, and Implementing Service-Centric Data Centers.

[IT Spending Gartner] Gomolski, B. Gartner 2004 IT Spending and Staffing Survey Results. Octotor 2004.

[Predicts 2004] Bittman, T. Predicts 2004: Server Virtualization Evolves Rapidly. Gartner Research Note. November 2003. SPA-21-5502.

[The DC] The Data Center Journal http://www.datacenterjournal.com/

[Inter Virtualization] Uhlig, Rich, et al. Intel Virtualization Technology, IEEE Computer, Volume 38, Issue 5. May 2005.
ftp://download.intel.com/technology/computing/vptech/vt-ieee-computer-final.pdf

[XEN] XenSource Enterprise-Grade Open Source Virtualization
http://www.xensource.com/

[VMWare] Virtualization Overview
http://www.vmware.com/pdf/virtualization.pdf

[IDC 10g Grid] Kusznetsky, Dan; Olofson, Carl. Oracle 10g: Putting Grids to Work. IDC Paper, April 2004.
http://www.oracle.com/technology/tech/grid/collateral/idc_oracle10g.pdf

[Oracle DB Grid] Oracle Database 10g: Database for the Grid (an Oracle White Paper). January 2005.
http://www.oracle.com/technology/tech/grid/collateral/10gDBGrid.pdf

[Oracle App Server] Oracle Application Server 10g Release 2 and 3, New Features Overview (an Oracle White Paper). October 2005.
http://www.oracle.com/technology/products/ias/pdf/1012_nf_paper.pdf

[Oracle-EM] Provisioning and Patching Your Oracle Environment with Oracle Enterprise Manager, 10g
http://www.oracle.com/technology/product/oem/pdf/prov_patch.pdf

[DCML-OASIS] OASIS web page on DCML
http://www.oasis-open.org/committees/dcml-network/faq.php

[SMASH] DTMF System Management Architecture for Server Hardware (SMASH) initiative http://www.dmtf.org/standards/smash/

[ASF] DTMF Alert Standard Format http://www.dmtf.org/standards/asf/

第6章

应用网格

　　在前面两章中，我们了解了企业网格模型是如何聚合 IT 基础设施资源(即存储和服务)的，并在需要的时候和需要的地方灵活地提供这些资源的。有了这个模型，企业才能够满足应用增长的性能和容量的需求，而不会造成设施或管理成本的增加。然而，为了真正对动态的业务需求做出快速响应，企业必须能够重用和共享应用模块，并且改变应用工作流来回应客户需求或市场动态。这一需求加快了基于面向服务架构(SOA)的应用在许多中的出现和采用。基于 SOA 和 Web 服务的应用模块确保了企业应用层和业务流程实现灵活、简单的改变。这一章，我们将讨论新兴的标准技术(比如 Web 服务和 BPEL)如何以服务的形式提供企业应用的各种组件，而且快速配置到不同的业务流程中去。我们还将讨论支持 Oracle 环境的相关开发和管理工具，以及为部署这些面向服务应用架构的 Oracle 融合中间件(Oracle Fusion Middleware)系列产品的一些特点。

我们将从业务应用的不同功能和当前应用架构面临的问题开始本章的内容。

6.1 当今的企业应用和业务流程

企业应用已成为业务基础设施的重要组成部分。这些应用可以分成不同的种类，例如像订单输入这样的面向客户的或前台应用，以及像订单执行或供应链流程这样的后台应用。一些应用是自主开发的，而其他是从一个甚至更多的诸如 Oracle 或 SAP 开发商购买的盒装应用，这些盒装应用通常是为具体的企业需求定制的。

企业通常把应用部署在几个硬件平台上。应用可能也需要不同的部署环境；例如，传统的大型主机应用可能是用 COBOL 写的，而更新的应用可能需要为多个平台部署 J2EE 技术的应用服务器或者在 Windows 上部署的.NET。

6.1.1 业务流程

业务流程定义了不同业务功能的执行步骤，一个业务流程涉及到不同应用执行的多步骤配合。因此，包含多个业务流程的服务之间更需要集成和通信。例如，客户在订购新订单时需要和订单输入应用交互，由另一个应用处理订单，并由第三个应用执行。同时，另一个业务流程确保仓库内有合适的库存等级并且处理额外供应订单。业务流程配置的完成需要人力和软件技术相结合。

企业业务流程的新兴需求

业务流程当然不是新的概念，然而，经济和竞争因素驱动企业向着业务流程更高效的方向发展。例如，执行订单流程的构成方式可以缩减处理订单的有效时间，这给企业带来了明显的竞争优势。业务处理中的灵活性也可以为当今企业制造创收的机会。下面讨论当今企业业务流程面临的一些新兴需求。

(1) 快速的周期

客户满意度正在成为一个备受企业关注的因素，尤其是对于在线交易。交易，特别是涉及到在线客户的交易必须在尽可能少的时间内完成，否则将会有客户流失的风险。订单执行流程中任何阶段的人为介入显然会增加潜在的延迟，从而招致失去客户的风险性。在业务流程中，自动完成的工作越多，周转时间将越迅速、越易预测。

(2) 对市场动态的响应

为了竞争，企业必须能够对变化的市场动态做出响应。传统业务流程是一个不变的实体，现在的业务流程能够根据业务需求编排不同的业务功能以根据需求及时改变。例如，假如一个竞争对手在某项目上降价，企业必须能够提供相应的价格或者是为客户提供其他的优惠。这是在业务流程响应外部事件中的一个瞬间或者短期的转变。为支持这个模型，执行业务流程的基础设施和应用技术应当能够做出快速改变并且不致混乱。如果必须修改应用或设备才能将这些转变融入到业务流程中，那就为时太晚了。

(3) 跨业务伙伴的集成

正如前台的或面向客户的应用可以从企业内部的自动化中受益，供应链流程这类后台应用也可以通过与企业业务伙伴的集成来实现精简。例如，如果库存中某种商品已脱销，就会自动通知供应者并设置一个业务流程来补充库存，这对业务的双方都有好处——商品零售商可以确保其客户不会因商品短缺而离去，而且供应者通过这种有利的提供补充库存方式做成了更多的生意。

(4) 循规一致性

今天我们不能过分强调循规一致性在业务中的影响。业务工作流中的灵活性对业务流程的持续跟踪也带来了更大的复杂度。企业应用架构必须支持业务数据详细的版本和审计。循规一致性对于每个产业都不一样，例如，美国电信运营商必须把客户数据的某些方面展现给竞争对手。Sarbanes-Oxley Act of 2002 对公司融资披露要求了更高的问责制，因此企业必须能够提供这方面的数据而不用考虑数据在企业中的地位。

6.1.2 企业应用集成细节

业务流程涉及到多个必须相互通信的应用。随着企业在业务流程中努力实现更多的自动化而尽量减少人为的介入，他们需要封装不同开发商以及不同平台上的应用。这样的应用集成不是一个新概念，它在企业中已经实施了很多年。然而，在今天的情景驱动或事件驱动的业务流程世界中，集成变得更重要了——它不再是合并两个应用的一次性操作。应用功能必须连续地互联在一起，甚至可能是以天或以周为周期。因此，当前需要一种不同的方法实现这样的集成。

为更好地了解上述内容，让我们简要地回顾一下集成的方法和技术是如何随着时间而发展的，着重理解伴随它们出现的问题。

1. 为什么集成是如此困难

企业应用集成一直是个难题，部分原因是由于缺少标准，使得在应用开发框架和运行平台中产生了大量的异构体。第二，相对于企业内的应用来说技术发展得更快，所以应用集成不能脱离支持遗留环境的需求。任何上述集成的努力都只是暂时的解决，最后必须重做才能支持技术上的改变，同时不要脱离当前的环境。做到灵活性和集成的实现看起来好像是互斥的两个目标。

(1) 应用 silo 的自组织集成

企业内部的不同部门有自己的应用 silo 来执行同样的业务功能。应用以自组织(Ad Hoc)的方式获取和部署，并且不以整合为目标。后来，因为业务需要指定一个单独的视角观察整个企业的业务功能，所以必须集成不同的应用。这样，应用集成总是在事后得以完成，而不是事先设计好的。无论什么样的计划或远见都不能解决这一问题。兼并和收购也使得上述过程变得相当复杂，加之现在的集成又涉及到合理化不同的业务流程，使情况变得更加复杂了。这个自组织集成的后果是业务流程流被写死在应用中，因此不能随着今天的需要快速地改变了。

(2) 跨异构平台的集成

多年来，企业总是在大量平台和应用运行环境上部署应用。每当一些新的技术或新的架构进入市场时，企业只是简单地替换旧的应用已经是不可能的了。这意味着应用集成经常涉及处理遗留系统的数据或应用。

任何形式的大改变都需要大量的时间和金钱，所以分阶段实施这样的改变更合适一些。这意味着应用架构必须支持现存技术的重用，并且允许跨硬件平台和跨运行环境的集成。由于大量的硬件和软件平台、协议、程序语言以及设计模式的存在，这个改变是很难实现的。

(3) 集成复杂度

企业应用集成的另一个问题是接口在时间上的增值，所谓的 n×(n-1)集成问题。

例如，刚开始有两个必须集成的应用，还有在它们之间创建的两个新接口。用另一个应用集成这两个应用，必须再创建四个接口，这样一共有六个接口了。通常情况下，集成 n 个应用需要 n×(n-1)个接口。图 6-1 给出了一个典型的应用集成工作随着时间变化的最终结果。想象一下，最初几个应用需要和订单管理系统(Order Management System)进行接口。稍后，企业认为从这些应用中获得一些业务数据是有好处的，因此要为已有的 BI 应用创建接口。然而，访问 BI 报表的开放就意味着在企业内网(intranet)上会暴露这些应用，所以必须在所有应用和 intranet 门户上进行另一轮的集成。最后，正如图中展示的那样以复杂的接口为结束。像这样一个单纯的结构，包含了不同应用间点到点的集成，它无法随着时间的推移而扩展，而且无论是人力还是金钱上维护起来都极为昂贵。

2. 集成的简要历史

应用集成的第一次尝试是软件开发项目使用手工编写软件代码的方式显式地耦合了参与项目的应用。这意味着集成仅对当前应用设计的方式有效，应用接口的任何变化会轻易地破坏应用间的耦合。当企业开始意识到这个方法的高成本和低生产率后，就开始流行起像 COMBRA 和 COM 这样通用集成框架了。这些集成技术的目标是试图以一个标准的方式实现异构环境的集成，但是产业级的认可和标准化的缺乏使它们一筹莫展，无法达成共识的原因是它们依赖于特定的对象模型、程序语言或者协议。例如，CORBA 需要称为对象请求代理(Object Request

Broker)的组件服务和 IDL 协议。因为这些技术从来没有真正得到标准，许多非 CORBA 工具模型或变体由于声称能提供更好的功能就越来越流行了。Microsoft 改进了 Windows 应用的 COM/DCOM 模型。就像历史展示的，开发商缺乏对各种单一集成方法或者技术标准的共享，使得企业解决集成问题的道路极为困难。

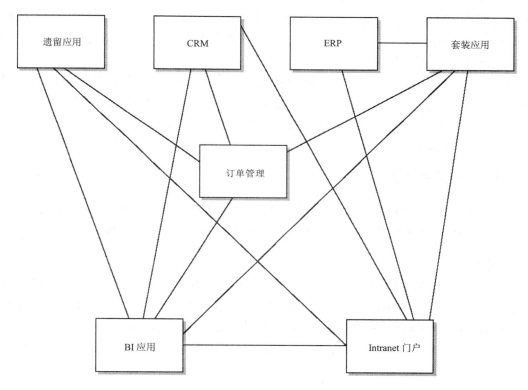

图 6-1　接口的增值

为了解决前面讨论的接口过多的问题，开发商(如 Oracle、BEA 和 Tibco)开始提升集成代理的概念，创造了集中星形结构，其中的代理提供了多个应用间的中心连接，从而减少了如何从 n×(n-1)接口优化为 n 个接口过程中带来的问题，也就是用集成代理来整合。集成代理提供了到其他应用的连接。然而，集成代理使用专有中间件在应用间通信，这意味着开发商锁定了企业。另外，这也包含了冗长和昂贵的项目咨询。

必须提到的是，任何应用集成中的一个关键部分就是所谓的通信技术，负责应用间的通信。一些开发商提供面向消息中间件(Message Oriented Middleware，MOM)产品，作为集中服务来处理通信应用中的消息，类似邮局。然而，使用 MOM 产品时，必须将应用直接写入连接的通信中间件中并说明信息如何传递以及传递到哪里。这意味着集成是极其固定和严格的。

在二十世纪九十年代的中后期，Java 程序语言开始在开发者社区中流行，J2EE 架构提供了一个开放的标准化应用开发架构，而且从其他开发商的产品中分离出来。这个架构提供了程序接口、通信和数据库连接，允许这些环境中的应用程序使用一个通用容器提供的服务进行集成，并在应用服务器内执行。应用服务器现在包含集成代理和过去的 MOM 服务器，网关的使用使得像 CORBA 这样的流行模型实现集成成为可能。今天，对于星形拓扑类型的应用集成，应用服务器方法是最广泛部署的模式了。这个标准化的实现已经在正确的方向上迈出了一步，但还需要更多的努力以摆脱应用的紧耦合。

如本章后面讨论的，面向服务架构(SOA)技术提出了下一步的工作。SOA 提供了改变业务流程的灵活性，将对组织的破坏减小到最小。它使得企业可以自动化业务流程并且主动地监控业务智能。在开发基于 SOA 应用中的标准技术确保了组件间的互操作性，这些组件是使用多个开发商的技术构建成的。

3. IT 基础设施的需求

集成的另一难题来自 IT 部门，IT 部门实际上负责执行和管理集成工作。在 IT 预算下降的今天，需求(易于部署和管理、技术和技能的重用等)也成为集成的主要驱动力。

(1) 性能

无需多说，业务流程中的灵活性是不能以牺牲性能为代价的。应用集成经常导致性能问题，传统的解决办法是在此问题上投入更多的硬件。正如我们在整本书中所提到的，由于成本和管理的原因这样做是无效的。事实上，任何应用集成架构都需要利用上企业网格计算基础设施所带来的灵活性。

(2) 安全

安全是一直受到重视的问题。传统业务部门内的应用隔离限制了信息的访问。现在，对业务的运转而言，访问跨应用和业务流程的信息是极其重要的。然而，客户信息的安全和隐私也是同等重要的。实际上，对于客户信息的安全和隐私，也存在着循规一致性的法律。同样的，机密业务信息的安全，也是跨业务伙伴集成的先决条件。无论何种情况下，确保应用内或应用间的安全和访问控制的责任都落到 IT 部门上。

(3) 易于部署和管理

正如硬件和服务器软件是否易部署、部署是否快速是应用集成是否成功的重要方面，管理员应该可以通过建立监控策略以及提供为指出策略违规使用的预警机制，来进行集中的、主动的管理。理想情况下，应当可以通过配置来定制应用，而不是通过新的软件开发来完成。

(4) 可扩展性和模块重用

与是否容易部署、是否可管理相关的是架构的可扩展性。由于竞争压力或者技术的改变业务在不断地变化。传统集成的另一个问题是很难甚至无法与遗留系统或方法集成,所以每个集成成果都是极为昂贵的。在今天的 IT 环境中,随着低预算和业务流程的快速改变,企业不能为单个的集成项目承担时间或者金钱上的开销。因此,随着业务流程的改变,集成技术应该能够随之发展,不需要重新开发架构。企业需要能够重用从一个项目到另一个项目中形成的技术和软件代码。并且,应当能够做到快速递增式地实现,而不只是累加多年开发的大量项目。因此,可扩展性应当看做集成技术的基本需求。

6.2   向应用网格发展

我们已经看到了应用集成是如何随着时间慢慢地发展和改进的,并且了解到有一些问题是技术的障碍,有一些问题已与集成方法密切相关。然而即使有鉴于此,解决业务需求变化的可扩展性和灵活性的问题并没有完全解决。在过去的几年里,企业应用产业和开发团队一直致力于向面向服务架构(SOA)的概念发展,并以此作为上述问题的可能解决方案。SOA 本身不是全新的概念,但由于产业的认可和基于标准技术的可用性,使它的实现具有了可行性。SOA 通过创建灵活敏捷的应用基础设施,以迅速解决新的业务需求和竞争压力,使得企业网格计算模式在企业应用层得以成为一种范示。我们称这样的应用基础设施为应用网格。Oracle 是使用 SOA 创建应用网格的主要支持者,而且已经设计了自己的产品(例如,Oracle 融合中间件服务器(Oracle Fusion Middleware Server))来实现这一概念。在这一章节,将讨论 SOA 中的各种概念与其组成部分,以及它们是如何在应用集成的困境中发展的。

6.2.1   面向服务架构

在面向服务架构中,通过公开的接口以服务的形式提供单独的应用功能。服务接口采用简单和标准的格式公布出来。因此,不会存在硬编码的整体性应用,现在的应用都是模块化的和可重用服务的松耦合。在这个架构中,业务流程以不同服务的组合进行编排。例如,客户信用卡的验证就是一个不同业务流程都需要的公共业务功能。在某个 SOA 中,这个模块便作为服务提供出来,使任何需要验证信用卡的业务流程现在都可以简单的使用这个服务,作为其组件之一。

什么是服务

服务是由什么构成的呢?可以简单地认为服务是一个明确界定的可重用的应用模块接口。J2EE 和.NET 框架,是当今可选择的开发框架,方便了可重用组件的开发。新兴 Web 服务标准将创建标准机制,声明这些组件为可以查询、调用和以灵活标准的方式创建更大型的应用服务。

这些框架和标准的普遍性以及广泛接受，使得整体性应用分解成能够被很多业务应用共享的模块组件具有了实际意义。这一章的稍后部分将对这些技术做更详细的讨论，首先来看看 SOA 的好处。

用 SOA 实现应用网格

用 SOA 建立的应用架构创造了企业应用网格。为什么叫它网格呢？回忆企业网格计算模型基本的要素是虚拟化、动态供应、集中管理。在 SOA 的环境中，可以认为 SOA 内的服务是虚拟应用模块，因为应用功能的实现封装在接口中，所以从实际执行中隔离出来了这些功能的客户端。只要维持同样的服务接口，就能够替换应用功能。业务流程的编排只不过是对需要的业务流程提供动态应用模块的供应。稍后将讨论的诸如 UDDI(Universal Description, Discovery, and Integration—OASIS 开发的标准)和 BPEL 的技术提供了集中注册、发现、监控以及管理这些服务和它们的编排能力。SOA 也支持业务活动监控，这提供了集中监控业务流程和收集商业情报(能够进一步优化流程)的性能。正如很快将要详细解释的，比起之前的应用架构，SOA 还是有不少优点的。这些优点恰好符合创建企业服务器网格或存储网格的好处。

(1) 解决遗留应用集成问题

我们声称 SOA 能够为异构性应用环境的集成问题提供有效解决方案。早期的如 COBRA 方法失败的原因之一就是依赖于具体语言、对象模型或者非标准通信协议。用 SOA 方法(尤其使用 Web 服务标准)，只要服务定义使用标准的格式，应用自身的内部实现就能够使用任何语言或对象模型。企业就可以通过创建遗留应用技术的服务抽象来保留这些技术。

除了解决一些旧的问题，SOA 也为企业创造了一些新的机会。这些机会对在之前的集成方法看来是不可想象的。

(2) 快速编排业务流程的能力

使用一些简单的工具可以编排业务流程。例如，Oracle BPEL Process Manager 提供了一个这样的工具，它使用 BPEL 标准设计业务工作流，结合底层基础设施处理服务器间的通信和数据交换。业务流程自动化极大地提高了业务的效率，迅速创建和修改业务流程的能力使得企业可以做出快速的调整，来满足当前的需要。

(3) 处理变化的业务需求的灵活性

SOA 的概念超越了具体的协议；然而，作为服务间数据交换标准协议的 XML 却得到的普遍认可，使 SOA 真正具有了实际价值和强大功能。XML 使用了一个可扩展的模式，通过把消息封装到 XML 文件中，可以允许不同平台和不同技术水平的应用相互对话。由于底层服务的实现是隐藏的，不需要改变业务流程，服务可以重构到其他服务中去。

同样的，随着时间的推移，业务流程会改变其服务构成和协作，为企业提供了完全的灵活性，企业可以利用现有的系统在应用架构中进行快速短期的变化和渐进长期的变化。

(4) 改进的可见性

对跨编排业务流程的事件进行主动监控,增强了业务的可见性,为业务操作员工提供了实时的业务智能,可用来改变流程编排以更好地满足业务需要。业务活动监控允许企业创建业务流程的反馈系统,也允许企业监控他们的行为并提高效率。

(5) 增加重用

松耦合和可重用的应用模块减少了应用的功能性复制。当一个应用有同样的功能需求时,可以重用另一个应用的开发软件,从而极大地减少了应用的开发、部署和管理的成本。每一次对应用模块的开发和部署,都要能够在多个业务流程中重用。

(6) 支持业务流程管理

业务流程与其他 IT 组件一样,可以部署、管理业务流程。这种方法有很多切实的好处。跟 IT 组件相同的是,业务流程也会经历一个管理生命周期,包括供应、安全、监控以及优化。这些管理中有很多功能都可以重用、共享,例如安全模型。

像 BPEL 这样的标准提出了一个业务流程的版本,一个业务流程的多个变体可以同时进行动态部署。SOA 是一种支持架构,企业可以像管理他们的 IT 基础设施一样管理业务流程。

(7) 位置独立性

SOA 还为应用功能提出了位置独立性。由于服务使用了标准的格式,我们可以在一个集中的目录下对它们进行发布和查找。服务的调用者甚至不知道谁提供了服务,也不知道位置在哪(比如是本地服务还是远程服务)。服务可能位于一个相同的应用内或者在不同的应用中。服务也可能在一个大型机上或者在一个 SMP 机器上,还可能在企业 intranet 的一个完全不同的系统上,或者由业务伙伴提供。这简化了伙伴网格的创建,使得业务流程可以跨越企业的界限。企业内便捷的业务流程编排也带来了不少好处,现在可以扩展到业务到业务的交互(比如供应者和企业之间)上。这些都促进了提交给终端用户或消费者的服务的全面改进。

在接下来的章节中,我们将讨论在实现和管理面向服务架构中所涉及的内容,特别是服务的生命周期以及不同的技术与标准,它们将在不同的阶段发挥各自的作用。

6.2.2　服务的生命周期

服务的生命周期紧密衔接着任何其他服务的生命周期。然而,与整体性应用不同,服务是可以重用的,并且在很多业务流程中可以作为服务组件。显然,服务接口的细节以及如何把应用设计为模块服务超出本书的范围。有很多不错的书籍是关于这些内容的。本书关注整个服务生命周期及其优点,重点强调服务和企业网格在广义概念上的相关性。图 6-2 展示了一个服务的完整生命周期。

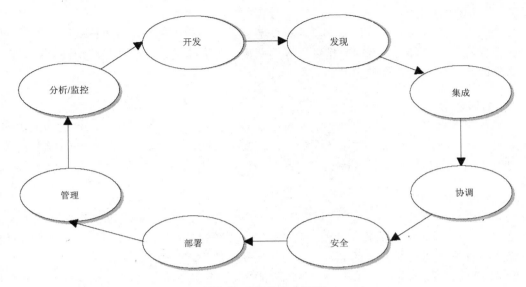

图 6-2　服务生命周期

1. 定义与开发

　　像其他应用开发项目一样，服务生命周期的第一步也是定义与开发。J2EE 和.NET 正在成为开发这些服务的可选框架。J2EE 使用 Java 定义开发基于组件的多层应用的标准。.NET 提供了在 Windows 环境下开发多层应用的环境。后面出现的对象模型化概念在使用模块组件设计应用上有很大的帮助，另外还提供了很多内置的公共组件，比如事务、消息通信和安全。这些组件加快了应用开发并且支持组件重用。现在应用开发人员能够关注于业务逻辑的实现，由开发框架处理并提供低级别的系统服务。

2. 发布

　　开发完成后需要在注册中声明服务。通过在注册上的声明，其它应用就可以查询和调用这些服务。UDDI 提供了发布和发现服务的接口。集中的注册还提供了用来管理服务并确保质量和跨企业服务一致性的功能。

3. 集成

　　服务需要集成以执行业务功能。正如前面讨论的，可以在多种程序设计范例中开发一个服务。这个服务可以是个遗留应用。这些不同的应用基础设施需要结合到一起。某些开发商正在提出一个解决方案，称为企业服务总线(Enterprise Service Bus，ESB)，它以开发标准为基础，包括了结合不同应用基础设施的需求来集成基础设施。

在这个模型中，不同的应用组件(如应用和服务，包括 Web 服务)现在放到了到 ESB 中。反过来，这为跨多种平台、应用服务组件、数据和消息格式、连接协议等提供了一个桥(bridge)。尤其是在 SOA 中，一个 ESB 可以提供三种功能的服务——路由、调用和服务间的媒介。路由是指处理地址和传递依附总线的组件间的消息，可能依赖于消息本身的内容。调用涉及调用合适的服务来响应请求及从它们那接收响应。媒介涉及不同资源间的转换，包括数据转换、安全握手、处理消息格式的差异以及负载语义等。

上述方法要求应该有一个使用服务集成的独立机制，而不考虑集成接口的具体细节。注意 ESB 是一个架构上的方法，而不是一个标准。不同开发商的 ESB 产品具体性能差别很大。因此，在选择一个 ESB 产品前要认真评估集成需求。很多开发商都提供 ESB，例如 Oracle、BEA、Sonic Software。

4. 编排

作为一个独立服务，开发应用功能性的主要特点是服务可以编排(orchestrate)到业务流程中去。编排或业务流逻辑与服务是分开的，因此可以它们的变动是独立的。例如，一个抵押许可流程包括两部分，其中的一个是客户信用检查。这个检查通过一个服务来实现。然后，信用检查组件可以独立于许可标准而改变。将来，抵押许可流程可能决定改变信用检查或包括对过去雇主和地址的额外检查。

注意，可访问的或服务提供的客户数据部分也可能不同；例如，过去的雇主检查不需要知道客户的信用历史。对业务流而言，业务流与个人应用功能的分离极其重要，它使得业务流在响应市场需求中灵活、易于改变。SOA 允许企业转向以流程为中心的应用。这些应用是服务业务流程的应用，而不是要设计一个受到整体性(monolithic)应用限制的业务流程。业务流编排的技术方面包括编排不同服务间的流、异步通信、数据转移、版本、审计等。我们将在这一章的后半部分，在 BPLE 标准中详细讨论这些方面。

5. 监控和管理

部署了业务流后需要监控基础设施的状况，比如性能。另一方面是监控和测量业务流程以及业务流程间的交互，来确定是否做进一步的优化。这称为业务活动监控(Business Activity Monitoring)。有代表性的是，通过识别业务功能的关键绩效指标(key performance indicator，KPI)，并在仪表板提供可视化表示来实现业务活动监控。像平衡记分卡(Balance Scorecard)这样的技术能够用于定义 KPI 间以及 KPI 与业务整体性能间是如何联系的。

因此，面向服务架构在企业应用设计上完成了一次飞跃，实现了应用网格并且为企业需求提供了灵活的应用基础设施。这些设施可以灵活和迅速地排列来处理变化的业务情况。基于组件的设计原理支持应用模块(或服务)共享，提高了开发者生产力并减少了 IT 的整体成本。现在，让我们来看看一些能够用来开发 SOA 的核心技术。

6.2.3 实现 SOA 的核心技术和标准

今天，SOA 的实现可行的主要原因是，支持它的技术和标准的出现以及对大家对它的接受。尽管标准仍在不断地发展，但是在开发商和开发者团队中已经有了普遍的共识，并把这些技术当作开发 SOA 的基础。

1. XML

XML 是一种描述结构化或半结构化数据的极为简单而灵活的语言。因此，它是描述多个服务间接口消息的理想语言。就像 SQL 和 HTML 是对数据库和网页内容的标准化访问，XML 已经成为应用间通信的语言(不论在企业内还是跨多个企业间)。

在过去的几年间，已经开发了 XML 相关的重要的支持技术。这些技术推动了 XML 在 Web 应用中的使用。其中著名的有 XML Schema、XSLT、XPath 和 XML Query。XML Schema 用来为 XML 文件定义模式，包括文件的结构、数据类型、允许值等。XSL(XML Stylesheet)依赖于给定的词汇，提供一个 XML 文件转换到另一个文件的机制。XSL 包括不同的组件。XSLT(XSL transformation)用来把 XML 文件从一种格式转换成另一种格式，例如转换成一个 web 浏览器中的 HTML 显示。XPath 提供了一个 API 来选择包含 XSLT 转换的 XML 文件部分。XSL-FO(XSL Formatting Object)定义了一个文档格式语义。XML Query 可以用来进行 XML 文档请求。

2. J2EE

很难编写瘦客户端和多层应用是因为它们包括大量的复杂代码。这些代码用来处理事务、状态管理、多线程、资源池以及其他复杂的底层细节。另外，正确和高效地编写这样的系统软件需要一些特殊的技巧。Java 2 Platform(Java2 平台)、Java 2 Enterprise Edition(J2EE)定义了使用流行的 Java 编程语言来开发多层企业应用的标准框架。在 J2EE 框架中，这些普通的系统功能组织成可用的组件。这些组件又通过 J2EE 容器来执行。典型的 J2EE 容器通过应用服务器这样的现成产品来实现。这样，应用开发者不需要自己开发这些功能，他们可以解脱出来把更多的注意力放在解决身边的业务问题上。

J2EE 简化了构建便携式和可扩展的企业应用。由于业务逻辑组织成可重用的组件，所以基于组件的和平台无关的 J2EE 架构使得 J2EE 应用容易实现。另外，J2EE 提供了构建 Web 服务的平台，我们将在本章的后面进行讨论。

J2EE 容器和应用服务器

很多 J2EE 应用使用的基于特定平台的、底层的系统软件都是由 J2EE 容器提供的。这个容器为不同类型的组件提供运行环境，例如 Enterprise Java Beans、Java server pages、servlet 和 applet。服务方组件的容器(比如 Enterprise Java Beans 和 servlet)在应用服务器上执行。客户组件(比如 Java applet)在 Web 浏览器上执行。为了部署使用 J2EE 组件开发的应用，开发者需要说明容器的配置参数，例如事务行为、后端数据库连接、安全限制等。

基于 J2EE 的应用服务器(比如 Oracle Application Server)可以保证支持 J2EE 标准规范定义的不同性能。这些服务包括安全模型、事务模型、命名和目录服务、客户和企业 bean 间的通信。J2EE 应用应该能够在任何基于 J2EE 的应用服务器上运行。这种一次写成、随处运行的方法使得采用适当的方式开发复杂和高性能的便携式多层应用成为可能。

3 ..NET

与 J2EE 相似,Microsoft 的.NET 提出了一个在 Microsoft Windows 平台上构建、部署和运行多层应用的框架,提供了快速地构建、部署、管理以及使用更安全的 web 服务的能力。.NET Framework 由公共语言运行时(common language runtime,CLR)和框架类库(framework class library,FCL)组成。CLR 是.NET Framework 应用程序的执行引擎,应用程序采用面向 Windows 系统的程序语言开发例如括 C#、Visual Basic、.NET 和 Jscript .NET 等。FCL 提供了面向对象的按照功能封装的库。

4. Web 服务

SOA 的成功实现要求以一种所有参与组件都能识别和了解的方式来说明服务定义。另外,需要可以查询提供服务的设备,决定服务和调用服务的参数。Web 服务标准是一组对构建 SOA 不同设备和 API 的标准说明,特别是使用 XML 作为服务间通信的协议。Web 服务允许应用开发者使用标准接口定义来构建服务。这使得能够在不同平台和应用运行环境中部署服务,以增加服务的重用。

正如第 2 章所讨论的,两个主要标准机构——万维网联盟(W3C)和结构化信息标准推进组织(Organization for the Advancement of Structure Information Standards,OASIS)——正在进行与 Web 服务相关标准的开发。这些组织中的不同技术委员会和工作组在这些标准上进行合作。他们获得了所有主要应用软件开发商的支持。

图 6-3 举例说明不同的 Web 服务以及它们是如何支持 SOA 的。在最右边的方框中,企业应用(比如 ERP 应用、遗留应用等)作为使用核心 Web 服务标准的业务服务提供出来。在中间的方框中,这些业务服务可以使用合作 Web 服务标准来集成,比如 WS-Security 和 WS-RM。连同这些协同工作的 Web 服务标准(比如 UDDI 和 WS-DM)提供了 Web 服务的集中发现和管理。最后,最左面的方框中,业务流程能够使用 Web 服务标准技术(比如 WS-BPEL 和 WS-CDL)进行创建。下面将详细讨论这些技术。

(1) WS-*核心标准

这些部署和使用 web 服务的核心标准包括:SOAP、WSDL、WS-I BP 和 WSIF。

流程流:
协调 Web 服务技术
例如，WS-BPEL，WS-CDl

集成:
协调 Web 服务技术
例如，WS-Security，WS-Policy，
WS-RM
管理：WS-DM，UDDI

业务服务:
核心 Web 服务技术
例如，WS-BPEL，WSDL，SOAP

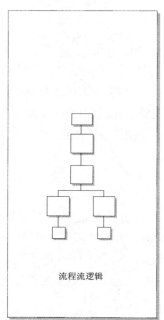

流程流逻辑

安全性
可靠性
日志
故障转移
动态路由

ERP/遗留应用

客户应用和服务

Web 服务

图 6-3　SOA 和 web 服务标准

- SOAP

  简单对象访问协议(Simple Object Access Protocol，SOAP)提出了一个基于 XML 消息框架。这个框架用以通过 web 接口来交换 XML 数据。SOAP 是一个轻量级协议，支持在多种传输协议(比如 HTTP 或 TCP)上交换消息。SOAP 不指定任何特定应用的语义，不维持任何应用状态。它提出了以一种可扩展的方式定义应该如何处理、转换、插入或被一个接收端删除的消息规则。还提出了应用能够使用的机制来执行响应请求的对话。

- WSDL

  Web 服务描述语言(Web Service Description Language，WSDL)提出了一个对 Web 服务接口描述的机制，以允许服务请求者简单地找出如何使用服务的方式来描述接口。它包含的信息有消息的格式、用来交换消息的协议以及提供服务的端点地址。

- **WS-I BP**

  Web 服务互操作性基本概要(Web Service Interoperability Base Profile，WS-I BP)提出了实现方案，介绍了一系列的核心 Web 服务规范如何一起使用来开发可互操作的 Web 服务。BP 以提高交互操作性为目标提出了核心 Web 服务的基础规范的约束和声明，以及如何一起使用它们的约定。

- **WSIF**

  Web 服务调用框架(Web Service Invocation Framework，WSIF)是一个调用 Web 服务的简单 Java API，而且不管服务的位置以及提供的方式。WSIF 以 WSDL 为基础，因此它可以调用任何在 WSDL 中描述的服务。

(2) WS-* Collaboration

包括对协同或使用 Web 服务通信有帮助的标准。这包括在消息、事务和协调上的 Web 服务标准。

- **WS-RM**

  WS-Reliability 1.1，一个 OASIS 标准，提供了一个保证信息发送给应用或服务的可互操作的方法。WS-Reliability 1.1 定义了可靠的消息传递机制，用来保证消息按照一定的 QoS 级别传递给应用程序(Web 服务或者 Web 服务客户端应用程序)。QoS 定义为确定消息传递各个方面的能力，比如消息保持、消息确认和重发、消除重复消息、消息的顺序传递以及发送者和接收者应用程序能够获取传递的状态。

- **WS-Security**

  Web Service Security 提供了实现安全功能的一个技术基础。安全功能包括实现高级 Web 服务应用中的消息完整性和机密性。WS-Security 定义的安全机制包括 XML 签名的使用和加密，以此提供了 Web 服务的 SOAP 消息的完整性和机密性、在 SOAP 消息头中附加和/或引用安全令牌、为多个指定的参与者运载安全信息以及用安全令牌进行联合签名。

(3) WS-* 管理

包括管理 Web 服务的标准。

- **WS-Addressing**

  应用需要在一个消息中嵌入一些信息来指引信息以及后面的消息回复和错误，特别是在异步交互中。WS-Addressing(Web 服务寻址)定义了一个识别 Web 服务端点(称为端点引用(endpoint reference))的标准机制，即表示在 Web 服务网络中消息发送的地方。寻址独立于使用的传输协议(比如 TCP 或 HTTP)，能够在由通信系统、网关和防火墙组成的网络中使用。WS-Addressing 也定义了消息信息头。消息信息头允许对进出 Web 服务单个消息进行统一寻址。这些消息信息头传送端到端的消息属性，比如源端点和目的端点的地址以及消息验证。

■ UDDI

统一描述，发现和集成(Universal Description，Discovery，and Integration，UDDI)为企业提供了一个动态发现和调用 Web 服务的标准方法。UDDI 提供了元数据服务组件。这个组件通过对元数据不断地询问来定位 Web 服务。它提供了构造灵活的、可互操作的 XML Web 服务规范，这些服务要为企业间或企业内的部署进行注册。

■ WSDM

Web 服务分布式管理(Web Service Distributed Management，WSDM)标准由两个规范集组成：使用 Web 服务的管理(Management Using Web Service，MUWS)和 Web 服务的管理(Management Of Web Service，MOWS)规范。WSDN MUWS 是定义如何表示和访问 Web 服务资源的管理接口。它提供了支持使用 Web 服务建立管理应用的基础，允许很多管理器使用一系列设备来管理资源。这个规范为使用 Web 服务监控和控制管理器提供了可互操作的、基础的管理。WSDM MOWS 定义了把 Web 服务作为资源来管理的管理模型，以及如何使用 NUWS 描述和访问这个管理。

(4) WS-* Orchestration

■ WS-CDL

WSDL 描述把一些简单的服务合成服务工作流的机制，也称为 Web 服务编排。Web 服务编排描述语言(Web Services Choreograph Description Language，WS-CDL)是组成和描述 Web 服务间关系和消息交换的语言。

■ WS-BPEL

Web 服务业务流程执行语言(Web Service Business Process Execution Language，WS-BPEL)，简称为 BPEL，是一种使用一系列独立服务来描述和编排业务流程的产业标准语言。BPEL 为业务流程活动、消息和过程实例的相关性、故障和异常下的恢复行为以及流程角色间基于 Web 服务的双向关系定义了规范。BPEL 包括服务间发送和接收 XML 消息的机制，允许一个业务流程中两个流的异步交互和并行执行。使用 BPEL 编排的流可以自动作为服务提供出去，因此也可以在另一个流程内调用它。重用多个业务流程内的单个组件和整个工作流的能力，为满足变化的市场需要提供了巨大的推动力。BPEL 内部使用 Web 服务协议、SOAP、WSDL 和 XML。它得到了主要开发商的支持，例如 Oracle、IBM、SAP 和 Microsoft 等。

(5) Web service 与 J2EE/.NET

前面讨论的 J2EE 与.NET 应用开发框架还提供了一个创建和使用 Web 服务的平台。使用这些框架开发的应用组件能够作为 Web 服务提供。例如，在 J2EE 环境下使用 Web 服务，应用程序开发者仅需要为服务提供输入参数和处理返回的数据。底层框架会处理剩下的工作。在面向文档的 Web 服务中，应用程序开发者只需要产生包含服务数据的文档，这些文档会被来回地传递。

J2EE 规范包括一系列 Web 服务和 XML 的应用程序接口。例如 Java XML Processing(JAXP)API 支持应用分析和转换 XML 文件。XML Registries 的 Java API(JAXR)可以用来访问在 Web 上注册的 Web 服务(UDDI)。基于 XML 的 RPC 的 Java API 使用 SOAP 标准和 HTTP，因此，客户端程序能够产生基于 XML 的远程过程调用(Remote Procedure call，RPC)，输入和输出 WSDL 文档。J2EE 也并入了 Web 服务标准，融入到 WS-I Basic Profile 中。这个标准可用于对遵从 J2EE 环境中的 Web 服务与非 J2EE 环境(比如.NET)下的 Web 服务进行互操作。

Microsoft 为 Windows 环境中的 Web 服务开发提供了不同的工具。例如，.NET Framework 和 Visual Studio .NET 提供了构建 Web 服务的工具。另外，Microsoft 为 Microsoft .NET 提供了 WSE(Web Service Enhancement)，作为 Visual Studio .NET 和.NET 框架的附件。Visual Studio .NET 和.NET 框架包括最新改进的 Web 服务性能。有了 WS-I Basic Profile 和.NET 支持的其他工具，便能够开发独自的 Web 服务，这些 Web 服务能够与在 J2EE 环境下开发的 Web 服务进行互操作。

6.2.4　在企业网格基础设施上部署 SOA 的好处

正如这本书从始至终讨论的，企业网格计算用于减少企业内部计算的孤岛，合并 IT 基础设施来处理整个企业的计算需要。我们认识到这种做法在存储和服务器基础设施上的好处。SOA 将这些好处扩展到了应用层，能够独立于服务器层或存储层的网格基础设施的使用，在应用层上进行部署。在企业网格基础设施之上部署 SOA 产生了很多额外的好处。

1. 端到端的灵活性

SOA 在应用层上提供了前所未有的灵活性。一个应用模块能够被很多业务流程使用；在业务流程中的变化也能够明显影响应用模块。企业应用的底层基础设施需要能够动态地适应这种工作量的变化。网格基础设施便可以提供这样的灵活性。在当今的非网格环境中承受这种变化的能力是很有限的，因此，应用层的 SOA 与 IT 栈底层的网格基础设施需要相互配合。

2. 端到端的监控和管理

通过优化和提高业务流程的效率来保证业务的高效。底层 IT 基础设施的性能对业务流程的效率有着重要的影响。底层的 IT 基础设施必须满足业务需要的服务等级，从而持续满足需要的业务级别的性能指标。SOA 提供了业务级别的 KPI 监控和管理。同时，网格基础设施提供底层基础设施的集中监控和管理。

6.3　在 Oracle 环境中实现 SOA

在过去的几年中，Oracle 一直在设计支持面向服务架构的产品。除了提出包括集成代理和专用中间件的解决方案外，Oracle 还采用了一种提供基于标准的、带有 Oracle 融合中间件(Oracle

Fusion Middleware)系列产品的集成平台的方法，包括用来开发、部署、服务管理和面向服务架构的工具。产品系列中的不同产品能一起使用或者插入到异构的 IT 基础设施中，使企业更多地采用 SOA。整个企业基础设施能够在商品化硬件上运行。Oracle 也一直在提供指导并且参与开发不同级别的标准。

Oracle 融合中间件(Oracle Fusion Middleware)提供了管理整个服务生命周期的集成框架。图 6-4 展示了 Oracle 融合中间件的不同组件。而且 Oracle 应用服务器提供了基于 J2EE 和 web 服务的应用的开发和部署框架。这些应用服务器完全遵从 J2EE，提供核心的 J2EE 服务，比如事务(JTA)、通信(JTM)、数据访问(JDBC)等。通过使用 Web 服务，J2EE 也支持 Java 开发的应用或者应用组件。服务间通信的服务架构能够用 SOAP、WSDL 和可靠的通信来实现。

Oracle JDeveloper，Oracle 应用开发框架(Oracle Application Development Frame，ADE)以及 Oracle TopLink 为开发和编排业务流程提供了一个全面可视化的开发环境。企业服务总线 (Enterprise Service Bus)为集成企业服务提供了一个粘合剂(glue)。ESB 也包括一个 UDDI 注册处来注册和发现 web 服务。Oracle 流程管理器(Oracle BPEL Process Manager，BPEL)提出了业务流程的建模、自动化和监控。Oracle 身份管理(Identity Management)(将在第 10 章讨论)提供了一个用户身份和安全的集中化的管理。Oracle 网格控制(Grid Control)为 Oracle 环境下找到不同的 IT 基础设施提供了集中化的监控和管理工具。

在余下的章节中，我们将讨论便于 SOA 进行应用网格开发的每个组件和具体特征。

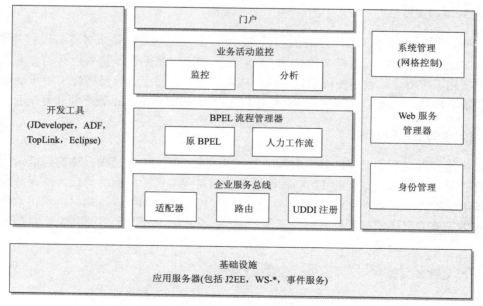

图 6-4　用 Oracle 实现 SOA

6.3.1 开发服务

对于 SOA 应用来说，可以认为 J2EE 是一个健壮性的、综合性的开发标准。然而，J2EE 标准不提供辅助开发工具。另外，J2EE 应用涉及很多层的工作，包括表示层、中间层和数据库访问层等。在过去的几年中，对于 J2EE 平台，很多设计模式和实践工作已经出现了。Oracle 应用开发框架(Application Development Framework，ADF)把这些模式合并到一个开发框架中，而且能够使用这个框架来开发在任何遵从标准的应用服务器上运行的应用。Oracle JDeveloper 作为一个可视化开发环境为用 ADF 写的应用而服务。Oracle ADF 支持很多技术和每一层上的平台，有利于开发者做出最佳的选择。

1. Oracle ADF 和模型-视图-控制器框架

Oracle ADF 是基于流行的、验证为产业标准的技术——模型-视图-控制器(Model View Controller，MVC)。使用 MVC 的目标是将应用逻辑划分为表示、控制和数据访问组件。模型部分处理与数据资源的交互，并整合业务逻辑。视图部分提供了应用的面向用户界面。而控制器部分提供了处理应用流以及模型与视图层间交互作用的桥。例如，在一个典型的由动态内容的网页组成的 Web 应用中，控制器管理这些网页间的流。Oracle ADF 扩展了 MVC，如图 6-5 所示，添加了处理业务逻辑和对不同资源的数据访问的业务服务层。模型层现在是在业务服务部分上的抽象，可以让视图和控制器层以一致的方式与不同的业务服务进行交互。

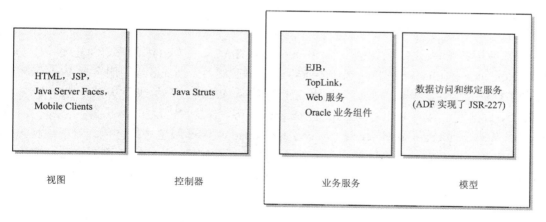

图 6-5　Oracle 应用开发框架

正如前面讲到的，Oracle ADF 提供了用来实现每一层的多种技术，开发者可以自由选择。可以使用 HTML、Java Server Pages、Java Service 和 XML 来创建视图层，并在网页浏览器、移动设备上或者为传统客户端定制显示。使用 Apache Jakarta Struts Controller 来实现控制逻辑。Apache Jakarta Struts Controller 为开源框架，事实上是基于 Java 和 Web 应用控制器的产业标准。

业务服务层与持久化数据(通常是一个数据库)交互,并提出了对象关系数据映射和事务的抽象。可以使用 Enterprise Java Beans(EJB)框架、Web 服务、TopLink 对象或用 JDBC 访问后台数据库的 Vanilla Java 对象来实现上述的抽象。Oracle ADF 还包括一系列内置的可重用的组件,称为业务组件。模型层通过 Oracle ADF 实现,是 Java 标准和 JSR-227 的基础,它提出了对 J2EE 应用的标准数据访问和绑定工具。

2. 使用 JDveloper 开发 Oracle ADF 应用

缩减开发新服务时间的一个有效技术是使用声明性开发。软件开发的传统方式是过程性开发,由开发者手工编写应用中的每块代码。在声明性开发中,开发者使用可视化工具提供的标准组件和模板来构建应用。声明性开发也对组件如何装配做了指示,然后由工具产生底层的真实代码。根据工具的灵活性,声明性开发在效率上产生一个巨大的飞跃。Oracle JDeveloper 为 Oracle ADF 的每一层提供了一个这样的综合性的开发环境。例如,在业务服务层,能够为模型持久实体创建 EJB(Enterprise Java Bean),然后使用 TopLink Mapper 把 EJB 对象可视化映射到底层的数据库表格上。

控制器窗口提供了一个可视化图例,显示如何控制 Web 页面间的数据流。另外,还有一个为用户界面设计的可视化布局工具。Jdeveloper 的深入描述超出了本书的范围;但可以明确地说,对于开发基于 Java 和 SOA 应用的新手以及有经验的开发者来说,JDeveloper 和 Oracle ADF 可以极大地提高生产率。

3. 开发和部署 Web 服务

J2EE 应用和组件(比如 Java 类、JMS Queues 或 Topics、PL/SQL 程序、SQL 语句、Oracle Advance Queues 和 Enterprise Java Beans)能够执行 web 服务。Oracle 应用服务器 Web 服务提供了各种各样的命令。这些命令允许开发者自上而下(从 WSDL 开始)或者从下而上(开始于 Java 类、EJBs、数据库工具或 JMS Queues)地生成 web 服务。开发和实现了 Web 服务后,将其打包。可以使用 Web Services Assembler 或 Oracle JDeveloper 对 Web 服务进行打包。对于被打包的应用,这些工具确保其包含了正确的文件和部署描述符。打包后,包能够部署在 Oracle 应用服务器容器上。可以使用命令行方式的 admin.jar 命令、Ant tasks、JDeveloper 或 Application Server Control 来执行部署。

6.3.2 编排业务流程

前面讨论了业务服务总线的概念以及阐述了它如何为 SOA 提供集成逻辑的。Oracle 融合中间件(Oracle Fusion Middleware)(包括 ESB)可以为服务提供一般的转换和可靠的消息逻辑。BPEL 流程管理器建立在这个基础设施上,它可以使用服务来编排业务流程。ESB 和 BPEL 流程管理器提供动态的和灵活的业务流程编排。

1. 发现服务

开发了 Web 服务后，可以把它发布给 UDDI(统一描述、发现和集成)注册，因此其他的服务或业务应用可以调用这个新的服务了。Oracle 融合中间件系列产品提供了遵从 UDDI 标准的注册。可以使用这个 UDDI 注册来发布和发现 Web 服务。注册也提供了对 SOA 管理的单点控制，确保了整个企业的服务的质量和服务的一致性。

2. Oracle 企业服务总线(Enterprise Service Bus，ESB)

Oracle ESB 为使用 SOA 和 EDA(事件驱动的体系架构)提交服务提供了基础。它提供了一个可扩展的即插即用的模块来集成使用事件驱动通信的服务。Oracle ESB 包括不同的 Oracle AS 适配器。这些适配器使用开放的标准(如 JCA、XML、JMS、Web 服务和 WSIF)，可以提供双向和实时的连接。Oracle JDeveloper 为构建和部署 ESB 服务提供了综合性的、易于使用的设计时图形界面。它包括 WSDL 编辑器、集成的 XSLT 映射器以及用来构建通信和适配器服务的 wizard 类型应用程序。Oracle ESB 也支持灵活的基于内容的路由和支持多个服务间灵活的路由事件的规则引擎。开发者可以根据 ESB 拓扑视图来绘制依赖图或者对变更进行效果分析。使用 Oracle 企业管理器和 ESB 监控器对分布式 ESB 进行集中的管理。下面将讨论 Oracle BAM，可以用来监控不同的 ESB 事件的关键绩效指标。

3. BPEL 流程管理器

建立在 Oracle ESB 之上的 BPEL 流程管理器提供了一个综合性的 BPEL1.1 标准执行。它包括一个开发框架和一个可扩展的、可靠的引擎。流程在这个引擎上部署和执行。BPEL 流程管理器也包括对部署、监控和流程管理的支持。除了 Oracle 应用服务器外，能够和其他的应用服务器(如 Jboss、WebLogic、WebSphere)一起使用。

BPEL 流程管理器有四个组件：BPEL 设计器(Designer)、WSDL 绑定(Binding)、BPEL 引擎(Engine)和 BPEL 控制台(Console)。下面详细讨论每一个组件。

(1) 用 BPEL Designer 开发 BPEL 流程

BPEL Designer 是一个简单而有效的可视化建模工具，可以用于展现 BPEL 流。BPEL Designer 集成在 Oracle JDveloper 内，也能作为可用的 Eclipse 插件。重点在声明性开发上，前面我们已经讨论了它的几个优点。一个新手可以在几个小时内学会使用它，并且不需要写太多的代码来构建复杂的服务。这些复杂的服务合并了一些高级特性，比如平行流、异常处理和异步通信。图 6-6 展示了在 Oracle JDveloper 内的 BPEL Designer。

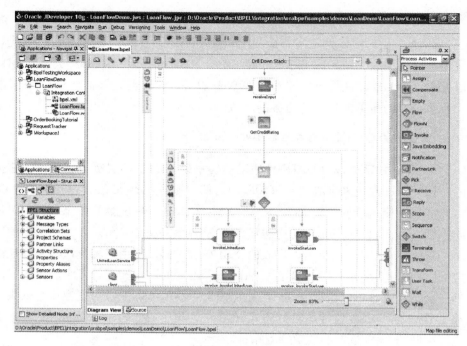

图 6-6　在 Oracle JDeveloper 中的 BPEL Designer

如图 6-6 所示，BPEL Designer 提供了用于建模和设计 BPEL 流的易用的可拖放的工具。图中，在右手边可以看到一系列业务流程活动。这些活动可以通过拖拉来设计 BPEL 流，设计者也可以在 BPEL 流内执行具体的任务。开发者可以双击这些对象并指定与这些任务关联的不同参数。因此，BPEL Designer 提供了一个简单高效的机制，能够在业务需求变化时改变业务流程流。

(2) BPEL Engine

BPEL Engine 为 BPEL 流程提供了核心部署和运行环境。它支持 BPEL 1.1 标准，标准包括 Web 服务、同步和异步通信以及可靠性。同时可以改写 BPEL 流程和配置多个版本是可能的。

图 6-7 给出了 BPEL Engine 的结构。BPEL 流程管理器能够保存 BPEL 流程到数据库的状态。这对长时间运行和涉及异步交互的业务流程是极为有用的。例如，从发出采购请求到供应商交付产品的时间可能是一天或者两天。通过持续的保存状态，BPEL 流程在等待响应的时候不再占用资源。一旦接收到响应，BPEL 服务器将从数据库恢复回流程的状态，重新开始它的执行。任何 JDBC 数据库(比如 Oracle、Microsoft SQL 服务器、IBM DB2 等)都能够用于这个目的。

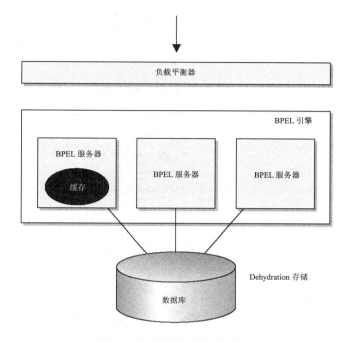

图 6-7　BPEL Engine 的结构

　　BPEL 服务器的这个无状态架构也支持在服务器集群上的 BPEL 流程部署，因此集群中的任何服务器都可以结束流中的每个组件，这为 BPEL 流程提供了负载平衡和故障恢复的性能。对于更高的性能来说，集群中的每个 BPEL 服务器都能够在本地缓存状态。

(3) WSDL Binding 和集成服务

　　WSDL Binding 框架提供了 BPEL 进程间的通信机制。具体地说，它允许 BPEL 流程访问其他的 Web 服务(比如跨伙伴站点)或者让客户以服务的形式访问 BPEL 流程。对于针对多种后台系统的 WSDL Binding，Oracle BPEL 流程管理器具有灵活的框架。它不仅支持使用 SOAP 和 Web 服务的连接，也支持使用 Apache 的 Web 服务调用框架(Web Service Invocation Framework，WSIF)的其他协议。这使得它可以通过 Java 远程方法调用(Java Remote Method Invocation，RMI)、Java 连接体系结构(Java Connectivity Architecture，JCA)、Java 通信服务(Java Messaging Services，JMS)、HTTP、E-mail 等连接到 J2EE 应用。允许 BPEL 流程与其他没有直接通过 web 服务提供的应用进行通信。

　　BPEL 流程管理器可以将 Java 代码嵌入到 BPEL 流程中。它支持使用前面描述的 XSLT、XQuery 和 SQSL 语言来对 XML 文件的请求和转换。当业务流程的某一部分涉及遗留应用的时候，这个转换和通信机制的灵活性尤其有用。

(4) BPEL Console

BPEL Console 提供了对 BPEL 流程的监控和管理框架，它拥有基于网页的界面，人们可以看到 BPEL 流程的可视化流。可视化流可以用来调试。出于安全目的，BPEL Console 也记录了流程执行和查账索引的历史。

图 6-8 显示了 BPEL Console 仪表板。它提供了所有 BPEL 流程和不同 BPEL 流程(活跃的或刚刚结束的)上的信息的列表。

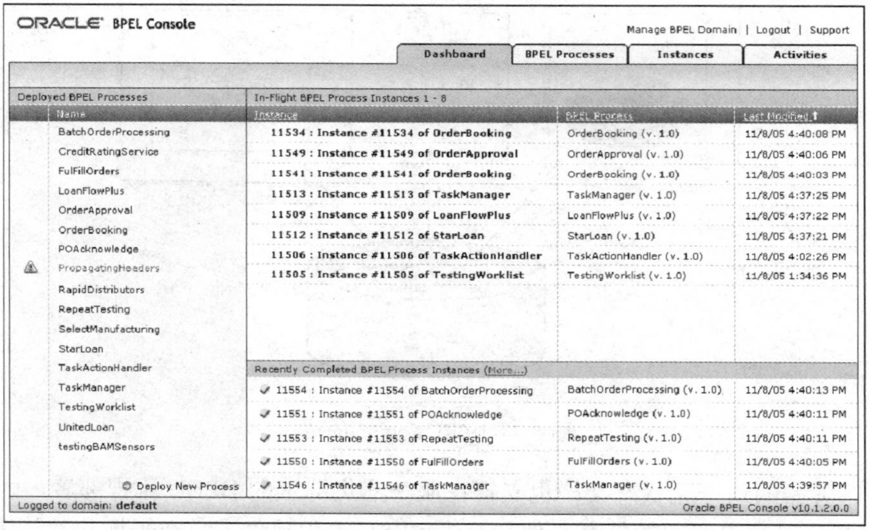

图 6-8　Oracle BPEL Console Dashboard

4. 通过 Oracle 门户提供服务访问

服务不是跟业务流程中的其他服务交互，就是与被终端用户与业务伙伴直接访问的公开数据交互。我们已经知道如何使用 BPEL 流程管理器把多个服务集成到一个业务流程中。企业门户有一个灵活的、可扩展的机制。这个机制提供了对提供业务数据服务的访问。Oracle 门户提供了一个丰富的基于浏览器的设计工具，可以使用标准协议(如 HTTP、XML 和 SOAP 提供 portlet 的服务。Oracle 门户生成的 portlet 遵从 OASIS/WSRP 和 JSR168 标准。这个标准针对跨不同门户平台的 porlet 的互操作性。终端用户可以使用简单的编辑工具来创建、浏览和发布自己特定的内容。

6.3.3　监控和优化业务流程

企业缩减成本的一个方式就是优化他们的业务流程来减少延迟或提高效率。像任何 IT 组件一样，这需要连续的监控或测量来探测业务流程中的问题。另外，BPEL 流程管理器提供了解决方案，在编排业务流程时，可以合并用来测量服务不同方面(如性能或使用统计)的探测器。用户可以定义关键绩效指标(key performance indicator，KPI)来显示他们感兴趣的内容。BPEL流程管理器包括用来捕捉、分析和处理数据的复杂结构。使用预包装的、定制的规则可以使这个结构和 KPI 相关联，当某一事件发生的时候，通知框架可以发出警报，KPI 可以在仪表板上显示出来也可在集成的企业门户上图示出来。终端用户可以在一个特定度量上通过钻取来挖掘数字的来源和任何潜在的问题。

图 6-9 展示了 Oracle BAM 仪表板，其中不同的 KPI 是以选择的图形形式表示的。左上角有所有应用的列表，包括被证明并接受的、被证明但没接受的以及被拒绝的。下一栏提供了各种进行中的应用(信贷最高额、抵押和汽车贷款)上的信息。

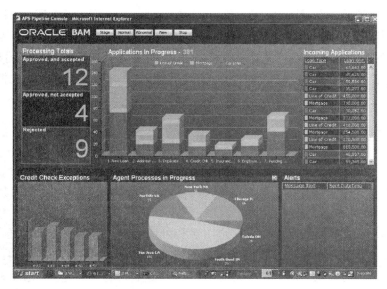

图 6-9 BAM 仪表板

6.3.4 管理服务

随着时间的推移，在部署和管理服务中出现的问题与其他企业网格组件没什么区别。第 8章和第 9 章将讨论软件供应和通用企业网格管理的不同方面。确切地说，我们将讨论 Oracle企业管理网格控制，它提供了对部署服务和集中管理框架(用来运行服务的基础设施)的机制和特点。在第 9 章中，我们也将看到 Oracle 网格控制的服务等级管理的特点。它确保服务根据可用性、响应时间和安全性提交要求的服务质量。

Oracle 应用服务器自动地安装了一个管理员界面(称为应用服务器控制)。网格控制和应用服务器控制可以作为一个集成系统一起使用，实现完整的应用服务器系统的管理。

应用服务器控制是基于 Web 的界面。它用来对整个 Oracle 应用服务器进行管理和实时性能监控——从 J2EE 到门户，从 Wireless 到业务智能(Business Intelligence)组件。使用应用服务器控制，管理员可以：

- 管理和配置应用服务器组件
- 监控服务器性能和应用服务器日志
- 创建和配置 J2EE 服务
- 部署和监控 J2EE 应用

Oracle Web 服务管理器

Oracle Web 服务管理器(Oracle Web Services Manager)是 Oracle 融合中间件的一部分。它允许 IT 管理集中地定义策略。这些策略管理 Web 服务操作(如访问策略、日志策略、负载平衡)，然后在 Web 服务中封装这些策略而不需要对这些服务做任何的修改。另外，Oracle Web 服务管理器收集监控统计来确保服务质量、正常运行时间和安全威胁，并且把这些显示在页面仪表板上。

6.4　SOA 面临的挑战

到目前为止，已经讨论了 SOA 应用网格引人注目的优点，以及企业内如何实现和执行 SOA。虽然 SOA 在产业中正获得广泛的接受，但并不是没有问题。尽管 SOA 中应用功能的松耦合极大地提高了企业应用的交互性、可重用性和可扩展性，但是主要的困难在于理解服务接口、数据的语义和管理。正在进行的标准化工作努力扫清 SOA 技术上的障碍。然而，涉及到的不同部分的语义协议仍是个难题。在这一章节中，我们将看到当建立 SOA 时遇到的技术架构上的一些障碍。

(1) 服务语义的协议

一个服务代表一个接口。服务提供者和消费者都必须始终清楚地了解这个接口。不清楚的、含糊的意思可能导致消费者使用错误的服务或者错误使用正确的服务。在软件系统中，很难说明接口的准确语义，对于服务也是如此。必须为服务的行为和服务产生(或接收)的数据做出详细的语义说明。

服务的行为通常使用不准确的人为语言描述。取而代之的是，无论什么时候需要说明接口都应该使用前提条件和后置条件。应该对服务外部可见的副作用与调用的任何服务仔细地记录。当企业结构发展的时候，服务的定义也如此。一个服务外部行为的详细文档对它生命周期内的可维护性大有帮助。

(2) 主数据管理

当企业互联，另一个挑战是对跨所有服务的数据项(比如消费者、雇员)建立严格的公共定义。当这些应用系统是独立的时候没有问题，因此不需要理解它们之外的世界。随着业务发展，集成这些系统，向 SOA 转变，需要对这一数据取得共同的了解，也需要一个单独的空间来存放这些信息的真正内容。下一章我们将仔细讨论在信息网格上的主数据管理。

(3) 服务范围

应该使用服务来提供明确的业务功能。一些服务的创建纯粹是为了内部调用或者被其他服务调用的软件重用，但大多数的服务不属于此。另外，服务增值的存在难以长期地管理。

如果拥有多个应用共享的公共服务，那么它们必须能够在应用支持的不同平台间移植。

服务通过网络互相作用，因此必须注意服务粒度不能太细。极细粒度的服务通常在网络流量和响应时间上开销太大。幸运的是，企业应用趋向包含大粒度的逻辑业务功能，因此可以重构成多个模块，并且使得这些模块作为一组可用的服务。

(4) 发展中的 Web 服务标准

前面讲到了，企业能够在很大程度上使用标准 Web 服务技术(XML、SOAP、WSDL 和 HTTP)来构建基于 SOA 的企业应用。然而，这些标准还不够完善、还有一些细节没有考虑到，例如，标准没有完全处理安全的所有方面——基于事件的通信、服务可扩展性和负载平衡、使用策略、服务管理、事务和服务级规范。在缺乏标准时产生的解决方案，尤其是来自于多个开发商的方案，不可避免地存在互操作性问题，

(5) 服务管控

与企业网格计算的其他环节一样，发展 SOA 的目的是为了共享整个企业内的 IT 服务。除了技术问题，企业还会遇到提供某些业务功能的服务的控制和监管问题。为了正确地建立共享的 IT 服务，需要构造跨企业的一致性，需要编排设计流程来推向 SOA。在管理和调整架构、指定服务定义、使用策略、服务等级和计费协议上应当多下功夫。在第 12 章，我们将讨论企业向企业网格演变可以采取的措施。很多建议也适用于设计一个 SOA 或应用网格。

简单地说，SOA 面临了很多问题，但可以通过一个系统性的架构流程来处理。建立和执行这个架构流程本身就是一个有意义的挑战。

6.5　本章小结

本章我们提出了企业应用集成的问题以及历史上解决这一问题的办法，从而引出了现代应用服务器的概念。随着企业试图把业务流程优化得更灵活和更敏捷，整体、单一的企业架构已经难以满足时代需求。相反，企业希望有一个可扩展的、可重用的应用架构，使不同的组件可

以随着时间结合和重用来满足业务流程的需要。面向服务架构的概念在这个方向上实现了一次飞跃，并在开发商和开发者社区中实现了重要的思想共享。

SOA 通过合并虚拟化原则和动态供应网格计算来支持应用网格。它把应用模块或组件虚拟化为服务，这些服务可以在应用间共享和重用来创建动态的业务流程。Web 服务和相关的标准为实现 SOA 提供了一个强大的技术基础。Oracle 提供大量的产品，方便了 SOA 中业务流程的开发和编排，其中著名的有 Jdeveloper、Application Development Framework、Enterprise Service Bus 和 BPEL Process Manager。

正如前面提及的，SOA 虽然是正确的方法，但它不易实现，必须仔细定义服务接口及其语义，而且要求服务的所有消费者严格遵循。这个问题的一个重要环节是组成业务流程的数据的完整性。对于在业务中使用的数据，拥有单一的真实来源对创建稳定的业务流程来说至关重要，数据集成后可以很容易访问到，为业务运作提供了有价值的洞察力。下一章将主要讲述信息网格的概念，它把企业网格计算的原理应用到企业信息集成中了。

6.6　参考资料

[Oracle Fusion] OTN Oracle Fusion Middleware
http://www.oracle.com/technology/products/middleware/index.html

[OASIS] Organization for the Advancement of Structured Information Standards (OASIS)
http://www.oasis-open.org

[W3C] Worldwide Web Consortium (W3C)
http://www.w3.org

第 7 章

信 息 网 格

　　信息是企业正常运作的必要条件。在业务操作过程中，与顾客、合作伙伴或雇员之间进行各种业务交互产生了大量的数据，这些数据在各种不同应用以及工具之间流动。由于各种各样的原因，现今企业中的数据分布在多个各异的数据源中，如数据库、业务应用、电子邮件和平坦型文件等等。业务智能将处理这些数据，转化为可以用来制定业务战略以及业务决策的"信息"并存储起来。日常业务操作也需要对分布在不同数据源之间的相关信息进行访问和更新。

　　有关从结构化数据中获取业务智能的问题已经被研究得很透彻了，企业可以使用业务分析、数据仓库以及 OLAP 工具来实现此目的。然而，信息的质量仍然是当前的主要问题，因为企业经常发现支撑其业务的信息是不精确的或是不一致的，并且会导致错误的决策。而且，许多企业信息以非结构化形式存在于无结构文件、电子邮件、电子表格以及遗留下来的纸质文档等格式中。来自不同信息源的信息具有不同的通用度，并支持多种互操作。以通用的标准将企业中所有的信息源整合在一起具有巨大的价值，整合以后的数据源可以提供标准的访问和分析能力，并可作为业务信息唯一权威性的正确来源。而信息网格又为信息源提供了更为先进的技术和业务智能，以协助企业在当前的业务竞争中获取胜利。

企业网格计算的概念可以应用到企业数据的管理过程中，从而实现具有多种益处的信息网格。信息网格同前面章节所介绍的基础设施层以及应用层中的网格具有紧密联系。我们将在本章讨论上述问题以及与信息网格有关的其他问题。信息集成面临着许多挑战，我们将会看到企业如何利用现有的技术，包括 Oracle 相关技术以及当前正在开发的不同标准来应对这些挑战。

接下来，我们进一步深入地讨论业务信息的不同来源以及将这些信息源互连的必要性。

7.1 信息网格的业务需求

企业网格计算的动机通常也可以应用到业务信息的集成过程中。集成化的信息可以为业务提供有效的和更具成本效益的操作。像安全性以及灵活性等策略可以以统一的方式应用到所有的数据上。本章的介绍部分曾经提到，通过挖掘分散的信息源之间潜在的关系可以获得大量的业务智能。信息网格需要动态地发现分散在不同源中的信息并将它们进行语义上的连接，为业务运作提供最新的权威信息，并对紧迫的业务问题做出回应。因此，信息网格可以促使业务增长。我们接下来将详细地讨论这些方面。

7.1.1 数据集成

信息集成对任何业务的日常运作来说都是必不可少的。我们以任何业务的中心实体即顾客为例，顾客需要同企业运作中的多个方面打交道，如顾客提交订单的订单系统，需要提供产品使用帮助的支持系统、将产品传递至顾客的运送机制等。这就导致顾客的信息需要分布在多个不同的系统中使用。当顾客访问企业时，基于顾客的查询类型，企业中为顾客服务的代理可以确定多个系统之间的联系并对其中的数据进行分析。市场计划、顾客需求调查、市场划分以及促销等一系列活动都需要将顾客信息分布在各个相异的系统中，以用于连接和分析。企业已经为这类集成指定了固定的解决方法。在这些方案中，需要复制顾客信息，因此丧失了相互之间的关系。例如，由于某顾客与企业中两个不同的系统打过交道，在企业中可能有与该顾客对应的多条记录。此时，顾客发送促销信息时，就可能由于信息冗余或不精确导致大量的成本开销。反之，通过把各种顾客数据信息源中的数据和关系整合之后，就会带来显著的益处，如降低成本，减少对顾客请求的响应时间等等。这并不仅仅只针对顾客数据，而对所有形式的业务运营数据都适用。

数据的合并和获取为业务信息的集成提出了持续的需求。原有不同的企业 IT 系统间的信息需要集成。多个应用中相似的数据实体需要在理解它们在应用中具体语义和逻辑关系的同时统一。比如，顾客原来可能需要同两个系统打交道，在进行信息合并之后，那么顾客就会只看到单一的访问接口。这两个系统可能会以两种完全不同的方式组织顾客信息，比如不同的业务流程集合、不同的应用集合以及不同的数据库集合等等。在合并之后，顾客的信息需要以一种有意义的方式集成和合并。

顾客信息只是需要集成的信息的一个例子。实际上，企业都有许多其他的运营实体，如仓库、产品、合作伙伴等，这些信息分布在多个数据源中。

7.1.2 循规一致性

信息被收集和存储在不同的业务应用、数据库和协作应用中。遵守像 SOX 等规则意味着信息需要保留一个特定的时间段，然后安全地毁掉。现有不同的信息生命周期管理方案都是为了保证遵守这些规则。

除了信息保留规则外，对一些特定的数据类型还有关于隐私保护的规则，如顾客的联系信息或同健康护理相关的信息。一些极其重要的信息在不同的企业系统中进行移动时，对它们的访问必须经过强制审查。尽管对应用本身的访问进行审查是很容易的，但将不同的系统中的审查联系起来就变得极其困难。

将这些用于信息跟踪、安全性以及生命周期管理的方案进行整合可以带来很大的益处。如果所有信息都可以通过一个单一的数据源管理和访问时，就可以对其进行统一地管理并施加与安全性管理和循规一致性等相关的策略。这同时也简化了管理，降低了成本。

7.1.3 信息有助业务实现

信息对业务的成功至关重要。业务构造了流程和应用，使业务执行者可以访问制定业务决策所需要的信息。这些信息中的大部分是以各式各样的报表和表单的形式提供的。有时报表是通过访问企业中的多个系统静态生成的，因此已经变得很陈旧。在另外一些情况下，执行者会陷入过量的数据中，缺乏有效的工具来帮助他们确定已有数据与要解决问题的相关性，或者是挖掘多个数据源之间的关系。信息网格工具通过智能地将所有系统的信息进行互连并加以呈现，可以将这些过量的信息转化为有意义的信息，从而有力地帮助了决策制定者。

信息的质量是当前企业面临的一个大问题[Infoweek-Gartner]。企业发现他们经常无法依赖作为业务操作基础条件的信息。错误的信息会给业务带来巨大的灾难。不精确或者不一致的报表会对理解业务需求和问题的能力带来负面效应，从而导致制定错误的决策。在实际情形中，有害的信息可能会导致利润丧失，带来运作上的问题，引起顾客不满，甚至还会引发法律诉讼。尽管某个企业的产品仍然有大量的库存，但由于库存系统和订单系统之间没有进行有效地协调，就会导致一个正在寻找此类产品的顾客在发现此企业的产品无法供应时，可能就会购买其他竞争者的产品。

7.2　信息集成面临的挑战

在我们继续讨论信息集成技术之前，首先理解它所面临的挑战是很重要的。信息集成所面临的最大问题是企业需要处理的信息源的数量和类型。而且，与给定问题相关的所有信息可能不一定需要通过单一的数据源进行保存或访问。

7.2.1　不同的信息源

企业将信息组织和分布在多种不同的信息源中。下面让我们看一下当前企业中可能存在的一些信息源。

1. 用户主目录

企业用户在他们的用户主目录下存放了许多有用的信息，这些目录可能存在于个人电脑上，也可能存在集中的文件服务器上。这些信息通常是非结构化的。它们可以以文本文件、表单文件、Word 文档或演示文件等形式存在。通常情况下，不会记录与这类信息相关的上下文信息。这些上下文信息一般存在于用户的大脑中，因此当用户离开企业时这些信息也就丢失了。

2. 协作工具

企业也会使用一定数目的协助工具来在雇员、合作伙伴和顾客之间共享信息，如电子邮件、文档管理系统、Web 页面等。这些信息被划分为半结构化信息。组织或管理这些信息的协作工具对信息进行了一定程度的结构化。在某些情况下，这些工具为要管理的信息提供了一些上下文信息。

3. 数据库

企业使用数据库来存储和组织信息。数据库是对信息进行组织和存储的最常见形式。数据库系统为组织、连接和访问其信息提供了多种方式。它也提供了一些原始的简单机制如引用完整性约束来指定存储信息之间的关系。这些机制尽管有效，我们也在经验中认识到这些机制并不足以管理和表达信息之间的关系。另外，还有很多其他的工具可以分析存储在数据库中的信息。企业也使用自己开发的特定应用或应用包来访问存储在数据库中的信息。

4. 应用

企业使用自己开发的应用或应用包来组织其业务信息。不同信息区关系的信息被编码在应用的业务逻辑中。应用为用户提供了一种有效的访问信息方式。有多种工具可以在这些企业应用中进行信息访问和有效地信息共享，这类工具对应用套件来说尤为常见。

7.2.2 信息碎片

在企业进行集成的过程中，要特别关注数据碎片，因为我们通常面对的并不是单一的数据源。我们将简要讨论这种现象的本质和原因。实际上，在物理层和逻辑层都存在信息碎片。

1. 物理碎片

物理碎片表示相似的数据存在多个数据源。比如，可能存在多个薪水数据库，每个数据库对应一个部门。物理碎片可能是由 silo 形式的企业架构导致的，会随时间而不断增多，最终会产生不可互相访问的信息孤岛。物理碎片产生的另外一个原因可能是由于存储信息的方式，如在文件系统或数据库中存储数据，或者是以信息产生的方式存储。例如，一些顾客可能通过电子邮件的方式提交投诉，而另外一些则是直接打电话给客户服务中心。

企业应用本身是信息碎片产生的主要原因。多数企业应用起初被设计为完整地满足特定的业务需求，并没有考虑灵活性、可扩展性或应用的重用性。基于同样的理由，数据只是被单纯地看成副产品，或这些应用的集成组件，而不具有它本身的价值。这就导致数据以最适合此特定的应用的格式组织，并不是以一致的或可重用的方式组织。最终的结果是数据以多种不同的格式存在，其中的一些是专用格式。

2. 逻辑碎片

物理碎片好比我们在本书多次提到的异构性问题，或是计算能力和信息存储孤岛。然而，另一种更具隐藏性的企业信息碎片是数据逻辑上或语义上的不一致。在两个应用中使用的同一个实体可能具有完全不同的语义或使用方法。例如，两个公司的财政年度可能是指一年中两个不同的月份间的时间。在一个应用中存储的顾客属性可能在另一个应用中没有存储。即使是像地址等简单的实体也没有以标准的方式存储。这种逻辑碎片一直是实现企业信息集成的最大障碍，解决这个问题或许是信息网格的焦点所在。

7.2.3 信息集成传统方法

在开始使用 IT 来管理业务时，企业就已经尝试了采用多种方法来实现信息集成。这些方案中的大多数都集中在减少信息的物理碎片这个问题上。当前关系型数据库已经成为长期数据存储方案中应用最广泛的机制。已有多种可行的技术用来集成分布在多个数据库中的信息。企业已经在 IT 栈的不同层上部署信息集成方案，如图 7-1 所示。接下来我们将对这些方案进行讨论。

大型的企业通常需要地理上分布的数据库来应对全球站点的性能需求。这些数据库需要共享信息，来为全球顾客提供站点的一致视图。数据库复制技术为实现信息共享提供了一种方案。在这些方案中，全球的数据库具有相同的数据集，需要同步更新。

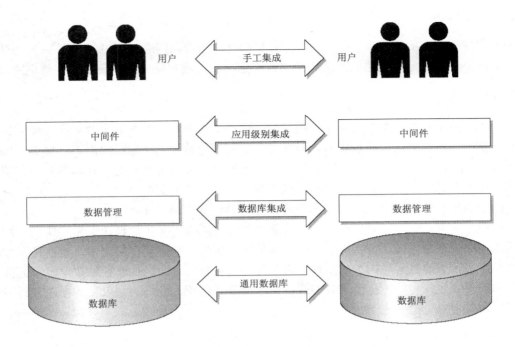

图 7-1　信息集成的方法

　　最初,企业使用数据库来处理大量的用户交互,如接收顾客订单。这些系统通常称作 OLTP,或运营系统。一个企业通常具有多个运营系统。随着时间的推移,这些运营数据很明显会为企业产生有价值的业务智能策略信息。然而,面向决策支持应用的数据库的设计和性能需要随着具体事务流程的不同而不同,即使这些流程会产生和使用相同的底层数据。这导致了面向主体的数据集市的出现,并最终成为企业数据仓库。运营数据需要被提取、转化和净化,然后装载到数据仓库中。数据仓库被认为是数据集成方案的一种形式,主要关注策略性的决策支持。

　　下面来看另一方面,像供应链、库存管理等许多后勤业务流程都开始使用 IT 解决方案来实现。这导致了业务应用数目的增加。第 6 章曾经讨论过,随着企业应用集成(Enterprise Application Integration,EAI)方案的出现,现在这些应用可以在一个或多个业务流程内进行交互或共享它们的功能。这些 EAI 技术,包括 Web Service 和 SOA,都工作在应用层,为集成应用控制流以及状态提供支持。尽管如此,每个应用模块仍然可能同它的数据具有紧密的联系,并且有关数据的任何信息都可以被编译到应用模块中。因此,这些方案最多会为被集成的特定的应用用户构造有限数量的数据集成。数据并没有与应用分离,以便可以获取额外的信息或构造新的应用。

关系数据库用来组织结构化信息的，比如数据可以使用行和列来表示。正如我们前面讨论的，有大量的企业信息并没有存储在数据库中，而是存在于用户主目录或类似于电子邮件系统之类的协作工具中。通过发掘这些信息源可能会发现潜在的有用信息。并且数据挖掘技术已经出现。企业搜索技术可以找到集中管理的主目录中的文件，有时也可能是位于网络中的用户机器上的文件。Lotus Domino、Microsoft Exchange 以及 Oracle Collaboration Suite 等协作工具都提供了挖掘电子邮件信息的相关技术。文档管理工具如 Documentum 和 Oracle Content Services 可以用来管理和共享文档。

7.2.4　还缺少什么？

前面一节的讨论都集中在集成特定类型的数据。并没有涉及到另外一种集成，比如发掘数据库信息之间的关系并将它们以一种有效的方式与电子邮件系统中的信息相联系。更先进的数据集成需要跨越所有不同的信息源进行信息集成，包括非结构化、半结构化和结构化信息源。已有的方案都没有考虑解决数据逻辑上的不一致，或者是数据的语义集成。此外，还需要可以通过多种通信接口来任意访问数据，如移动电话、Web 浏览器和电子邮件等。

另外一个关键的发展是将新的数据源整合到应用中。我们以一个跟踪顾客对有缺陷产品的投诉事件的企业为例。产品的缺陷报告可以以多种形式送至企业组织，如顾客的电子邮件、新闻报道、或顾客支持中心电话等等。在应用层，企业可以构建电子邮件分析、RSS 文件搜索或 CRM 产品缺陷跟踪模块来分析各种形式的投诉报告。这些固定的分析过程限制了企业将新的数据源添加到分析中的能力。例如，假设企业后来引进了基于即时通信的顾客服务，企业就需要实现一个新的分析应用。理想情况是，如果所有顾客来源投诉都集成为(无论是物理上还是逻辑上)一种格式，那么只需要在其上部署单一的分析应用就可以了。

信息集成的最新前沿技术是信息网格。我们将在下一节讨论什么是信息网格以及网格名称的来由。

7.3　信息网格

信息网格使得企业内的信息用户可以全面地使用信息。它为企业数据创建了一个单独的逻辑访问点，而不考虑这些数据如何分布以及如何产生的。在信息提供者看来，信息网格可以将企业内各种不同的信息孤岛互连起来，并可以挖掘不同信息源中信息间的潜在关系，从而可以以一种新颖的方式为业务服务。

正如应用网格是将应用功能从使用它的业务流程中分离出来类似，信息网格将数据同产生和使用数据的应用分离。信息网格可以以透明于终端用户的方式，消除企业的信息源中物理上以及逻辑上的不一致。换句话说，信息的使用者不必关心信息所处的位置，以及用来创建或提供信息所使用的技术。

何为网格

正如本书中一直强调的，企业网格计算的三个原则是虚拟化、动态供应和集中式管理。我们可以将这些原则应用到企业信息中，从而实现信息网格。下面我们来理解这个应用过程。

1. 信息虚拟化

虚拟化将资源与其所有者分离。信息虚拟化在数据物理存储之上又增加了一个抽象层，这是通过抽象出信息中的元数据来实现的。有多种基于信息的本质或组织来描述元数据的方式。实质上，元数据提供了数据的关键属性，换句话说，元数据给出了一种机器可以理解的数据描述方法。

在某种意义上，关系数据库提供了一种早期的信息虚拟化技术。关系数据库的先驱如网络数据库和层次数据库模型需要预先定义数据间的关系，但关系数据库通过连接和视图提供了灵活的关系表示。表的元数据描述了信息的结构和本质，这些可以用来挖掘数据之间的关系(见[Oracle Grid 2005])。集中于数据库的各种数据集成方案通过利用数据表元数据来为数据库内的数据发现和建立关系。使用 XML 来描述和交换元数据的统一标准方法的出现促进了信息虚拟化技术的发展。基于 XML 的元数据可以为企业内所有类型的信息(包括结构化、半结构化和非结构化的信息)提供单一的虚拟化机制。XML 为各种信息源中的信息统一结构和语法提供了一个标准。W3C 也在致力于制定利用 XML 来表达信息中语义关系的标准。虚拟化的一个实例就是使用服务代理将所有来自电子邮件和电话交谈的顾客投诉合并在一起。另一个例子是在两个企业合并后，将财政年度的语义统一化。

2. 信息供应

动态供应是企业网格计算的第二个特征。信息供应是让使用者都可使用所有的信息过程。实际上，信息的虚拟化使得将信息供应给使用者(如终端用户和应用)变得可能。信息供应包括以各种接口，如 Web 浏览器、移动设备、便携设备以及 BI 工具等，来访问各种格式的信息。信息供应一个非常重要的特性是：尽管数据量不断增大，信息供应应该总能找到数据中的相关信息。企业搜索、尤其是上下文相关搜索的出现就是个例子。上下文相关搜索中，搜索返回的结果依赖于用户搜索请求的语义。如："football"在美国和亚洲意味着完全不同的两种游戏。虽然信息表示本身可能并不完全属于信息网格领域，但是，以更易于理解的表示方式提供数据也很重要。例如：对搜索结果标以相应的评价。最后，信息供应要能对信息进行安全、合法地访问。

3. 集中式信息管理

网格的第三个特征是集中管理。信息的集中管理需要集中管理所有可用的信息源。集中式信息管理将所有的虚拟化的信息资源汇集在一起，从一个中心位置发布信息源。这样，大大简化了信息供应。目前有很多种技术可以实现集中式信息管理。联邦式数据库从一个中心位置访问所有结构化的数据库中的数据。UDDI 就是为解决 Web 服务的发布和发现问题而制订的新一代基于 Internet 的电子商务技术标准。XML Metadata Repository 可以组织各种信息源的 XML 元数据，因此，提供一个访问这些信息源的逻辑点。URI 提供一种通用的方式来引用数据实体。分布式域名服务(Domain Name Service，DNS)使用一种单一机制访问各种 URI。

当今企业信息管理的一个难题是如何把散落在企业各个角落的信息孤岛整合起来，从而只存在单一的信息源，集中式信息管理可以创建单一的信息源。理论上看来，单一化信息源非常有用，但是实际操作起来很难。将各种信息源整合起来，或是将各种信息源移动到一个集中化的用户数据管理中心，可以有效减少物理信息碎片，进而使得企业可以拥有近似单一的信息源。

集中式信息管理也可以创建单一的版本。同一种信息，对于不同的用户可能会产生不同的语义。只有企业的不同部门对信息的理解一致时，才可以挖掘信息间的动态关系。对"关于信息的信息"的集中管理是减少企业间逻辑或语义碎片的核心。

因此，我们可以看到信息网格在获得巨大利益的同时也引入了企业信息集成和管理的问题。与基础设施网格一样，信息网格的冗余较少，因此可以获得更高的数据质量，提高了信息的可用性，并降低了管理成本。

信息网格的发展方向是融合并降低企业中不同信息源的数量以及信息集成方案的数量。其目标是完全互连和统一企业间所有的信息源，提供获取相关信息的单一路径，并提供企业间单一的版本。下面将介绍当前用来建立这种信息网格的技术。

7.4　向信息网格演化

企业在着手统一互连企业间所有信息源以实现信息网格工程之前，必须先要对某种特定类型的信息源进行完全互连和集成。接下来就可以利用正在发展的新技术跨多种信息源类型进行集成。当前，多数技术还都处于早期，它们利用相对稳定或外部提供的关系来在异构数据源间进行信息集成。

7.4.1　统一相似的信息源

有多种方案可以虚拟化并互连特定类型的信息源(如关系数据库、文档管理系统等)间的信息。在开始跨这些类型进行连接性扩展之前，我们需要在这些各自的领域之内进行全面地动态互连。下面我们将讨论针对各种特定领域的技术。需要注意的是，我们在"信息集成的传统技术"一节已经讨论过其中的一部分技术，此处，我们将对它们进行更深入的讨论。这些技术在信息网格中仍然具有重要的意义，这个事实也强调了构建信息网格是一个渐进的或者是演化的过程，而不是一个新的与原有技术存在断层的模式。

1. 数据库内信息互连

在多个数据库间进行信息互连和集成的最佳方法是对数据库进行整合，以次减少数据库的总数量。对数据库进行整合将会极大地简化信息供应和信息集成。而且，如我们在存储器网格和服务器网格(第 4 章和第 5 章)部分所述，整合数据库也可以显著地优化底层硬件资源的使用率。

各种各样的原因导致了无法将所有的信息整合到一个数据库中，比如由于光速的限制、地理上分散的站点需要以较快的速度获得所需信息是不可能的、国际规则或准则可能会强制要求一些信息只能存储在特定的国家中、不同的套装应用也可能会促使企业使用特定的加以修正的数据库，如此等等。

早在数年前，数据库开发商和其他的数据集成开发商开始提供相关技术，用于挖掘分布在多个数据库中的信息之间的逻辑联系。这些技术在利用信息源间预先建立的或事先定义的联系同时，也有助于在数据库之间进行信息的共享和集成。

开发商也开始对集成数据库之外的结构化数据提供支持。现在数据库开发商已经开始供应在 XML 数据源之间进行信息集成的技术。

下面将介绍其中的部分技术。

(1) 联合数据库技术

许多数据库开发商在几年前就提出了联合数据库技术。这类技术为分布在多个数据库中的信息提供了单一的逻辑视图。在这种技术支持下，用户就如同在访问单个数据库中的信息。多个数据源好似被集成为一个单一的虚拟数据库。分布式 SQL 等底层技术用于实现对多个数据库进行访问，最终将信息提供给用户。

不同开发商的市场部也为这些联合技术使用了"按需访问信息"这个术语。按需访问信息或信息的联合使信息保留在原始位置，并可进行正常的维护和更新。一些开发商将这种联合数据访问方案称作企业信息集成(Enterprise Information Integration，EII)。

(2) 信息共享技术

当企业需要更为频繁地共享数据时，就会产生新的需求，比如，企业需要为所有地理上分布的站点提供最新的信息，无法达到适当的性能需求，并且始终在数据源访问信息也不是一种经济的方案。在这些情况下，企业需要使用各种信息共享技术来分批地或递增地共享信息。

传统上，使用不同的信息集成方案来解决各个领域的不同问题。从一个运行中的数据库中获取一个数据仓库有多种 ETL(Extract，Transform and Load)技术，同时维护和管理地理上分布的数据库也有多种复制技术。另外，也有多种技术可以从数据库中加载或卸载数据，从而实现不同的目的，如在生产信息数据库中建立一个测试和开发环境。

(3) 支持面向对象、半结构化以及非结构化数据

数据库技术在企业中已经有二十多年的应用历史。我们需要认识到并不是所有的企业数据都可以组织为关系型的形式，即数据作为数据表中的行存在，具有由字符、数字或日期等固定数据类型决定的固定的属性列，数据库开发商已经将数据库进行扩展以支持非关系型数据，如面向对象的数据、XML 数据以及非结构化数据等等。数据库查询和数据操作技术经过扩展已经能够支持这些数据。这些数据允许企业可以在数据库内存储和组织大多数的企业数据。

XML 数据库或信息数据源正逐渐被用于组织 XML 数据。数据库开发商也开始将不同程度的 XML 技术集成到数据库中。同传统的关系型和对象关系型数据一起，数据库开发商也提供了组织 XML 数据的能力。XQuery 在可以查询关系型数据的同时，也提供了查询 XML 数据的能力。

2. 在企业应用层连接数据

在上一章中，我们看到了应用网格是如何统一和集成各种企业应用的。Web 服务和 SOA 提供了实施应用网格的机制，这种机制使用表现为服务的应用模块来实现编排业务流程。

SOA 也提供了在多个应用模块间共享信息的统一方法。Web 服务技术为多个应用模块间的通信提供了标准化的接口，这些模块对外表现为服务。这些服务之间的通信通常包括通过远程过程调用的方式来共享一个小数据集，远程过程调用可以同步或异步执行。

主数据管理

尽管在业务进程逻辑执行过程中通过远程进程调用传递的数据集是较小的，也存在大量为此操作服务的普通企业信息。顾客、产品和供应商等信息是企业运作的关键信息。这类信息的工业界标准术语是主数据。主数据可以定义为为业务实体维持一个企业范围的"记录系统"所需要的核心信息，定义主数据的目的是为了刻画基本的业务操作。主数据分布在多个业务单位和业务功能中。

随着企业的演化，不同的业务单位和不同的业务应用都分别管理主数据记录。这导致了物理信息碎片和逻辑信息碎片的产生。主数据之间的不一致性会消耗巨大的成本。这会降低运作效率，并带来较高的顾客不满意率。在现今大多数关键问题中，不一致性会导致对已有的规则违反，如 Sarbanes-Oxley 法案，给企业带来巨大的麻烦。尽管主数据是重要的，但不幸的是，多个企业系统中的主数据是不一致的。向主数据管理演化的目的是通过提供这些关键主数据的真值版本来降低不一致性。这种演化需要将技术和流程相结合。根据 IDC(互联网数据中心)的统计，为依赖于主数据的企业提供实时一致性所带来的加工成本与软件成本之间的比率会超过5∶1。

许多开发商在致力于开发构建主数据管理方案的方法与技术。主数据管理系统的集成包括针对数据评估和业务流程分析在多个业务单位之间进行协调，从而提出一致的数据结构和同业务相匹配的规则。需要选择单一的数据结构来满足多个不同业务单位的信息需求。而与业务相

匹配的规则用于确保数据的完整性。

主数据管理的下一步是利用这种常见的数据结构来提供单一的真值版本。这通常是通过维持一个满足不同业务功能需求的单一数据源或是将不同业务功能的各种信息源整理到一个单独的信息库中来实现的。我们将在本章的后一部分把 Oracle 的 Oracle 数据集线器(Oracle Data Hub)技术作为一种主数据管理方案来讨论。

接下来我们将讨论信息网格应用于不同类型数据源的相关技术。

7.4.2　跨数据库和应用的信息集成

在企业中，一些信息可能保存在数据库中，另外一些也可能使用各种应用来进行控制和访问。跨越这些不同的信息源构建信息网格方案需要了解谁拥有信息的元数据，以及元数据所表示的数据的语义信息。在一些特定的情况下，应用拥有信息的所有权，并提供了信息访问的大部分逻辑方法。然而，也存在另外一些特定的情况，即元数据以数据库的形式被保存。在本节中，我们将会讨论几种用于辅助跨层进行信息访问的技术和方法。这些技术可以在数据库层实现，也可以在中间件层实现。

1. 跨数据库和应用集成的技术

认识到信息共享需要跨越多个数据源而不是数据库后，数据库开发商提供了使用消息队列技术、Web 服务和 XML 数据源实现的集成方案。这些方案中，数据库通常是元数据或被集成信息的结构化表示的逻辑上的所有者。因此，使用者可以通过数据库来访问集成信息。

消息队列技术将数据库的结构化表示、查询、持久性存储和事务处理等能力扩展为消息队列操作。通过消息队列操作来整合数据库和应用。数据库开发商要么提供数据库消息队列技术，要么提供在不同程度的与第三方消息队列技术的集成。Oracle 流技术(Oracle 流技术，稍后讨论)就是一个 Oracle Database 中的消息队列的例子。

XML 和 Web 服务技术也被整合到了数据库里。这些技术使得数据库不仅可以包含结构化数据的元数据，而且也可以包含半结构化的 XML 数据的元数据。这样，数据库可以像其他应用或者 Web 服务一样，成为 XML 数据源的提供者。因此，数据库可以跨数据库和应用进行信息整合。我们稍后将讨论 Oracle 数据库的 XML 处理能力。

2. 跨数据库和应用集成的中间件技术

一般而言，当整合需要面对较大的数据集时，从性能方面来讲，数据库是最好的机制。然而，当整合包括业务逻辑时——比如处于业务事务层的数据——中间件能提供更好的整合点。

连接业务逻辑与数据库中的信息是中间件与生俱来的特性，所以中间件也为整合多个应用和数据库之间的信息提供了潜在的整合点。从这个角度讲，中间件逻辑上拥有使得这些信息互连成为可能的元数据或者智能。第 6 章中所讨论的技术可用来实现这种功能。问题的关键是需要研究一种可以随着业务需求的改变增加更多信息源的信息整合方案。常见的用来描述数据生产、数据消费以及它们之间关系的元数据模型可以实现此目标。XML 提供了一个框架来定义这类元数据。

基于 XML 的元数据库

基于 XML 的元数据库为数据库和应用间的整合提供了基础。元数据库包含数据源系统中数据及其访问机制的所有相关信息。这些信息是统一多个源系统信息的关键。常见的数据库和中间件提供的 XML 技术，如 XQuery、XSLT 转换技术等，可以实现在多数据源之间进行整合、查询和更新。将来，这些元数据也可以为信息语义整合奠定基础。

7.4.3　企业搜索

企业数据集成带来的一个好处是用户可以方便地检索信息。企业搜索在信息网格的信息查找中扮演着重要角色。企业搜索需要处理以下一些问题。

首先，越来越多的信息需要整合，搜索要处理越来越大的信息量，一些开发商开始为企业数据提供有效的搜索技术，包括 Oracle、Microsoft、IBM、Google 等。

与我们所讨论过的连接和挖掘同类数据源(例如在一组数据库集中或一组应用中)之间关系的技术不同，企业搜索需要跨越多种类型的信息。企业搜索必须处理各种信息源之间不同形式的数据，如数据库中的结构化数据、半结构化数据(如 E-mail 信息等)和非结构化数据，如字处理文档、电子数据表等。搜索结果的质量与数据的组织形式同样重要。一个公司可能有大量满足用户需求的产品，但如果用户在网站上找不到他想要的，用户只能去竞争者的网站上寻找。

企业搜索的另一个关键要求是确保企业关键信息的安全性。授权用户必须能够在相关信息中进行有效搜索，并能防止未授权信息的访问。

7.4.4　语义信息整合

只有当与信息有关的物理上、逻辑上或语义上的分歧消除之后，信息网格的强大功能才能实现。从这个角度讲，跨各类信息源的动态语义搜索将成为可能。跨结构化数据和非结构化数据的企业搜索只是实现这种类型整合的一个开始。业界正在研究能够开发跨多种信息源的真正动态语义关系的技术。

现在，真正意义上的信息网格的实现仍然存在困难。关键在于信息语义没有明确的管理。语义调和是重新解决信息定义的过程，以提供企业所有用户和应用所需的一致性和连续性的数据定义(出自[Oracle Grid 2005])。作为一个例子，基于不同的上下文，"白天"可能有许多不同的意思，例如 12 月 31 日的午夜也可以根据上下文——在纽约时代广场或者在当地的典礼上——重新定义为一个不同的时间。

为了有效地利用企业的语义技术，W3C 内部已开始了语义 Web 的相关工作。正如 W3C 所定义的那样，"语义 Web 为允许跨应用、企业和社团进行数据共享和再使用提供公共的框架"

(出自[Semantic Web])。实现语义 Web 的关键挑战是缺乏以机器可读形式描述的语义标准和技术。所以，W3C 致力于建立和推广基于 XML 的标准来表示 RDF(资源描述框架)和信息源之间的关系。

我们相信企业内信息网格的将来依赖于发展中的语义 Web 技术，比如 RDF、OWL 和 DCMI。在这些技术和支持这些技术的鲁棒性工具处于发展的同时，企业可以利用现有的技术采取较为稳妥的方法来刻画和管理语义。

7.5 Oracle 实现信息网格

Oracle 10g 提供了建立企业内部信息网格的技术，比如跨数据库和应用整合信息的 Oracle Database、主数据管理技术、Oracle Data Hub 等。Oracle Search 和 Oracle Collaboration Suite 使得在跨种类的信息间进行信息整合成为可能。接下来的部分我们将详细地讨论这些产品。

7.5.1 数据集成

Oracle Database 提供多种数据集成技术用于跨越多个数据库整合信息。另外，它还包括跨文件系统、Web 服务和企业应用中结构化信息和非结构化信息间的整合数据技术。信息可以根据企业的需求进行共享、根据常规调度增加，或者分批移动。

1. 数据库信息共享

企业需要在多个用户和业务流程之间共享数据库存储信息。在这一部分中，我们会了解到允许一个或者多个 Oracle 数据库内的消息共享的 Oracle Database 的各种特征。虽然这些特征可以有效地保障共享数据和挖掘内部关系，应用开发商必须通过信息自动或者人工跟踪的方式来维护和提供信息虚拟化的元数据层。

(1) Oracle 流

Oracle 流简化并促进了数据库和应用间的信息共享。Oracle 流可以根据各种信息用户之间的联系特点进行转换、分解和解决冲突。Oracle 流可以满足消息队列、数据复制和混合配置等多种需求。Oracle 流包括三个主要的处理过程，如图 7-2 所示。

- **获取** Oracle 能够自动地获取改变，如 DML 和 DDL 事件——因为它们都在数据库内产生。而且，应用可以明确地产生事件并把它们放在 Oracle 流的准备区域中。
- **传播** 传播起到了一个安全传播数据的作用，同时还进行跟踪和处理获取数据。传播的事件可以位于不同的数据库中，可以采用网络路由方式传播。
- **应用** 传播的事件可以自动地应用到数据库中或者显式从传播的队列中出列。必要时还可以进行数据转换或者解决冲突。

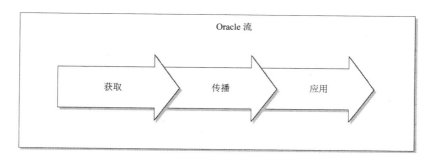

图 7-2 Oracle 流

(2) 传输表空间

不同应用可以共享同一个表空间。传输表空间有一套机制可以定位数据库中的信息并将信息移动到另一个不同的数据库中处理。表空间可以 unplug、复制或者从一个数据库移动到另外一个数据库中,即使数据库在不同的平台上也可以实现。unplgu 和 plug 操作都非常快捷,即使表空间非常大也没有影响。在服务器网格环境里大量信息从一个系统传输到另一个系统时,这种基于可用资源信息的共享是很有用的。

(3) 数据泵

Oracle 的数据泵(Data Pump)让用户享有一个数据单元,这个单元是由 SQL 语句定义的,同时在 Oracle 数据库内可以进行高速并行地批量数据移动和元数据移动。它比表空间具有更细的粒度和更高的灵活性。例如,用户可以移动或者复制表空间或者数据库的一个子集,指定要转移的对象、重新定义计划、数据文件和表空间。数据泵和 Oracle 流一起可以管理和维持数据源之间的各种关系。数据泵提供了第二个数据源的初始化实例,Oracle 流则提供了持续的更新。

2. 按需信息访问

Oracle 的联合数据库解决方案提供了访问 Oracle 和非 Oracle 的数据、结构化的和非结构化的数据的能力,同时隐藏了应用中数据的实际物理位置。这样,企业可以开发跨多数据源的数据间关系,同时也保证了数据依然在初始位置上。

(1) 分布式 SQL

Oracle Distributed SQL 提供了一套机制用来访问物理上可能分布在多个数据库中的信息。使用分布式 SQL,使得多个数据库看起来像一个数据库进而可以简化定位在不同数据库中的信息访问。分布式 SQL 还可以访问非 Oracle 数据库中的数据。Oracle 使用数据库连接技术保证数据库用户可以访问远端数据库中的对象。本地用户可以访问到远程数据库的连接而不必直接连接到远程数据库。分布式 SQL 保证定位在不同数据库上的数据库查询最优化地执行。它还保证了跨多个数据库事务的一致性。

(2) 异构数据访问

Oracle Database 也提供了许多和非 Oracle 数据源之间连通的解决办法,包括非 Oracle 数据库和非 Oracle 消息队列系统。

- **一般连通性**是一个数据库特征用来使用 ODBC 或者 OLEDB 驱动显式访问任何 ODBC 或者 OLEDB 适应的非 Oracle 系统。
- **Oracle 透明网关**是一个已经认可的、优化的解决办法,可以连接非 Oracle 系统,包括 Sybase、DB2、Informix、Microsoft SQL、Ingres 和 Teradata 等的互联。
- **Oracle 消息网关**整合了 Oracle 数据库应用和其他的消息队列系统,如 WebSphere MQ(先前被称为 MQ 系列)和 Tibco。

(3) 外部文件

Oracle 提供了多种方式访问基于数据结构的外部文件中的数据。XQuery 可以访问 XML 文件中的数据,同时,映射到行和列的数据还可以使用 SQL 访问。Oracle 的过滤器支持超过 100 种的文件类型,将这些文件转化为 XML。所有查询、连接等操作可以通过 SQL 语言对外部数据进行访问。对外部数据只能以只读的方式访问,不能进行更新操作。

(4) 作为 SQL 数据源的 Web 服务

对 Web 服务的用户而言 Oracle 数据库是一个数据源。Web 服务用户,可以使用 Java 族、PL/SQL 过程和数据库触发调用外部 Web 服务。并且,Oracle 可以使一个 Web 服务看起来就像一个 SQL 行数据源。可以在 Web 服务数据源上进行添加和查询操作。Oracle 数据库 10g 也可以提供 Web 服务。数据库的选择、插入和删除操作都可以通过 Web 服务来完成。

(5) Oracle Warehouse Builder

Oracle Warehouse Builder 除了提供传统的 ETL 过程产生数据仓库外,还可以进行元数据的管理。它通过统计分析来自动推断数据属性。它可以定义规则来维护数据质量,可以利用模糊匹配克服数据不一致性问题。而且,通过调度数据 pull(拉)与事务执行时数据 push(推)的使用,Oracle 数据库的建立者还可以利用 Oracle 流来管理一致性的实时信息。

7.5.2 XML DB 和 XML DB 库

Oracle 数据库采用 Oracle XML DB 语言支持 XML 内容。Oracle XML DB 中 XML 和 SQL 技术的合并在巩固企业内容方面前进了一大步,同时为企业内容的访问和操作展现出了 SQL 的强大能力和 XML 的灵活性和可扩展性。通过使 Oracle 数据库扮演一个 XML 元数据库的功能,这些技术逐渐成为了产生企业内真正信息网格的动力。

1. XML 模式数据模型和 XML 索引

Oracle 采用优化的存储格式可以将 XML 文件存储在 Oracle 数据库中的 XML 类型中。这使得 XML 内容能够像其他任何 SQL 一样使用桌面定义和视窗定义等即可进行存储和操作。Oracle XML DB 也支持 W3C XML 计划标准来描述有关 XML 文档内容的内容和规则。

Oracle XML DB 可以在 XML 内容上产生多种类型的索引包括 B-Tree 索引、基于功能的索引、文本索引等。文本索引可以产生 XML 文档的 XML 和纯文本索引。这些索引帮助优化访问存储在 Oracle 数据库中的 XML 内容。

2. XPath 和 XQuery 语言支持

Oracle 数据库可以存储和管理 XML 数据。XPath 是确认 XML 内容节点的 W3C 标准。XQuery 是查询 XML 内容的 W3C 标准。Oracle 支持 XPath 和 XQuery 标准。XQuery 有一套标准机制来对 XML 数据进行访问、搜索和操作。使用 XPath 和 XQuery 表达式的 XML 操作因为重视可用的索引进而优化了这些操作。

3. 高级 SQL-XML 的互操作性

Oracle 将 XML 数据和相关的技术进行了合并。XQuery 可以用来访问 XML 数据和与之相关的数据，SQL 可以用来查询 XML 数据。可以通过 XML 类型视窗来执行非 XML 内容上的 XML 操作。使用 XPath 和 XQuery 表达式将 XML 文档中的节点映射到相关试图的栏中，也可以进行 XML 内容上的相关操作。这形成了 Oracle 数据库中存储的其他对象数据和 XML 之间的独特整合。

4. XML DB 库

许多 XML 应用，特别是那些使用 XML 描述和管理内容的应用，一般都需要用文件夹层次组织 XML 文档。Oracle XML DB 库扩张了与 XML 相关的基本功能，它有一个文件夹层次可以用来组织存储在数据库内的 XML 内容。Oracle XML DB 采用 WebDAV 标准提供版本和访问控制。存储在 Oracle XML DB 库中的内容可以使用 SQL、PL/SQL、XML DB 协议，如采用 HTTP、HTTPS、WebDAV 和 FTP 进行访问。

5. XML 元数据库

XML 元数据库是通过结合 XML DB 和 Oracle 数据库的联合能力而实现的。企业可以使用 XML 和 SQL 的组合功能来描述企业信息的元数据。使用 Oracle 数据库的联合技术来按要求访问相应的数据存储中的信息，同时利用 XML 和 SQL 工具的强大功能作为前后端来获得信息。

7.5.3 采用 Oracle Data Hub 的主数据管理

Oracle Data Hub 是一种信息网格技术，为来自于企业间大量不同系统的数据产生一个统一、完整的信息。

Oracle Data Hub 帮助我们对企业数据(不管是来自于套装、遗留还是定制应用)有准确、一致、完全的认识。因此它极大地改善了数据质量。因为 Oracle Data Hub 基于开放的标准，您可以很容易地将它与第三方软件集成，也可以和 Oracle E-Business 组的任何模块集成。

Oracle 提供了以下的 Data Hub：

■ Oracle Customer Data Hub 集中、更新和清除所有数据，将数据与应用进行同步，提供一个 360 度全方位的客户视图。既便不运行任何其他的 Oracle 应用软件，仅仅使用 Oracle Customer Data Hub，您都可以从中受益。

■ Oracle Product Information Management Data Hub 帮助企业针对完全不同的系统和贸易伙伴集中、管理和同步所有的产品信息。

■ Oracle Financial Consolidation Hub 让管理者通过集成和自动化数据同步、货币转换、帐项抵销、采集和处理等来控制金融整合流程。

7.5.4 企业协作技术

Oracle Collaboration Suite 提供了大量的内容管理和信息共享技术来集中和提供多种半结构化的和非结构化的信息。虽然 Oracle Collaboration Suite 提供了强大的功能，我们这里的讨论主要集中在共享非结构化和半结构化内容上。

Oracle Collaboration Suite 的内容服务具有内容管理能力，可以管理和共享企业间的非结构化数据。Oracle Collaboration Suite 使用单一的中心库，即一个 Oracle 数据库来管理所有的内容。个人用户可以通过浏览器或者 Windows 桌面访问这些内容，就像访问本地内容一样。使用单一的中心库，这些内容服务也可以有效共享各种用户间的内容，通过使用文件夹与对象/文档级别的安全性、版本和群以及基于角色的访问控制。协作组还提供包括工作台在内的各种工作能力来进行用户间的高效文档共享。

Oracle Collaboration Suite 不仅提供用户操作接口，还提供了丰富的可直接使用的 Web 服务，这样在 SOA 环境中就可以把内容管理能力整合到业务流程和企业应用中去。这些 Web 服务可以使用如 Oracle E-Business 这样的企业应用软件从 Oracle Collaboration Suite 中共享非结构化的内容/文档。Oracle Collaboration Suite 10g 提供了带各种 Oracle E-Business 组模块的内嵌集成，例如 Oracle Document Management、带 Oracle Internals Controls Manager 的 Compliance Management 和 Oracle iLearning-Virtual Classroom Training。

7.5.5 Secure Enterprise Search

Oracle Secure Enterprise Search——Oracle 的一个卓越产品，提供跨多数据源的安全搜索方

法，例如协作应用、Oracle 数据库、IMAP 邮件服务器、Web 页面、portal、磁盘文件等。它支持超过 150 种的文档格式包括微软 Office Suite 95/97/2000、电子表格文档、如 Microsoft Excel、Lotus1-2-3、还有字处理文件、例如微软 Word 和 Corel WordPerfect。

Oracle Secure Enterprise Search 还提供安全搜索跨企业数据源的解决办法。只有授权的企业用户可以搜索访问数据源。安全企业搜索可以利用集中授权机制，如采用 Oracle Internet Directory LDAP 来识别和授权企业用户。也可以利用各数据源提供的 ACL(访问控制列表)以保证授权的访问。

Oracle Secure Enterprise Search 允许搜索在安全企业搜索库与其他有自己的索引和库的不同种类的数据源之间进行。这些能力实现了集中搜索。像数据库这样的数据源可以保留其纯文本索引，也可以自己进行搜索。Oracle Secure Enterprise Search 可以接受各种搜索形式，从终端用户、代理到其他的数据源，包括 Oracle Files、Mail 和 Google。然后显示从所有数据源得到的搜索结果列表。

正如您所看到的，阐述信息网格的不同方面的技术非常多，而不是一个统一的阐述整个问题的技术。可见，无论是概念上还是技术发展状态上信息网格领域还都处于发展的初期。然而，我们希望这里的讨论带给您信息整合非常有益的直观感觉和信息网格时代即将到来的提示。在下一部分我们将讨论在信息整合领域的标准化成就。

7.6 信息网格标准活动

正如我们前面讨论过的，当今信息整合最困难的问题之一是语义信息整合。幸运的是，许多标准化工作正在进行中，以使得语义多样性容易处理。

1. W3C 语义网格活动

W3C 正致力于研究的标准化技术使语义网格变得清晰起来，其目标是要互连整个的信息资源，比如个人信息、企业信息和全球的商业、科学和文化数据。语义 Web 的核心技术是资源描述框架(Resource Description Framework，RDF)和 Web 本体语言(Web Ontology Language，OWL)技术。其他的技术分布在 RDF 和 OWL 上面。建立在它们上的是标准化查询语言——SPARQL——以进行 RDF 数据的分散搜集。这些语言都是建立在 XML 和 Web 服务技术之上，例如 URI、XML 和 XML 命名空间。

(1) RDF

RDF 的目的之一是要提供元数据结构以更好地组织 Web 信息。这非常类似图书馆中的书按照主题、作者、题目和日期等进行索引；或者一段视频按照导演、题目、演员表等进行索引。RDF 针对 Web 资源和使用它们的系统提供结构来描述和交换元数据。目的是为了保证信息处理的自动化与可升级性并且允许过程可以在产生它的特殊环境之外进行。

RDF 以最低的限制和灵活的方式来表示信息。RDF 的设计希望使用正式的语义提供简单的数据模型,需要一定的基础来理解 RDF 表达式的意义。它采用了扩展的基于 URI 的词典——该词典使用基于 XML 的语法和 XML 计划数据类型。其目标是任何人能对描述资源。

(2) OWL

当应用需要处理信息内容而非仅仅代表信息时就要使用 OWL。OWL 应设计成能清楚表示词表中术语的意义和术语间的关系。这些术语和它们间的关系称为本体(ontology)。OWL 提供额外的一些正式语义的词表,比基于 XML、RDF 和 RDF 框架(RDF-S)的 Web 内容的机器翻译容易、快捷得多。

OWL 有三个非常有表现力的子语言:OWL Lite、OWL DL 和 OWL Full。使用 OWL 进行本体开发的人员应该根据需要进行选择。每个 OWL(Lite、DL、Full)文档都是 RDF 文档,每个 RDF 文档又都是 OWL Full 文档。OWL Full 可以看作是 RDF 的扩展,同时 OWL Lite 和 OWL DL 可以看着是严格意义上的 RDF 的扩展。

2. 全球网格论坛数据管理活动

全球网格论坛有一部分专门关注网格的数据管理。在这个领域有大量的工作组人员。信息网格的两个相关的工作组为(a)数据访问和集成服务组(b)信息分发组。

(1) 数据访问和集成服务组(DAIS)

这个组的目的是促进网格数据服务标准的发展,以提供一个一致性访问现有的自治管理数据的方式。目的是简化应用软件的开发。该组织试图发布一些标准文档,以描述使用 Web 服务进行数据访问和集成。当前拥有两类规范,一种是针对相关数据,另一种是针对 XML 数据的。

(2) 信息分发组(Info-D)

信息分发组的目的是研究支持异步数据和事件分发、数据复制和第三方数据传递的标准模型。他们会定义详细的操作,这些操作用来支持数据和事件分发等。

7.7 本章小结

信息是当今企业功能的核心。正如应用网格将应用逻辑与业务流程分离一样,信息网格是创建企业级的、单一信息源的、独立于个别应用的一个范例。信息网格的目标是减少物理和逻辑上的信息碎片以获得企业信息单一的一致性的视图。企业可以通过在所有的企业数据资源上应用企业网格计算的原则——虚拟化、供应和集中式管理,来实现完全的信息集成。本章中,我们阐述了许多 Oracle 的技术和有效的解决办法,可以使用这些技术和办法来构建信息网格。

在下面几章中我们将讨论企业网格中各种操作所涉及方面，即所说的软件部署、网格管理、安全性以及业务连续性等。我们还将讨论企业网格计算在企业 IT 范围内如何简化和改进这些操作性问题的，同时还将探讨这些领域中存在的一些问题。

7.8 参考资料

[Info-Grid-XML] Banerjee, Sandeepan. The Information Grid-XML and databases moving toward convergence. XML Journal. June 2005. http://xml.sys-con.com/read/105019.htm

[Oracle Grid 2005] Nash, Miranda. Grid Computing with Oracle (an Oracle White Paper). March 2005. http://www.oracle.com/technology/tech/grid/pdf/gridtechwhitepaper_0305.pdf

[Oracle-Info-Grid] Banerjee, Sandeepan, et al. The Information Grid (an Oracle White Paper). September 2005. http://download.oracle.com/oowsf2005/009wp.pdf

[Oracle-Info-Int] Pratt Maria, et al. Oracle Database 10g: Information Integration (an Oracle White Paper). May 2005. http://www.oracle.com/technology/products/dataint/pdf/bwp_info_int_10gr2.pdf

[Semantic Web] W3C Semantic Web Activity, 2005. http://www.w3.org/2001/sw

[XML – RDF] Bray, T. What Is RDF? O'Reilly XML.com, 2005. http://www.xml.com/pub/a/2001/01/24/rdf.html

[RDF - Concepts] W3C RDF Concepts, 2005. http://www.w3.org/TR/rdf-concepts

[OWL] W3C OWL Features, 2005.
http://www.w3.org/TR/owl-features

[XML Metadata Repository] Gantz, Stephan. XML Transformation and
Metadata Repositories Enable Information Integration. XML 2004
Proceedings. November 2004.
http://www.idealliance.org/proceedings/xml04/papers/58/Gantz_2004.html

[Infoweek-Gartner] Gartner: Poor data quality dooms many IT projects.
May 2004.
http://www.informationweek.com/story/showArticle.jhtml?articleID=
20301106

[MDM IDC] Morris, H., et al. Market Analysis. Worldwide Master Data
Management Software and Services 2005-2009 Forecast. October 2005.

[Data Hubs] Oracle Data Hubs web page
http://www.oracle.com/data_hub/index.html

[OWB] Oracle Business Intelligence Warehouse Builder web page
http://www.oracle.com/technology/products/warehouse/index.html

[Oracle Secure Enterprise Search] One Search Across Your Enterprise
Repositories: Comprehensive, Secure, And Easy To Use, Business White
Paper, March 2006.
http://www.oracle.com/technology/products/oses/pdf/OSES_10g_BWP_
March2006.pdf

[GGF-DAIS] GGF Data Access and Integration Services working group
http://www.gridforum.org/6_DATA/dais.htm

第 8 章

软 件 供 应

　　服务器和存储设施形成了企业计算基础设施的骨干，此时，软件则可以看作是企业计算基础设施的大脑。软件控制着运行在服务器上的一切，并且产生和记录企业中的所有数据。软件部署对任何企业 IT 管理员而言都是最复杂最耗时的工作之一。在这一章中，我们将探究企业软件管理复杂性背后潜在的原因，并会讨论企业网格计算模型将如何简化这个流程。我们将看到 Oracle 网格控制的软件供应特色是如何简化 Oracle 环境中软件部署流程的。

8.1　企业软件的需要

　　当前，软件在任何的业务运作中都扮演着极其重要的角色，企业在 IT 栈的不同层上都需要软件的支持。

运行在企业服务器上的最低层软件是操作系统。软件部署的复杂性大多来自企业内部操作系统的异构性。根据服务器的功能，此层可能还包括类似于防火墙之类的安全性软件。接下来的一层是服务器软件和中间件软件，包括应用服务器与 web 服务器。最上层是最终执行业务流程的企业应用软件。企业应用软件通常包括预包装的和自己开发的应用，都是设计为运行于各种部署环境之上。另外，企业通常使用一些辅助产品，例如管理和配置工具、性能监视器、备份和恢复设备等。

在本书中，我们将主要讨论 Oracle 数据库和应用服务软件包，它们构成了基于 Oracle 的环境的核心，但此处介绍的通用流程的用处之大，它们能被其他服务器软件、甚至桌面软件所采用。

8.2　当前的企业软件部署

当前，软件部署是任何 IT 管理员需要面对的最繁重单调的工作之一，在分析其原因之前，我们先认识一下企业内典型软件部署的生命周期。

8.2.1　软件部署生命周期

软件部署生命周期包括图 8-1 中列举的几个步骤。当一个新的业务软件需要部署时，必须获得所有需要的软件的许可并进行安装，有时安装也可能会在多台主机上进行。接着，需要对软件进行配置以符合应用的要求，并安全可靠地抵制未授权的访问。在软件投入使用之前，按惯例要在测试环境中进行测试。测试可能导致对性能和安全等参数的调整。并不是软件的所有特色最初都能被使用到，所以可能要分多个阶段进行部署，每个阶段都包括测试和配置。没有一个商业软件产品是完美的，因此安装只是软件部署生命周期的第一步。产品必须用任何可用的补丁来持续升级。对于像数据库这样至关重要的软件，每个补丁的安装也都必须经过测试和调整阶段。

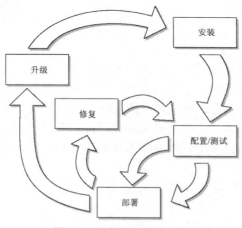

图 8-1　软件部署生命周期

最后,在每个软件版本到达它的生命终点时要及时对它升级。就像初始安装一样,升级后的软件在使用之前必须进行试用和测试,以延续其生命周期。企业偶尔可能会停止某个软件产品的使用而采用另外一个不同的产品——在这种情况下,必须从所有的主机上将该软件卸载干净。

8.2.2 软件部署面临的挑战

尽管图 8-1 中展示的生命周期看起来只包含少量的工作,但是这些工作的每一个环节对管理员来说都可能变得极其耗时和复杂。企业软件本来就复杂,多层应用进一步加剧了这种复杂性。典型的企业有许多分散的、带有不同配置的系统,运行在不同类型的平台上。这种多样性是软件部署复杂性的主要原因,另外还有诸如安全性维护和循规一致性(Regulatory Compliance)等问题。图 8-2 举例说明了当前企业中管理员所面对的工作。下面我们来深入地讨论每个工作的细节。

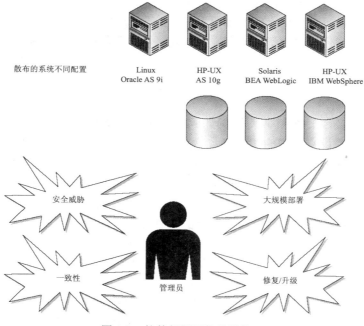

图 8-2 软件部署面临的挑战

1. 软件安装和维护

获得任何软件后第一个要完成的工作是在合适的服务器上安装软件。一个软件的安装通常能分解成一系列环节,例如,管理员可能首先需要在服务器上安装合适的操作系统,接着才是实际的企业软件。通常情况下,软件部署不是一次性的工作——要安装在数十台服务器上。可见软件安装这种看似简单的工作也很容易变得繁重和易错。

Internet 的无处不在已经导致了安全性威胁和病毒的不断增加，通过最新的安全补丁保持所有企业软件的更新是至关重要的。因此，IT 管理员必须不断地更新企业软件。

正如 IT 在企业中的作用不断扩大，管理员必须管理的系统的数量和复杂性也在不断加剧。对于大量的分散系统，管理软件安装和补丁让软件配置的多样性变得更复杂。

2. 配置跟踪

企业中的不同部门可以部署多个硬件和操作系统平台。每个部门可以独立地决定何时执行主要软件的升级。因此，对于一个相同的软件，管理员必须面对大量潜在的不同平台和版本。

大多数软件产品通常对其他软件(例如操作系统版本、库文件等)具有依赖性。如果同一个服务器被用于多种用途，那么一个软件产品的升级就会影响到另一个软件。当安装和升级一个软件时，知道哪些软件将会受到影响或必须做出改变是极其困难的。当软件开发商发布他们的软件时，他们在各种广为人知的公共配置上进行测试。为软件版本的每个特定组合进行测试是不可能的，而这种情况却可能在客户那里发生，这便增加了在将升级补丁应用到 IT 部门前需要对其进行测试的责任。由于资源的有限性以及补丁、升级的巨大数目和频率，某些测试被迫省去。在软件升级期间，这个问题成为不可预期的停机事件的一个主要原因也就不足为奇了。

3. 变更管理

通常情况下，必须配置企业软件(例如应用服务器、数据库和业务应用软件)以符合业务需要，例如，可能需要设置不同的初始参数(例如缓冲大小、内存、磁盘空间等)以调整软件的行为和性能，可能需要调整数据库查询以获得足够的性能。

每次有补丁和升级时，软件的行为都有可能发生改变，变化不可能总是好的。因此，当升级关键数据库这样的业务软件时，遵循一个严格的变更管理流程是必要的，以保证在发生问题时，软件能够恢复到前一个版本。由于大量的配置和特定的软件部署，不可能做到有效的变更管理。

4. 安全性

企业系统管理员需要时刻防备他们的系统安全不受到最新安全性问题的影响。大多数安全性问题产生于软件的缺陷，因此用最新的补丁保持软件的更新是至关重要的。考虑到典型企业内安装软件产品的数目和复杂性，这可能会是一个极端的资源密集型问题。在人工供应的情况下，除非得到管理员的明确保护，系统往往是脆弱的，这就意味着在任何时候，某些系统都将存在潜在的安全隐患。因软件的安全性缺陷导致的停机可能给企业在业务和生产率上造成很大的开销。

5. 循规一致性

循规一致性正逐渐成为企业时间与成本上的一个主要开销。遵守像 Sarbanes-Oxley 这样的法律要求很好地保护关键的共享数据，并部署明确的过程来对这些数据进行访问和更新。未进行良好配置的软件存在着泄露数据的开放性安全漏洞。使用明确的手续来对软件和系统进行调整和配置对确保系统安全性有很大的帮助。

6. 软件许可成本

到现在为止提到的所有问题都是关于软件管理的。软件成本是需要考虑的另一个方面。通常情况下，企业软件可根据 CPU、用户等的数目进行许可。通常会给每个应用供应足够的系统以处理最高的负载，因此，事实上企业需要为大量的空闲资源提前支付许可成本。同样，当系统规模增加时，管理它们的隐性成本就会增加。

在软件部署和供应领域，企业网格计算模型能够带来极大的好处，下一节我们将详细讨论这个问题。

8.3　用网格简化软件供应

通过共享基础设施组件(特别是服务器和存储设施)的方式，企业网格使企业发生了一个重要的架构性转变。相似的组件是作为一组而不是个体来进行配置和管理的。这样，从软件部署的观点看，像服务器和存储基础设施的管理一样，整个企业的软件部署也能以一种集中的、统一的方式进行管理，而不再是每次管理一个部门或一个业务系统了。这使得部署期间的监控和问题解决更加容易，软件许可成本也因为整合和资源共享而大大的减少了。

网格中的软件部署流程

对于传统的软件部署流程来说，系统的整合使得对其进行重要的改进成为可能。在这些改进中比较著名的是在一些标准的配置上部署软件，并且自动完成部署流程。这样，IT 员工可以相应地提高管理能力，来对增加的系统组件以及运行在这些系统之上的各种操作和业务需求进行管理。在接下来的章节中，我们将深入讨论这些流程的改进。

1. 标准化配置

企业在软件部署流程中可以做得最好的改变之一就是采用企业级的软件配置标准。在 IT 基础设施中采用网格模型的一个重要的战略性步骤是实现企业服务器和存储硬件配置的标准化。这将使得一些软件产品和版本上的标准化更加容易。此时，不是每个部门运行任意的软件版本(以专门的方式安装和升级)，而是在企业中使用标准化的配置。即使由于业务原因所有的系统不能同时升级，或者由于套装应用需求而不会有同样的配置，但是每个系统总是以标准化配置之一在运行。

拥有较少配置的一个明显好处是在配置前可以对每个配置做更完全的测试。变更管理能够在一个单独系统上进行测试，从而避免了升级过程中的意外。通过简单地复制相同系统的软件配置，可以更容易地进行问题检查。因此，管理员能够更好地了解他们的系统，企业也能够更好地了解他们所有的软件使用情况。

当所有的系统使用同样的配置时，便可以对某些软件做滚动性升级。这就意味着某个时刻几乎没有系统会停止运作，用户能够继续在其余系统的混合版本上工作并实现软件的升级。例如，Oracle Database 10g 允许对特殊的补丁种类进行滚动更新。

2. 自动化

标准化配置的另一个好处是软件部署现在能够实现自动化。第 5 章提到了一些服务器开发商提供裸机供应技术，可以从裸机状态来部署服务器，而不需要任何人工干预。在 Oracle 环境中，Oracle 企业管理器网格控制(Oracle Enterprise Manager Grid Control)为 Linux OS、Oracle 数据库以及应用服务器软件提供了专门的软件部署能力，稍后我们将详细讨论。

自动化软件供应流程使得资源能够从一个应用到另一个应用进行快速的重新分配。例如，如果数据库需要一个额外的服务器在月底运行工资报表应用，就可以快速地从应用服务器中心借一个服务器使用。供应软件首先从服务器上卸载已存在的数据库软件，然后使用标准的预测试配置重新安装与服务器相关的应用软件。管理员在整个操作中唯一需要做的工作就是初始化服务器，实现从一个应用到另一个应用的转换。

软件部署能够高效自动化的另一方面是查找补丁并且应用它们，稍后我们将看到 Oracle 网格控制是如何提供一系列可用的补丁和关键补丁报告(通过点击按钮就可以在企业内进行部署)的。

通过自动完成现有软件安装和补丁工作，管理员能够解放出来去处理异常情况。初始化预测试供应流程的人不需要深入的软件安装知识。管理员个人就可以部署很多不同类型的软件，只有当运行不正常的情况下，才需要专业的 DBA 或系统管理员介入。有了标准化的预测试配置，通常在测试阶段就能发现问题，因此在大规模部署期间便很少发现问题了。用这个方法，企业系统管理员可以更好地确定不断增长的企业基础设施的比例。例如，可以雇用任何从部署工作中解脱出来的 IT 职员来支持更多的业务应用。

3. 以服务为中心的部署和维护

通过标准化一些经过良好测试合格的软件配置以及部署的自动完成，整个部署流程可以变得更易预测，减少了软件升级中不可预测的停机出现的几率，从而支持企业网格模型中的一个关键流程要素——以服务为中心的软件部署。伴随着服务器和存储的供应，通过预定义的 SLO 能够管理软件部署流程。可以根据每月、每年等由软件部署相关活动产生的计划内停机，或者根据应用的业务关键性来定义 SLO。

实际中，管理员对部署所用时间的长短以及布置这个部署的恰当时间进行(例如当用户负载可能是最小的时候)先验测试，然后做出决定。用户能够确保系统在规定的时间恢复操作。例如，如果在晚上 7 点布置了一个需要停机两个小时的补丁更新，终端用户可能根本不会受到影响，而且实际上，在晚上 9 点之前他们的系统早就恢复服务了。

4. 安全和循规一致性

在使用大量的软件配置和版本时，很难保证足够的安全性。然而，当部署少数已知软件配置时，安全标准就能够在部署流程中建立起来。例如，企业级标准对安全补丁级别进行了授权，而且在标准的软件配置模板中也对其作了详细说明。使用这个模板部署的任何系统现在保证在指定的补丁级别上，只有整个平台上保持了一致的补丁级别时，系统的安全性才可以得到改进。

标准的自动的软件部署也提供了一个确保内在控制的有效方法，这是由类似 SOX 的调整性法规所要求的。通过尽量少的人为干预，关键数据的损坏或偶然性删除的风险——例如在系统的升级期间——大大减小了，而且能够非常容易地检测到这些情况。这便能够确保企业财务数据更好的完整性。

在下一章中，我们将说明 Oracle 环境中使用网格控制的软件供应。

8.4 使用 Oracle 网格控制的软件供应

Oracle 网格控制对 Oracle 环境中的所有元素来讲是一个统一的管理框架，这些环境包括主机(服务器)、数据库、应用服务器和 Web 服务器。图 8-3 举例说明了网格控制中的软件供应特色，它可以极大地帮助企业提高 Oracle 环境下软件部署的效率并简化部署流程。

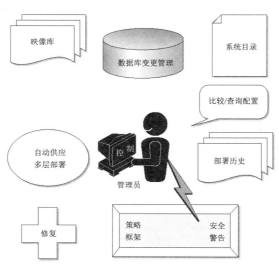

图 8-3 网格控制软件供应的特色

Oracle 网格控制为 Oracle 数据库和应用服务器提供整个部署的生命周期的支持，另外还可以用于供应 Linux 服务器。接下来的章节将更加详细地讨论了网格控制中每种供应的特色。

8.4.1 管理软件部署的生命周期

通过借助映像库和克隆参考系统的手段，网格控制方便了企业级标准化配置的产生和使用。策略管理器用来维护软件配置方面的企业策略，并在违反策略时警告管理员。网格控制通过自动识别关键补丁简化了正在进行的升级和安全性流程。

1. 软件安装克隆

软件安装是对有良好配置系统进行复制的一种非常有效的方式。管理员通过使用参考配置自动部署大型软件，这个参考配置先前已在同一测试系统上做过尝试和测试。这种技术在使用大量的集群服务器时非常有用。企业管理者通过复制与 Oracle 软件和 Linux 操作系统相关的配置进行软件部署。管理员能够指明现存的本地 Oracle 软件和将要复制到的目标主机，如图 8-4 所示。管理员也可以详细指出任何产品需要改变的配置参数以及任何需要在复制前后运行的安装脚本的细节。复制过程将会自动改变特定主机的参数，例如主机名、IP 地址等，同时使得其他的配置设置和本地的源相同。大型的复制任务必要时可以在维护期间进行调整。

2. 从映像库安装

从现有系统进行复制的一个方法是从网络服务器实施软件安装。网格控制有能力产生一个映像库用来作为所有企业软件安装的公共资源。使用库可以避免由于偶然人为的错误导致使用旧的或者非标准的软件。

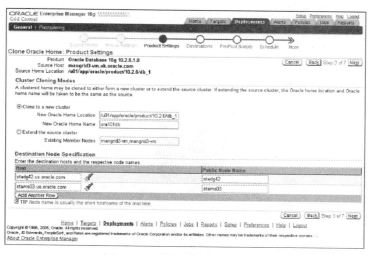

图 8-4　网格控制软件安装复制

通常情况下，供应新的服务器需要安装一些软件，包括操作系统、数据库及应用服务器。有了网格控制，这些多重安装的部署在很大程度上能够自动进行，网格控制有能力为 Oracle 数据库、Oracle 应用服务器和网格控制代理(Grid Control Agent，GCA)的安装创建一个软件库。这个库通常包含以下几部分：

- 软件组件，包含软件模板图像、用户输入/属性，先决条件等。
- 关联和定义系统属性的组件模板，包括服务器属性模板(例如类型、CPU 最小/最大值、RAM 最小/最大值等)，以及存储属性模板(例如挂载点、命名、容量等)。
- 指示，用来提供供应组件的脚本和执行性，例如一个使 OUI 无记载地安装 Oracle 数据库的指示。

为了给安装建立一个映像，管理员必须首先确定组成映像的各种组件。为了将一个映像部署到硬件服务器上，管理员选择目标主机和安装映像，如图 8-5 所示，安装会通过前面指示中定义的工作流或流程寻找模板或指南中指定的信息。

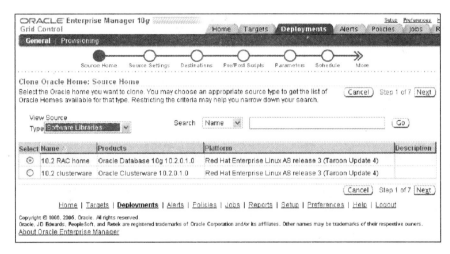

图 8-5 从软件映像库中选择一个映像

3. Linux 系统的裸机供应

这种从映像库进行的无需人干预的安装技术对使用 Linux 服务器的企业来讲特别实惠，网格控制使用 Linux 操作系统以提供服务器的裸机供应能力，这意味着网格控制将掌管包括操作系统在内的整个软件部署。对其他操作系统而言，管理员仍然需要手工安装 OS(或者使用服务器提供的供应软件)，然后才能使用网格进行 Oracle 软件的自动安装。

4. 管理多层的软件部署

在现有的应用中部署新的业务应用或者增加更多的服务器容量，比供应一个单独的服务器可能更加复杂。它可能包含多层次和多主机的软件部署问题。网格控制通过创建一套与每个应用层次相符合的映像库来自动完成多层部署操作。为在多个层次上进行部署，管理员只需要针对各种软件映像简单地选择目的主机，如图 8-6 所示，网格控制将在每个主机上自动地执行必要的安装。

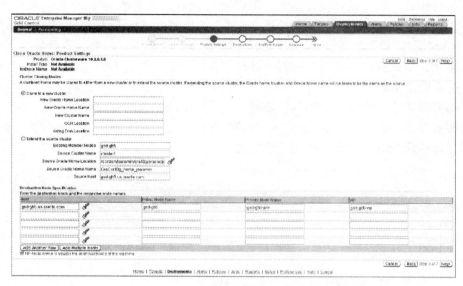

图 8-6　从网格控制执行多主机部署

你可以看到，通过软件复制和映像库的结合使用可以大大降低软件部署的复杂性。使用参考系统首先建立一个标准配置，并根据需要的服务等级和性能保证进行测试。用于建立参考系统的软件映像、配置指示以及任何允许的定制都可以加入到网格控制库中。这个参考系统也可以被复制以供应相同的系统。同样，软件也可以按照定制要求直接从库进行安装。

5. 远程(Lights-out)修补升级

软件安装仅仅是软件部署周期的第一步。管理员还必须对系统进行修补和升级，这是不断保持系统版本更新和安全性的基础。Oracle 网格控制对所有的 Oracle 软件和 Linux 操作系统都具有远程修补和升级的能力，它会自动从 Oracle 下载升级和补丁信息并且标记任何可能会丢失关键性升级的系统；管理员也可以提前为某个版本的数据库、操作系统等搜索可用的升级补丁，一旦升级被确认，网格控制就可以下载和安排补丁部署，比如避开非高峰期。管理员还可以使用他们自己的脚本来定制升级补丁的安装，这大大加快了补丁的部署，而且避免了错误，使整个企业在软件方面更加安全并保持最新。

6. 策略框架

前面我们讨论了维护企业级标准软件配置的好处。然而，在一个大型企业中系统常常可能由于人为的错误或者后来安装定制的原因而脱离标准配置。到目前为止，所设置企业级的标准还没有能力检查系统遵循标准的情况，必须进行检查的系统的绝对数目使得手工检查成为一项繁重的工作。企业管理者再一次使用 Oracle 的实践指南策略来解救自己。

使用这种方法，配置策略在设计参考配置时就进行了定义。这种快速策略可以进行定制以适应你的企业要求。例如，这个策略可以阻止所有的 TCP 端口，除了一些专门的供 HTTP 访问的端口。策略的另一个用途是在安装时立刻限制可用用户的权限，给 DBA 时间以进行必要的权限授予，比如，所有默认的 Oracle 数据库用户帐户在安装时被立刻锁住，而且需要明确的解锁。

策略在一个新的目标(任何被网格控制管理的成分)来临和背离标志置位时自动被检测，如图 8-7 的示例所示。策略违背分成关键的、警告的或者报告的三类。管理员可以使用灵活的搜索接口，通过目标类型、严重级别等搜索策略违背信息。

图 8-7 网格控制的策略框架

如果需要的话，管理员在一些原则上也可以忽略策略违背。网格控制每个目标维护一个根据策略的严格程度、策略的重要性以及违背对象的比例计算出来的策略遵从得分。当开发策略时，管理员能够定制策略的严重性和重要性的值，这个值将会反映在策略遵从得分的计算中。管理员应该更加关注得分较低目标。

策略框架是网格控制的一个主要特色，能够用来定义其它的管理策略和软件配置，正如我们在第9章将要看到的那样。

8.4.2 配置跟踪和变更管理

网格控制简化了配置跟踪和系统的变更管理。它维护了一个安装在各种服务器上的 Oracle 软件的完整系统目录，并提供了诊断与配置相关问题的功能。

1. 系统信息和软件目录

网格控制维护了一个所有被管理的硬件和软件的详细目录。这是通过使用运行在企业每个系统上的智能代理来实现的。这个代理会周期性地自动搜集企业内部所有主机的细节信息，包括硬件特性(例如 CPU 数目、I/O 设备、网卡和存储器数量)，操作系统版本和设置，OS 注册软件以及安装在主机上的所有 Oracle 软件。对 Oracle 软件来说，需要维护像产品版本、安装组件、修复级别、数据库初始化参数设置等细节信息。对任何目标来说，当前的配置可以通过网格控制中的目标标号(Targets tab)观察得到。管理员也可以将当前的配置存储在一个文件中。

系统目录可以通过使用简单的形式进行查询，高级用户也可以使用 SQL 来查询。搜索标准对各种组件的配置设置来说，都是详细明确的。例如，管理员可以在一定的操作系统修复级别上对主机进行查询，或者使用特定的初始化参数设置或者特色用法对数据库进行查询。例如，图 8-8 显示了附带版本号的数据库安装的概要。

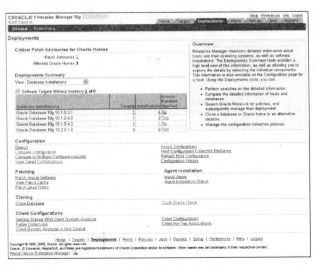

图 8-8 网格控制目录报告

通过上述方式，管理员对整个企业硬件和软件配置便了如指掌了。

2. 配置跟踪与比较

企业常常面临的一个普遍问题是系统性能突然下降或者改变行为。在传统领域中，一个管理员要花上数小时判断问题的根源，而这很可能是潜在软件配置发生了改变。幸运的是，企业管理员保持了对每个正在执行的配置改变的跟踪，包括操作系统设置、数据库初始化参数改变以及应用在系统上的补丁。配置改变的历史可以按照组件类型(例如：OS、数据库)、改变的日期或者使用特定组件的过滤器(例如，名字和数据库初始化参数的新旧值)进行查询。当检修并解决同更新有关的性能问题时，上述的查询使得跟踪有问题的配置改变变得极其方便。例如，图 8-9 显示了两个主机之间的比较。

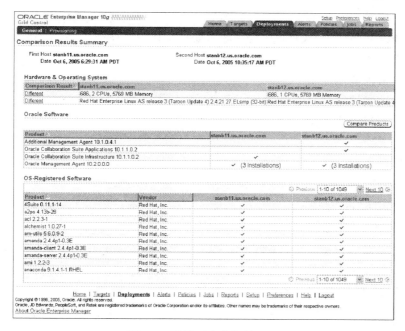

图 8-9　比较两个主机的配置

在企业内部强制使用标准配置的网格控制带来了一个有用的特色，即有能力比较跨系统的配置，从而允许管理员快速地确定所有背离企业标准的系统。这个特色也可以用来检查两个看似一样的系统的性能差别。

3. 数据库变更跟踪

变更管理包对 Oracle 数据库来说是个专门的包，它保持着对应用计划改变的跟踪。在决定系统性能上即将发生的计划改变所产生的影响时，这个包变得非常有用。使用变更管理包，管理员能够在测试系统上改变计划，运行各种测试来确保正确的操作，而且需要的时候也可以恢复这个改变。这个变更管理包支持所有的 Oracle DDL、初始化操作参数以及权限,它的另外一个用处是使用真实应用计划的一个缩小版本来创建测试系统。

4. 客户端配置跟踪

目前为止所有特色都只讨论了与服务器端相关的软件配置活动,然而,企业软件管理还包括管理客户端系统,例如桌面系统以及用于访问企业网页的浏览器。客户端系统常面临的问题包括浏览器版本不匹配或者丢失操作系统服务包。网格控制的客户端配置跟踪能力使管理员能够远程获得客户配置信息。这是通过称作客户端系统分析器(Client System Analyzer,CSA)的 web 应用来完成的。这种应用实例在网格控制上已进行安装,另外的实例可以部署在任何的 J2EE 网页服务器上。终端用户能够使用他们的网页浏览器连接到 CSA,其 URL 可以直接发布或者合并到企业门户中。一个内嵌的 applet 程序搜集客户端系统的配置信息并将它发送给 CSA,然后上传至网格控制库。

当终端用户报告他们的系统问题时,管理员采用这种机制能够简单地把他们导向 CSA URL 并分析使用网格控制搜集到的信息。CSA 可以进行定制,以包括额外的诊断或者提供反馈给终端用户,例如,用户需要将浏览器更新到一个特定的版本。

8.5 本章小结

软件供应是企业 IT 领域中最基本的任务之一,对管理员来说也是最复杂和最易犯错的工作之一。企业网格计算模型为软件部署流程带来了具有重要意义的帮助。企业可以在少数测试合格的参考配置上对所有系统进行标准化,而不必采用特定软件配置。通过使用软件复制和自动化,部署能够扩展到许多系统上。Oracle 网格控制提供了一个统一的框架来管理整个 Oracle 环境中的软件供应流程。从服务器供应和初始软件安装到正在进行的修补升级活动,都可以用这个框架来管理,并在很大程度上对整个生命周期进行了自动化。它具备系统目录和软件配置跟踪的特色,支持参考配置的扩展,并且把它们保存在映像库中为将来的安装做准备。策略管理将管辖所有背离企业标准的配置,并且时刻关注整个企业的安全脆弱性。

这一章的内容主要针对的是软件配置的管理,在下一章中我们将探讨更加广阔的网格管理。我们将看到当前 IT 管理所面临的问题以及企业网格管理的解决方法,还将看到 Oracle 网格控制如何帮助企业向以服务为中心的管理转变。

8.6 参考资料

[Oracle Enterprise Manager] OTN Oracle Enterprise Manager
http://www.oracle.com/technology/products/oem/index.html

[Oracle Software Deployment] Datta, Sudip. Mass Software Deployment
With Oracle 10g.
http://www.oracle.com/technology/pub/columns/datta_deploy.html

[Oracle Provisioning] Siddique, Ali; Datta, Sudip. Provisioning and
Patching Your Oracle Environment with Oracle Enterprise Manager 10g.
September, 2005.
http://www.oracle.com/technology/products/oem/pdf/prov_patch.pdf

第 9 章

网 格 管 理

　　在前面的章节中，我们已经学习了企业网格使企业共享 IT 基础设施中各种组件的方法，这些组件包括服务器、存储器、应用程序和信息。企业网格模型不仅从基础上改变了底层组件的部署和使用的方法，而且它把 IT 管理的方式从单个资源的即席管理转变到集中、统一的管理，这种集中、统一的管理方式更注重于给客户传递可预测的服务等级。有效的 IT 管理在一个成功的企业网格计算转变过程中往往扮演重要的角色。

　　在本章中，我们将在企业网格框架内探讨 IT 组件管理的过程以及一些成功的实践。我们将看到企业如何把当前的 IT 管理实践推进到集中大量企业应用需求的解决方案。对于使用 Oracle 的企业，我们将对 Oracle Grid Control 的网格管理能力进行深入的分析。在企业实现集中管理整个 IT 基础设施的过程中，异构组件的系统管理工具之间的协同能力非常重要。我们还将了解 IT 管理领域中解决这些需求的标准化成果。

9.1 企业 IT 管理的角色

有效的企业 IT 管理是 IT 基础设施能够提供稳定的功能的关键，它能担保企业应用给用户传递正确的服务等级。IT 管理包括存储器、系统、数据库、应用服务器和应用程序等 IT 组件的整个生命周期管理，该生命周期从初始的安装到当前的配置。IT 管理的方法不仅要求能够处理当前关键的需求，如计算能力增长带来的需要、每天报告执行请求等，而且它还应该调整 IT 基础设施以满足业务将来的战略需要。在本节中，我们将对企业 IT 管理涉及的各种任务以及当前对它的特殊要求进行深入的探讨。

9.1.1 典型的企业 IT 管理功能

IT 管理的一个重要部分是管理数据中心组件的生命周期，这些组件包括存储器、服务器、数据库、应用服务器和应用程序等。该生命周期包括初始的软件安装和配置，运行时性能的监测、调整、打补丁、升级等维护过程，以及最终的卸载。在第 8 章我们已经介绍了软件部署生命周期。在本章中，我们将重点介绍软件运行时的维护活动，如性能和使用状况的监测，以及安全性。

1. 管理 IT 组件

现今大多数 IT 组件建立在人为的管理上面，它们需要定期地检查正常的功能，以及监测异常警报。即使是不同开发商提供的功能相同的组件，它们都拥有自己的管理方法，例如，不同开发商生产的存储产品各自有专门的管理和监测工具，不同的操作系统有不同的命令测量 CPU、内存的利用状况以及管理进程和任务。管理员需要了解和掌握每个组件的细微区别，如果说他们把大量的时间花在 IT 组件的日常维护上面，这一点也不稀奇。

2. 检测和处理错误

IT 管理员还需要处理组件错误和人为失误。出于企业应用的需求，系统往往具有预防错误和容错的功能，一旦发生错误，IT 负责给业务应用传递所需的合适可用性级别。例如，IT 管理员可以对关键数据进行定期的备份，这样这些数据可以从组件错误或人为失误中快速恢复。在现今全天候的业务情况下，这种可用性要求变得越来越迫切。

3. 安全性

管理员需要在 IT 栈的每一层上确保端对端的安全性，例如应用程序、应用服务器、数据库、服务器、存储器和网络等。每个 IT 组件都要求正确的保护措施，以免关键的数据得到危害以及恶意的用户损坏 IT 系统的性能和可用性。应用程序应该在预期的访问与性能上与其他程序分隔开，例如，一个应用程序的故障不能影响其他程序在关键数据上的性能与访问。

4. 容量规划

IT 部门还负责作出规划以评估和解决业务将来的需要。这种规划不仅要计算 IT 资源现有的利用级别，还要考虑 IT 组件由于老化或损耗引起的补充。容量规划过程必须考虑在新硬件和软件技术上投资的潜在利益，同时，还要确保提供了足够的资金。

9.1.2　当前企业 IT 管理新的要求

在这本书中我们已经提及多次，竞争和成本的压力对当前的企业 IT 提出了新的要求。这些要求中大多数是以服务等级的合同和业务策略的形式出现的，IT 管理的执行者和管理员必须把他们转变成具体和可操作的形式。下面让我们简要地回顾一下当前 IT 部门需要处理的某些元功能(metafunction)。

1. 管理 SLA

业务稳定的功能要求应用程序和业务流传递适当的服务等级给终端用户。如第 3 章中所讨论的，服务等级的要求专指业务单元和 IT 之间的 SLA。对一个协议违约可能会产生相关的法律和成本影响，特别当 IT 是外包时。SLA 必须为各种组件依次地转变成可度量的 SLO，SLO 的例子可以包括传递以反应时间和吞吐量的形式衡量的指定的性能，或者是企业应用的可用性。IT 部门负责管理和监测所有组件的 SLO，还负责确保组件对用户承诺的 SLA。

传递反应时间和吞吐量 SLO 要求 IT 资源按规模排序，这样可以按它们期望的负载传递请求。当创建一个资源请求时，不可能完全知道或预测到负载。大多数业务应用程序的负载是随时间波动的，根据业务状况的变化它们要么是定期波动的要么是永久波动的。因此，IT 为了获得资源的 SLO，需要动态地改变资源的分配状况。对于要求高可用性的应用，需要额外的设置来实现容错和错误恢复。

2. 降低成本

Kant 和 Mohapatra(IEEE，2004)做出过评估，在大型数据中心约 80% 的整体拥有成本与软件的操作与管理有关。Gartner Research 的调查分析家 Ray Paquet 在 2005 年指出，IT 预算的 70% 用在基础设施与运作开销上，而且这个百分比还会随时间增长。因此，减少 IT 基础设施和运作开销在不断给 CIO 增加着压力，同样的 IT 预算迫使他们达到更高的要求，现今的管理员必须不断地寻找方法，在现有物资的基础上增加应用级别。资源不仅要尽可能地优化配置，而且当应用上面的负载发生变化时，它们必须重新分配。这要求把一些工具、技术和 IT 管理过程组合成一个整体使用。

人员开销也占据了 IT 预算的一个很大部分。现今的 IT 管理员必须面对不断复杂的应用环境——随着 IT 使用率的增长，IT 组件的数量在不断地增大。在存储器、服务器、数据库、应用服务器和应用程序上，企业需要配置更多、更新的产品。尽管如此，预算的压力意味着同样的 IT 管理员必须能够管理更多的组件，换句话说，IT 管理过程必须更为高效，这样管理员才能管理不断增长的 IT 资源。在这个过程中，实现管理过程的自动化是关键所在。

3. 遵守规章制度

在确保数据和应用的安全以及迫使职员执行正确的程序方面，制定规章制度也会给 IT 管理带来压力。IT 部门的职责是建立管理准则，以确保关键业务数据的安全，以及快速检测无意或有意的破坏。在某些行业，如药物发明，在操作过程中必须制定合适的易于明文规定的程序。流线型、自动的 IT 程序在阻止导致关键数据丢失的人为错误方面可以起到巨大的作用。

4. IT 操作的可控化和可视化

CIO 和 IT 管理员必须知道和确保 IT 系统在正确地运行。随着 IT 预算越来越紧缩，以及 IT 开始成为以服务为中心的模式，这要求 IT 操作有更好的可视化。IT 管理员和执行者应该有一种简易甚至理想的自动机制来确保系统的稳定。

负责不同领域的 IT 管理员必须能够控制和监视自己领域内的组件的健壮性，使它们能够满足要求的性能。举个例子，存储器管理员负责存储器的有效使用，而数据库管理员的职责是确保数据库和底层组件能够为企业应用程序充分服务。IT 管理必须在费用允许的前提下实现这种可控性。

CIO 可能只想了解整个 IT 操作的运行状况，他们不想面对每个 IT 组件如山如海的详细信息，所以，IT 管理工具应该能够提供 IT 资源的性能和整体应用的汇总报表，同时，如果有必要，CIO 也应该能够访问任意 IT 组件的详细信息。

9.2　当前的 IT 管理

在当前的应用环境中，IT 系统一般在业务单元的单个应用中形成，因此，IT 管理按应用的需要组织在单个业务单元中。随着业务的发展，IT 组件的数量急剧地增长。下面我们来了解当前典型的 IT 部门如何应对应用环境的扩张，以及在解决应用环境的需求和期望上它面临的挑战。

9.2.1　管理复杂体

当前典型的 IT 部门由分散的岛状资源点组成，这些资源随着时间的变化以特别的方式发展。形成这种状况有许多原因，在第 1 章中我们已经详细讨论过了。这种情况下的 IT 管理面临的一个巨大问题是管理各种不同资源的复杂性。事实上，当前 IT 管理绝大部分是管理各种可用资源的综合体。

IT 栈的每层常常由一个单独的管理员分开管理。这种做法在某种程度上不可避免，因为传统的 IT 组件要求管理员有专门的技能。因此，监视和管理存储器必须有存储器管理员；管理系统必须有系统管理员；管理和监视数据库必须有数据库管理员；管理网络必须有网络管理员，等等。在大型企业中，负责生产系统的管理员不同于测试和开发系统的管理员，每个管理员负责管理和监视他们自己领域的 IT 组件，以及管理 SLO。当业务单元把 IT 功能分割开后，管理工作就很少有共享的地方，即使是拥有相似技能的管理员，只要他们在不同的业务单元中。

企业应用要求 IT 栈不同层次上的管理员协调工作才能有效地运作。同时，每个管理员的目标又存在冲突，使企业应用的管理变得复杂。例如，数据库管理员的目标是传递高性能的数据库访问，他希望在多个磁盘上分散存储。而在另一方面，存储器管理员的目标是改善存储的整体利用，这要求尽可能少地使用磁盘。

在当前的 IT 模型中，每个 IT 组件用来解决业务单元或者它上层指定应用的独特需求，它的安装与配置是独立的，不用在多个业务单元之间协调或共享智能，由此产生的后果是每个 IT 组件必须单独管理。

传统的 IT 管理工具或框架是这种状况的产物，它们不是尽量地减少管理复杂度，而是尽量地满足这种需求。企业布置了大量来自各个生产商的工具，用来满足每个个体的管理需要。比如，存储器管理员使用一种管理工具来监视存储器的可用性，而数据库管理可能使用另一种工具来完成这个任务。还有，多个业务单元中的管理员可能使用不同的工具来管理同一个组件，比如，不同的小组可能使用不同的工具对数据库进行备份，一些小组可能使用 Oracle RMAN，另一些可能使用 Veritas NetBackup，还有的可能使用 Legato Networker。

9.2.2　反应式的服务级管理

大型企业中单个管理员必须管理的 IT 组件的数量和复杂度随时间动态地增长。由此产生的结果是，管理员经常处于时间紧迫的状况，他们不能主动地进行监视和管理。因此，管理员只能退后到反应式的管理模式，当产生问题影响到终端用户时，才能采取行动。当前 IT 环境中服务级的管理是问题单和消防式的管理。

1. 延迟的性能诊断

现今的管理员几乎无从得知终端用户获得的服务质量的信息。单个企业应用往往使用多个 IT 组件，如 Web 服务器、应用服务器、数据库服务器、服务器和存储器，这些组件中，每层都可能出现问题，而且，在组件与组件的交互过程中也可能出现问题。当出现性能问题时，确定问题的源头是很困难的。

传统的性能监视工具只能确定某些特定类型的性能问题，例如，数据库和存储器层次间的性能侦查工具就可能不能发觉数据库和应用服务器层次间的性能问题。正因为这一点，检查企业应用点对点的性能和多个层次间性能的相关信息不是一件容易的事情。由于每个功能点上有不同的管理员，结果只能是互相推诿，妨碍问题得到迅速的解决。

2. 不灵活的资源供应

在前面的章节中我们已经了解到，当资源以孤立的岛状形式管理时，动态获得额外的资源几乎不可能，即使其他业务单元有丰富的可用资源，需要时也只能去购买。因此，管理员常常以企业应用的最大负荷为度量过分配置资源。

3. 废弃系统的扩散

过度储备资源会带来一个副作用，它产生了多余的容量，意味着管理员必须处理更多的 IT 组件，即使这些组件很少使用。由于管理员手中的时间非常有限，这也使不再支持的系统得不到及时的卸载，常常出现问题时才引起重视。大型企业的生产环境中往往存在大量的废弃 IT 组件，这在业务中是一个很大的风险，往往导致系统长时间的失效，使生产停工。

9.2.3 并非单点控制

在当前的应用环境中，为了获得系统健壮性相关的信息，管理员必须检查每个系统。但是，这些独立的系统诊查对 IT 设施的整体健壮性并没有多大的帮助，CIO 必须对整体设施进行 ping 探测，才能得知整体健康状况图。IT 部门并不能根据关键业务应用的性能给终端用户提供信息，反而，它必须依赖用户报告应用的性能问题。

业务单元能够为自己的应用提供保护。为了确保应用能够传递可预测的服务质量，业务单元把自己的应用与其他业务的应用隔离开，通过这种做法，它们希望自己的应用的性能、可用性和安全性不会受其他应用的负面影响。当企业的需求变化时，这种确保应用性能的"善意"的方法会导致资源的更加孤立，对将来传递的服务水平会产生消极的影响。

在分散的 IT 基础设施中，要想获得资源整体应用的精确蓝图是一件很困难的事情。每个资源岛根据它上面的需求单独地确定大小，每个新的工程和应用拥有自己的资源。许多调查显示存在大量未充分利用的 IT 资源——服务器的利用率不到 30%，存储器的利用率不到 50%，这使 IT 基础设施成本很高。

9.3　向企业网格管理演化

向企业网格和企业网格管理演化有助于解决当前应用环境带来的挑战。在前面的章节中，我们已经学习了 IT 栈的各个层次，了解了这些层次向企业网格演变的方式。现在，我们将要学习 IT 数据中心的管理是如何向企业网格管理演化的。

9.3.1 标准化

标准化降低了需要管理的数据组件个体间的细微差别。企业可以在不同的级别上实现标准化，如部署的软件的结构、IT 管理策略、管理工具和脚本。标准化有助于在整个企业间共享一个团体的最佳实践。在这里我们使用"标准化"这个词，用意是减少不同组合的总数，为解决单个企业应用的独特需要提供灵活性。

1. 结构

标准化可以通过减少企业中部署的结构和软件配置的类型开始着手。当配置的类型从百降至十，由十降到个位时，IT 管理可以得到很大的简化。

在第 8 章讲到软件设置时，我们讨论了使用标准化的软件配置的主题。对于典型的软件部署，一到三种不同的结构已经能够满足大多数需求了。例如，Oracle Database 有两种不同的结构可带来高可用性，一些团体可能要求主动—— 主动的集群配置，他们可以使用 Oracle`s Real Application Clusters；另外一些可能需要主动—— 被动的配置，他们就可以使用 Oracle Standby。把少量的经过验证的结构标准化，然后把它们在整个企业推广，这大大简化了 IT 运作。

2. 基于最佳实践的运作策略

对于一些经过了彻底地调查与测试的最佳实践，企业可以基于它们为首选的软件和硬件组件的操作制定策略。这些策略可以使某个团体的智慧和努力在整个企业中得到共享和推广。标准的策略能确保企业平稳的运作，对于那些变革，可以很轻松地在企业内部策略相同的地方复制，比如，关于数据库上存储器的布局和供应的最佳实践策略可以在整个企业中发展和推广，这些策略可以确保所有数据库从底层存储器上获得必需的性能。

企业还可以为 IT 系统的安全建立标准化的、基于最佳实践的策略，这些策略指导 IT 系统访问的管理与分配。举一个例子，一个安全策略可能限制管理员账户的访问，如规定所有的管理员账户在安装后必须改变默认密码。另一个安全策略的例子是在运行 Oracle 数据库的主机上必须禁止 FTP 和 Telnet 端口，这个策略是为了阻止非授权用户破坏 Oracle 数据库文件。

第 3 章曾讨论过，ITIL 和 eTOM 可以用来标准化 IT 程序。ITIL 提供的最佳实践方针和框架可以使用业务过程和业务值调整 IT 程序，企业可以逐步地采用 ITIL 提供的各种模块，对 IT 操作的各个方面进行标准化。eTOM 可以定义组织中各种参与者的角色与责任。

9.3.2 合并和集中管理

企业实行了标准化后，就可以对 IT 资源在逻辑上进行合并管理。合并管理取代了每个资源单独管理的模式，相似的资源可以作为一个集合，使用同样的管理工具进行管理。

1. 按组管理相似的资源

随着数据中心组件数量的增加，对每个资源单独进行管理已经相当地困难。在企业网格中，相似的资源可以分在同一个组中，然后按组进行管理。管理时，这些组无论有多少成员，都把它当作单个资源。在组中，所有的组件配置相同，应用的管理策略也一样，管理工作与脚本根据组来定义。随着数据中心模块化的服务器和存储器的增加，把资源分成组实现起来很灵活，而且有利于减少总体管理成本。

这种管理模式还可以优化管理员的工作。这种模式下的管理员可以比以前管理更多的组件，向组中增加组件也不会使管理开销有太大的增长。

2. 管理框架和工具

随着 IT 基础设施的合并，企业也应该合并那些监视和管理资源的程序和工具。现在的 IT 部门往往从单独的应用或业务单元出发，花费了大量的精力为各种独立的资源开发了指定工具的脚本。然而，把所有的管理工具合并在一起，形成少量工具在整个企业共享，这种做法更为有利。通用的工具更易于在一组资源中共享最佳实践策略。例如，通用的打补丁脚本可以在一组相同的服务器中应用。使用相同的工具获得经验后，两个或多个应用、业务单元上的管理策略就可以标准化。当前不存在单个可以管理整个数据中心的工具，因此，企业可以合并和减少管理工具的数量。

那些喜欢非定制管理工具的企业应该考虑在相同框架内可以支持多个 IT 层的工具。这样，对于那些分散的工具，要么只能管理存储器的，要么只能管理服务器的，企业将不会再使用它们，它将更乐意于使用一个统一的管理框架，该管理框架能操纵多个层。如果与多个层次相关的配置需要改变时，使用跨层次的管理框架更为方便，除此之外，跨层次的管理框架还能够方便地诊断出层次间的交互引起的性能问题。比如，存储器的一个热点使性能下降，导致数据库访问变慢，当出现这样的问题时，使用一个能同时管理数据库和存储器的工具就很容易诊断出来，因为该工具更便于发觉两个层次间问题的相互关系。现在，很难找到一个能包含所有 IT 管理功能的工具，在这种情况下，企业应该使用那些能互操作的工具。互操作型工具允许工具之间完整地移交 IT 工作，这很大程度地简化 IT 管理程序。

这种统一的管理方法模糊了当前不同功能类型的管理员的分界线，如存储器管理员、系统管理员、数据库管理员等等，这意味着所有的管理员都可以访问整个 IT 信息。在跨越多个管理员的 IT 过程中，互操作型工具在管理员之间提供了简易的 IT 过程移交方式。统一管理这种趋势为 IT 管理员能够管理数据中心中大量增长的组件铺平了道路。

3. 集中的容量规划

企业合并和集中管理 IT 资源后，它们还可以集中地规划容量。整体的容量规划有利于平缓单个应用变化莫测的需求，企业得到资源后，就可以根据应用的需要为每个应用分配资源。因此，企业资源的整体利用得到优化。

一些如 HP OpenView 的管理工具增强了它们的报表功能，可以报告历史的资源利用和增长模式，利用这些模式可以为整体资源增长做出规划。对于企业，合并整个 IT 基础设施可能还要花费一定的时间，然而，这些报表可以帮助它们量化已经意识到的好处。单个应用组的报表可以联合起来使用,以此获得累积的资源需求,这些累积的资源需求在确定规模时可以用来识别累积的最大负荷。

9.3.3 以服务为中心的管理

在介绍存储器和服务器的章节中,我们曾讨论过,企业网格的目的是以最优化和最划算的方式给企业应用传递必需的服务等级。为了做到这一点,IT 管理有必要采取以服务为中心的观点。企业 IT 管理需要不断的完善自身,以增量的方式给终端用户提供更好、更有保证的服务等级,而不是在问题来临时,简单地解决问题。第 3 章介绍了企业管理实体(GME)的概念,它是一个抽象的实体,可以与各种网格组件交互,以此管理和监视它们的状态,该实体的目的是满足企业网格的服务等级。在本节中,我们将介绍企业网格管理中以服务为中心的各种组件,这些组件在企业网格内组成 GME。在当前的实践中,这些 GME 组件可以通过人员(管理员)、过程(IT 管理最佳实践)和技术(管理工具和框架)组合起来实现。下一步,我们希望增加这些角色的自动化程度。

1. 端对端的服务等级监视

确定问题的第一个步骤是识别是否存在问题。为了主动地改善服务等级的传递,关键是要能够衡量终端用户当前的服务等级。选择管理工具时,能否监视组件的性能是一个重要的指标,另一个重要指标是能否设置一个作为对照物的基线,该基线可以用来鉴别服务等级的上升或下降,还可以估计将来的需求。

除了服务等级,衡量和跟踪每个组件或每个组件池的资源利用率也很有用。该利用率标准可以与终端用户级别上的标准相关联,以此可以估计需要多少资源才可以满足想要的服务等级。这些可以使将来的规模估计得更加精确。

2. 为综合需要动态分配资源

IT 组件最初确定规模时,是以企业应用需要的反应时间、吞吐率和可用性的形式来满足终端用户服务等级的需求。为指定的负载确定优化的资源分配是不准确的,当负载变化时难度更大。在当前的环境中,系统根据每个单独的应用的峰值估计来确定规模,当企业向企业网格发展时,资源可以在多个应用间共享,这允许企业进行综合的规模或容量规划,以此满足多个应用累积的峰值负载。但是,这意味着资源必须可以从一个应用动态地重新分配到另一个应用。

在企业发展企业网格,允许多个应用共享资源的进程中,存在许多复杂的问题需要解决。要想稳定地向一个波动的应用负载传递它所需的服务等级,我们如何确定资源的规模呢?要想从一个应用中取走资源又能满足所需的应用级别,我们如何确定行动的时机呢?谁来决定是否需要动态分配资源呢?我们如何决定动态分配的时机,分配何种资源呢?谁来执行资源的动态重新分配呢?

一些开发商和标准组织，如 EGA 的 EGA Reference Model 工作小组和 GGF 的 OGSA 工作小组，它们率先起来解决这些问题。完全的解决方案将在 IT 组件、管理框架或工具内把各种新的技术组合起来，像 Oracle 这样的技术提供商已经使它们的组件更为应用感知化和可动态重新配置化，比如，Oracle Database Real Application Clusters 技术的服务等级管理特点使管理员可以更方便地给 Oracle 数据库上运行的应用程序动态地分配服务资源，除此之外，Oracle Application Server 还有其他相似的特点。管理工具和框架需要使用组件提供的智能，还需要以往使用的信息来配置组件。

9.3.4 自动化

企业开始实行标准化、合并和集中管理 IT 资源后，资源上的管理操作数量不断增加，它们可以实现自动化。随着 IT 开发商交付更多的自管理的组件和面向网格的管理工具，普通的 IT 操作实现自动化将是一种极好的方法，它可以节省管理员的时间，降低管理的总体成本。下面让我们详细地了解其中的各个方面。

1. 自管理组件

当企业向企业网格的模式发展时，IT 开发商提供了各种技术，使 IT 系统增强了自管理能力。这些技术较少地依赖直接的管理或配置，它们能够基于负载调整自身，独自地处理很多错误。例如，在存储层，我们可以找到模块化的存储阵列，这些存储阵列能从底层组件的失效中恢复，使用瘦配置就可以根据需要执行灵活的存储分配。

在软件开发商中，Oracle 主导了这个潮流，它的数据库和应用服务器都实现了自管理。Oracle 的这些技术，如 Real Application Clusters 和 Automatic Storage Management，使 Oracle Database 能够从服务器和存储层的失效中恢复，还有，它使许多平常的管理任务实现了自动化，如内存管理、性能调整等。Oracle Database 可以根据负载自动地调整分配给底层组件的内存，Oracle Database 10g 的配置参数集合比以前的更小，许多配置参数现在都能在数据库运行时自动地调整。除此之外，管理员不再需要去探查数据库的信息，数据库自己能够收集系统相关的信息，当出现非正常的情况时，能够自动地通知管理员。这些信息通过 Oracle Grid Control 获得，Oracle Grid Control 是 Oracle 环境下的一个统一的管理工具，管理员接收到警告后，可以手动地采取行动，或者设置一个自动的程序，一旦接收到警告就能自动运行。

2. 基于策略的自动化

自动化使 IT 运作更可预测，更不易产生错误，只要有可能，管理各种 IT 组件的最佳实践应该实现自动化。自动的任务可以无需人为干预，在合适的时间自动地运行，运行期间发生的错误都会被记入日志，以便管理员察看。管理员可以在任何时间察看运作的状况，只有发生异常时才需要干预。

数据库的环境下有两个自动化的例子：常规备份和补丁管理。管理员使用明确定义的脚本就可以为多个数据库自动备份，这些脚本在数据库访问不活跃时运行。第 8 章曾讨论过，管理员可以使用 Oracle Grid Control 在非峰值时候自动地安排补丁识别。

3. 基于策略的自动的动态供应

企业自动化再向发展，就可能全自动地动态供应某些资源。为此，网格管理工具和组件都必须不断地增强应用感知能力。现在，有了像 Oracle Grid Control 这样的管理工具，管理员就可以基于服务等级的原则设置策略，这些策略可以提醒他们处理性能问题，或者触发一个脚本按需要自动地添加(或去掉)资源。我们可以记起，在第 5 章中介绍过，当 Oracle Application Server 中服务器的 CPU 利用率超过一个阈值时，一个额外的服务器可以自动地添加到该应用服务器中。

9.4　使用 Oracle Grid Control 管理网格

Oracle Grid Control 很大程度地简化了 Oracle 环境的管理，它支持统一的企业网格结构，可以使用前面讨论过的以服务为中心的管理方法。它还提供了一个统一的界面监视和供应资源，以及自动地维护所有的 Oracle 产品。除了 Oracle Database 和 Application Server，Oracle Grid Control 还可以扩展到其他许多 IT 组件，如 IBM WebSphere 和 BEA WebLogic 应用服务器、SQL Server 数据库等。Oacle Grid Control 包括一个 SDK(软件开发包)，该开发包可以用来开发定制的插件。这些插件允许企业扩展 Oracle Grid Control，使它可以管理自己不支持的 IT 组件和应用程序。

在本节中，我们将了解 Oracle Grid Control 的一些特性，正是这些特性把企业带到了企业网格管理模式。

9.4.1　基于策略的标准化

前面的章节已经讨论过，标准化的软件安装有助于减少配置问题。在企业内部署经过良好测试的配置和策略可以减少出错的机会。Oracle Grid Control 提供了一些机制，它可以对系统安装设置和强制执行策略，还为一些如 Oracle Database 和 Oracle Application Server 这样的组件提供了"开包即用"(out-of-box)的预定义策略。管理员可以根据特定的环境自己制定策略，如果 IT 组件运行时违反了它的策略，将会产生警告，这样管理员可以采取行动解决问题。

图 9-1 显示了 Oracle Grid Control 中 Oracle 数据库上的一个预定义策略列表。策略可以分成安全策略或配置策略，数据库日志不能被任何人访问是安全策略的一个例子，而系统自动使用内存管理则是配置策略的一个例子。策略应该定期检查，以防被违背，默认的是 24 小时检查一次。违背策略可以分为报告型、警告型和危急型。

图 9-1　Oracle 数据库的预定义策略

安全相关的策略

Grid Control 提供了一个特定的 Security At a Glance 页面,用来标记与安全相关的策略违背行为,如图 9-2 所示。在这个页面中,管理员可以获得 Grid Control 维护的所有目标的一个安全或隐患的快速全局视图。页面上有两个图表,一个显示了违反次数的变化,另一个显示遵守策略的得分,两者都是以天为单位。安全违反快速的增长极有可能表示正在遭受攻击,统计数据显示了总违反次数、过去 24 小时的违反次数等等,管理员从这些数据中可以判断与安全相关活动的进展,特别是在大型的新的软件部署完毕后。所有的统计数据和图表都能定制,可以只显示特定类型目标或安全级别的违反行为。

该页面上另一块有用的安全信息是关键安全更新的可用性和要求更新的主机数量。把所有的安全相关的信息放在一起后，管理员可以能很轻松地发现问题，也很有利于解决问题，不管系统的数量是 2 还是 200。

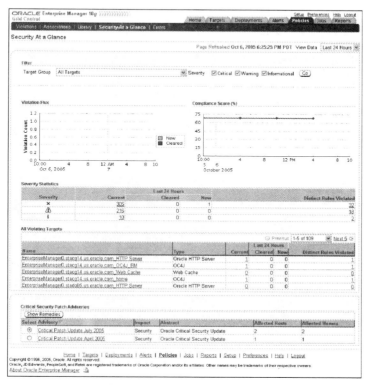

图 9-2　Security At a Glance 页面

9.4.2　分组管理

网格管理工具的一个关键特性是可以把性能和运行相似的资源当做一个集合体管理。Oracle Grid Control 统一了这种特性，它可以把各种类型的资源按组管理，使用一致的管理策略和运作程序。管理员能够把组当做单个集合进行监视，如果需要，还能够更细致地管理每个资源。

1．组管理信息

Oracle Grid Control 有一个组管理页面，管理如数据库组、应用服务器组等组资源。该页面根据资源的类型显示信息，它对组中的组件的健康状况提供了整体估计，包括严重的警告、策略违反、安全策略违背，以及组中组件的部署和配置的摘要。管理员也可以定义各种图表，对组中一些特定的地方进行报告。

另外，管理员还可以定义他们自己的组件组，例如，图 9-3 显示了一组由数据库和主机组成的资源组的管理页面。

图 9-3　Oracle Grid Control 中的组管理

2. 组执行的动作和任务

Grid Control 中的任务系统允许管理员在单个系统或一组系统中自动执行任务，运行的任务可以是一个 OS shell 脚本，也可以是一个 SQL 或 PL/SQL 脚本。当任务在组中应用时，Oracle Grid Control 可以自动地把它应用到组中的每个组件中。Oracle Grid Control 允许该任务立即执行，或者进行调度，使该任务在一个特定时间执行或定期执行。管理员可以使用这种机制执行维护活动，如备份，通常安排在非峰值的时间段内。执行任务时产生的错误可以在组摘要页面以警告的形式向管理员报告。

9.4.3　服务等级的衡量与诊断

当企业资源得到有效的利用时，企业网格管理将给企业应用传递正确的服务等级。这个过程的第一步是衡量传递什么样的服务等级。Oracle Grid Control 上的服务等级衡量与诊断特性允许管理员集中监视和衡量传递给应用的服务等级，它还可以衡量组件传递的服务等级，以及传递该服务等级消耗的资源。Oracle Grid Control 可以收集和维护历史信息，这些历史信息可以用来识别和诊断性能问题。

1. 整体健康状况监视

图 9-4 显示了 Oracle Grid Control 的 Console 页面，该页面为 Oracle Grid Control 跟踪的所有目标的健康状况提供了一个整体视图。它显示了正常运行的目标的百分比、危急警报和暂挂补丁的数量、配置的概况。管理员可以通过该页面获取业务应用和基础组件级别上的详细性能度量。

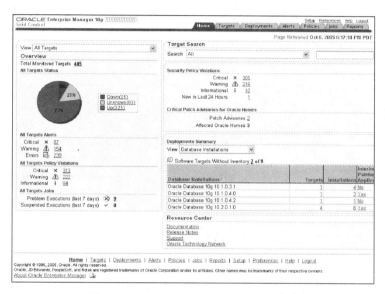

图 9-4　Enterprise Manager Console 页面

2. 衡量应用的服务等级

衡量应用服务等级包括跟踪面向终端用户的应用程序与 Oracle 上基于表单的应用程序的性能。Oracle Grid Control 能够跟踪上述应用执行的业务事务的总体性能，它使用高、低、平均反应时间和吞吐量这样的度量。事务可以定制，我们可以决定事务包含的任务以及哪些用户组需要跟踪。我们还能为应用的可用需求指定参数，为各种度量设置警报和警告阈值。

Oracle Grid Control 有一个有用的功能，那就是它能够重新执行事务。在重新执行的过程中，Oracle Grid Control 将检查各个层次上消耗的时间，如网络层、Web 服务器、java 层和数据库层等，该信息对于主动地分析和诊断应用的性能问题非常有帮助。Oracle Grid Control 可以设置成定期地重新执行事务，如果重新执行的事务的反应时间超过了指定的值，它将发送警报信息。Oracle Grid Control 允许设置信号，使事务可以在不同站点重新执行，信号使管理员可以监视它经过的 URL 上的性能，这可以确保全局用户从应用上获得他们所想要的反应时间。

Oracle Grid Control 还可以通过域、访问者、web 服务器和点击数量跟踪所有 URL 上页面性能度量。通过分析这些度量的属性，我们可以决定应用中指定域内潜在的性能问题。比如，通过与其他 URL 对比，我们可以确定某个 URL 的性能较差。

图 9-5 说明了 Pet Store 应用上各种 Web 请求的性能。这些 Web 请求按反应时间的降序排列，即最慢的 URL 在最上面显示。除此之外，还可以指定不同层次上的反应时间的细目分类，如应用服务器层、数据库服务器层等。

图 9-5　衡量应用服务等级

除了这种跟踪类型，Oracle Grid Control 还允许通过跟踪应用使用的单独的数据中心组件的性能度量，比如数据库、应用服务器和主机，以此跟踪应用服务等级。管理员还可以基于该度量集设置警报，协助主动式的问题检测。这些信息对于衡量组件能维持的工作负荷非常有用，它们可以作为未来部署规模规划的基础。

3. 设置阈值、警报和动作

拥有衡量服务等级的能力后，传递服务等级的下一个步骤是当服务等级没有满足或过量时，对必需的资源分配进行调整。Oracle Grid Control 为终端用户服务等级度量和组件服务等级度量提供了阈值，如警告阈值和危急阈值。当度量值超过了阈值，例如，当 Web 应用的反应时间超过了正常的范围，将产生一个警报，这样，管理员就可以执行恰当的动作解决该警报。除此之外，管理员也可以以任务或脚本的形式定义一个正确的动作，当产生警报时，该动作可以自动执行。例如，反应动作脚本可以为各种企业应用动态地添加或移去资源。

图 9-6 显示了各种度量和"Customer Portal Service"Web 应用上指定的阈值，这些度量会根据指定时间表定期地聚集，我们可以为它们指定警告和危急阈值。举个例子，管理员可以使用该页面指定一个集体的动作，比如，当 OC4J 请求的处理时间超过指定阈值时，系统将启动另一个 OC4J 实例。

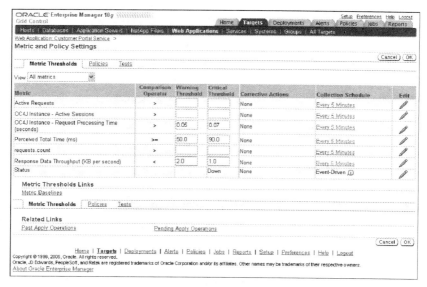

图 9-6 阈值和警报

4. 历史数据分析

在 Oracle Grid Control 中，终端用户和指定组件的服务等级度量的衡量可以持续一段时间，衡量得到的信息有很多用途，更重要的一点是，它们可以用来诊断性能问题。管理员利用组件级别的度量，可以把终端用户服务等级的变化与系统配置的变化关联起来。

历史使用数据能够用来改善 IT 资源的利用，使用它们可以估计出需要多少 IT 资源才可以传递要求的服务等级。这些数据还可以揭示各种应用上的工作负荷的变化趋势，特别是那些基于时刻、日期、周或月波动变化的工作负荷。管理员可以使用这些信息优化资源的利用，还可以动态地供应资源，同时确保满足所有企业应用的需要。

Oracle Grid Control 获取的历史信息可以用来分析利用模式、低利用率的周期、高利用率的周期，以及 IT 资源利用率增长时的模式。有了这些信息，就可以为业务应用集未来的资源规模规划做出更好的决策。

9.4.4　扩展的 Oracle 环境的集中管理

企业向企业网格计算转变的过程中，Oracle Grid Control 为扩展的 Oracle 环境提供了以服务为中心的集中管理。Oracle Grid Control 不仅可以管理 Oracle Database 和 Oracle Application Server 这样的 Oracle 产品，而且可以管理 Oracle 环境中其他 IT 组件，如服务器、存储器、其他应用服务器和应用程序。系统管理员、存储器管理员、数据库管理员和网络管理员等所有类型的 IT 管理员都可以使用 Oracle Grid Control 管理他们的领域。Oracle Grid Control 还为端对端的服务等级管理提供了拓扑视图、服务状态表、增量报表和插件管理等功能。

1．服务拓扑：端对端的应用视图

Oracle Grid Control 提供了一个拓扑视图，用来检查企业应用端对端的拓扑。该拓扑视图能绘制出一个应用的所有组件，还能描述应用与它的依赖物之间的关系，一个应用的依赖物包括其他应用和服务，以及系统硬件和软件组件。拓扑视图以图形的形式显示了可用服务的所有决定因素，当管理员跟踪可用性的依赖关系，分析性能，从顶端到底层分析和查找问题，以及从底层到顶端检查一个组件的影响时，这些信息很有用处。

图 9-7 提供了一个 Web 应用的拓扑图，该 Web 应用包括各种应用服务器组件、数据库和主机。当鼠标指向某个组件时，图上会显示该组件状态的详细信息。

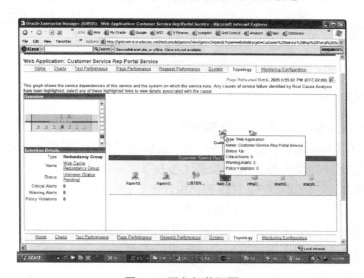

图 9-7　服务拓扑视图

2. 增量报表

Oracle Grid Control 为 IT 执行者提供了增量信息。在 Oracle Grid Control 中，执行者可以得到 IT 系统健康状况的实时和历史信息，这些信息通过系统和服务状态表、即开即用的报表，以及信息发布器定制的报表等功能完成。

服务等级状态表提供了一个集中的业务视图，以及监视企业关键应用的健康状况的窗口。这些可定制的状态表使 IT 管理者可以实时访问每个服务的可用状况、性能、使用的数据以及服务等级统计数据。图 9-8 显示了一个状态表，该表提供了 "Credit History Service"、"Credit Rating Service" 等服务的摘要信息，这些信息包括服务的状态、性能、组件状态，以及随时间变化的服务等级。

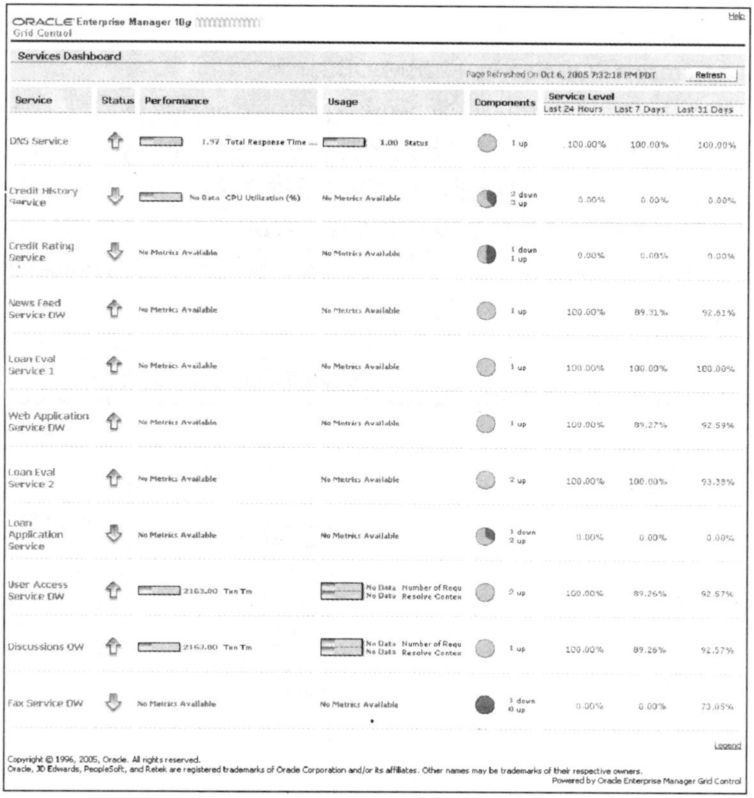

图 9-8　服务状态表

Oracle Grid Control 还为服务、Web 应用和 IT 组件提供了一个用途很广的即开即用报表。在该功能中，报表框架可以定制和创建新的报表，它扩展了 Oracle Grid Control 的报表功能。Oracle Grid Control 包括一个开放式的知识库，可根据服务和服务等级存储、提取定制化的信息。

Oracle Grid Control 的安全设置可以确保报表中用户的授权与鉴定。用户只有在拥有访问信息的权限时，才可以访问报表和图表。

3. 插件管理

插件管理使企业扩展了 Oracle Grid Control 的功能。有了插件管理功能，Oracle Grid Control 就可以管理数据中心的所有组件，这些组件包括服务器、存储器、网络、非 Oracle 的数据库与应用服务器，以及应用程序。插件管理功能一般是由 Oracle、合作伙伴或客户开发的。Oracle Grid Control 包括以下插件：

- 应用服务器：IBM WebSphere 和 BEA Weblogic。
- 网络：Check Point 和 Juniper NetScreen Firewalls，F5 Server Load Balancer。
- 存储器：NetApp Storage 系统。
- 数据库：Microsoft SQL Server 和 IBM DB2。

图 9-9 展示了 Oracle Grid Control 中 Network Appliance 的存储器监视插件。

插件管理提供了监视和管理其他自己开发和打包的应用程序的能力。这些插件自动地扩展了 Oracle Grid Control 的监视和管理功能，如警报、策略、组管理、企业报表、拓扑视图等。举个例子，NetApp 插件把端对端的拓扑视图扩展到 NetApp 存储系统中，现在，除了 Oracle Application Server 和 Oracle Database 之外，服务的端对端视图还包括 NetApp 存储系统。为提供额外的插件，Oracle 一直在与各种公司合作。

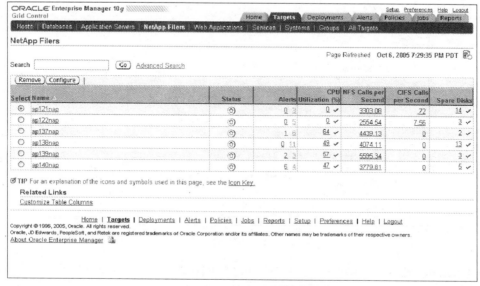

图 9-9　Oracle Grid Control 中的存储监视功能

9.5 网格管理标准化

自从大型机出现后，网格计算经历了一条漫长的道路。网格计算的出现促进了分布式组件的应用，分布式组件解决了企业需要累积的问题。一个企业数据中心由成千上万的组件组成，每个组件拥有自己的管理界面和管理特征。当前，即使是为相同目标设计的组件，它们被相互竞争的开发商生产出来后，会拥有不同的管理界面。简单地使用不同的工具和机制管理组件的模式不能满足数据中心组件数量增长的需要，即使可以，也是相当昂贵的。因此，为了解决企业网格计算管理的问题，人们投入了大量的精力与财力进行研究与尝试。

在第 2 章中曾经讨论过，许多标准化组织正在试图解决该管理难题中的各个方面，这些组织拥有共同的成员，能够建立密切的关系推进标准化。与网格管理领域相关的标准化成果有 CIM、WSDM 等。Oracle 也是标准化进程中一个活跃的成员，在 DMTF、OASIS、GGF 和 EGA 等标准化组织中推进网格管理标准化。

9.5.1 DMFT 的共同信息模型(CIM)

DMFT 的共同信息模型(CIM)是一个概念上的信息模型，该模型描述了企业环境中的计算与业务实体，它使用面向对象的技术，试图统一和扩展现有的方法与管理标准(SNMP、DMI、CMIP 等)，提供一个一致的数据定义与结构。

网格管理中 CIM 的角色

CIM 提供了一个共同和一致的方法描述所有的管理信息。在工业管理中，大多数企业一致认同一个描绘数据中心大量组件的信息模型，然后在实践中遵循它，这还是第一次。随着该标准被大量采用，多个开发商生产的组件将拥有相似的管理界面，该界面允许共同的工具管理组件。各种各样的开发商生产的相互依赖的组件能够协同工作，一起有效地进行管理。

CIM 有两种使用方式，它们如下：

■ 作为一种管理信息来源，该管理信息从中介或设备到达管理者手中。

■ 作为一种在可信的分布式管理系统的各个元素间传送管理数据的方法。

CIM 方案建立了一个描述管理环境的共同的概念框架，它定义了实体的一个基本分类法，该分类法同时考虑分类与关联，还考虑类的一个基本集合，目的是建立一个共同的框架。在解决系统、设备、网络、用户、应用和其他问题空间时，创建了各种"共同模型"方案，这些问题空间通过关联与子类相互联系，源自 CIM Core 中定义的相同的基础对象与概念，这样，管理手段与工具就得到了一种共同的描述语言，用来收集组件中的信息。

在一个给定的环境中从不同的组件收集数据只是管理问题的一个很小的部分，另一个重要的部分是对数据进行规格化和组织化，定位数据和确定语义并不意味着该过程的结束，它往往伴随着业务操作与管理需求的增长，该需求一般以业务的程序与服务的形式出现的。在分布式环境中，有时还需要跨越多个组件的端对端管理，在这种模式中，分离地管理个人电脑、子网、网络核心和单个系统是不够的，这些组件相互操作才能提供连通性与服务。信息需要通过组件之间的分界线，管理也必须通过该分界线。CIM 提供了解决这个问题的方法，它使管理信息可以跨越分布式的管理系统。

大量的服务器、存储器、操作系统和管理工具开发商都已经采用了 CIM。

9.5.2　管理界面

在定义统一的机制，使管理组件与框架之间能够通信的过程中，产生了许多标准化成果，其中有两个显著的成果：DMTF 的 WBEM 与 OASIS 的 WSDM。这些团体与其他组织，如 GGF 和 EGA 一起努力，共同推进网格标准化。

1. DMTF 的基于 Web 的企业管理(WBEM)

WBEM 是一个管理和网络标准化技术的集合，用来统一分布式计算环境的管理，使数据在其他异类的技术与平台之间的交换更方便。WBEM 包括 CIM、CIM-XML、CIM Query 语言、使用 Service Location Protocol(SLP) 的 WBEM Discovery 和 WBEM Universal Resource Identifier(URL)映射。

2. OASIS 的 Web 服务的分布式管理(WSDM)

OASIS 的 Web 服务的分布式管理(WSDM)的技术委员会为管理系统内 Web 服务的使用定义了标准化的规范。特别是，他们的工作集中在两个基础的领域：使用 Web 服务的管理(MUWS)与管理 Web 服务(MOWS)。第 6 章已经对 WSDM 进行了详细的说明。

9.6　本章小结

在 IT 基础设施正确的运作，以满足业务的需求方面，IT 管理发挥了关键的作用。随着业务需求的增长，企业在调整管理人员上遭遇了巨大的挑战，它需要管理和维护数据中心组件，同时，还要满足企业应用服务等级的需求。企业向企业网格管理的转变，有助于解决这些挑战。企业网格管理的发展涉及了 IT 管理哲学的变化，从对一个复杂体的管理，如单个异类的资源管理，转变到把资源当作组的管理。企业网格管理的目的是管理 IT 资源，使它们能够满足企业应用集体的需要。

标准化、合并和集中的管理、以服务为中心的管理以及自动化是企业向企业网格管理方向发展的方法。标准化减少了数据中心组件及组件的布局之间的差异与不均匀性。合并和集中管理把一组相似的资源当成一个整体，以此减少了数据中心单独管理的组件的数量。以服务为中心的管理能够给终端用户传递他们需要的服务等级，服务等级一般用可用性和反应时间表示。

自动化改善了企业内各种普通的管理任务。

  Oracle Grid Control 是 Oracle 公司的一种企业网格管理工具，它能够帮助企业向企业网格计算方向发展。Oracle Grid Control 把许多功能组合在一起，这些功能能帮助公司实现上述的方法。它提供了集中的以服务为中心的管理，可以管理扩展的 Oracle 环境，允许管理员集中地监视和管理传递给终端用户的服务等级。组管理功能使管理员可以把相似的资源当做一个组进行管理，这样，管理员可以轻松地管理大量系统。

  企业数据中心包含了各种开发商提供的软件和硬件组件，这些组件都拥有自己的管理要求与界面，要想用单个管理工具或框架管理它们，或使它们在多个网格管理工具之间实现交互，这要求各种数据中心组件拥有标准的对象数据模型，以及标准的管理界面。各种标准化组织，如 DMTF、OASIS、EGA 等，它们正在努力推进这个标准化进程。

  在下一章中，我们将探讨企业安全管理的主题，以及企业网格模型如何简化和加强企业安全管理。

9.7　参考资料

[K&M IEEE 2004] Kant, Krishna and Mohapatra, Prashant. Internet Data Centers, IEEE Computer 37(11):35-37 (2004)

[Oracle Enterprise Manager] OTN Oracle Enterprise Manager Grid Control
http://www.oracle.com/technology/products/oem/index.html

[Oracle App Server] Oracle Application Server Management
http://www.oracle.com/technology/ products/oem/as_mgmt/wp_as1012_mgmt.pdf

[Oracle Database] Oracle Enterprise Manager10gR2 Grid Control: New Features for Database Management (as Oracle Whitepaper). August 2005.
http://www.oracle.com/technology/products/oem/ new_db_Features.pdf

[CIM] DMTF Web-based Enterprise Management
http://www.dmtf.org/standards/wbem/

[WS-DM TC] OASIS Web Services Distributed Management
http://www.oasis-open.org/committees/wsdm

第 10 章

企业网格安全

　　随着对信息技术和网络互连的依赖的增长，当前企业越来越面临资源安全性的挑战。企业安全过去常常被误解为一种技术问题，因此把它简单地划到 IT 领域中。尽管如此，人们渐渐地认为企业安全性在业务上具有战略的重要性，一个明显的例子是现在大多数企业都有首席安全官，类似于 CTO 或 CIO。企业安全是一个必须从组织级别着手的过程，这个过程中信息技术提供了保护企业关键资源的方法。

　　在本章中，我们将讨论企业网格计算对当前企业安全的影响。企业必须解决的安全性挑战在企业网格环境中也必须得到解决，然而，企业网格中基础设施和信息得到的巩固可以很大地简化安全管理。与单个业务单元和应用上"烟道式"部署的安全解决方案相比，企业网格更容易推动企业范围内安全解决方案的建立与管理。最优的安全策略与方针可以在中心定义、部署和管理，在应用层面向服务的结构(SOA)可以推动企业向集中一致管理的转变。本章还将探讨企业安全中已经显现的一些趋势以及它们与企业网格的关系，这些趋势包括联合的安全机制与标准，如 WS-Security 和 Liberty Alliance 计划。

10.1 企业安全管理概述

企业安全管理是一个保护关键资源和保证业务持续运作的过程。安全方面的失误产生的风险包括客户不满意、信誉和股价下降、规章制度的破坏以及企业信心的丧失。企业安全管理包含多个方面，它需要决定保护的对象、业务对安全的依赖程度和违背安全带来的风险。

随着企业运作与技术紧密相连，企业安全管理一个重大部分是保护企业运行所需的 IT 基础设施、企业应用和信息。它涉及验证用户，保证用户访问正确的信息，当用户不再访问时，去掉他们的访问权限。这些用户包括顾客、职员和合作伙伴。下面我们探讨企业安全的各个组成。

10.1.1 系统安全

系统安全确保 IT 基础设施的安全。存储器、服务器、数据库、应用服务器等所有 IT 系统必须拒绝未授权用户的访问。另一个方面，系统安全也确保合法用户和应用能够安全、可靠地完成他们的任务。

拒绝为合法用户服务作为一个系统漏洞，它是一个严重的问题。当未授权用户访问系统时，他们必须很快被检查出来。安全性被破坏不能造成企业运作崩溃，它应该被快速地隔离或限制。因此，企业安全管理为安全破坏行为创建了弹性机制，这样可以降低风险，阻止风险再次发生。

正确配置 IT 系统是系统安全的关键。例如，安装系统时应该更换默认密码，还有，当 IT 组件发布与安全相关的补丁时，这些补丁应该及时地应用到系统上。

传输关键信息时应该阻止恶意用户的窃取。因此，保护网络和通信线路也是确保系统安全的一个重要方面。

10.1.2 信息安全

企业运作时生成的信息或数据是企业关键的竞争资本，它们必须得到很好的保护。信息安全不仅指对信息访问的保护，它也包括信息完整性的保护。如果信息不可靠，那么它也就没有意义了。因此，信息安全必须保证存储数据的安全。如第 7 章所讨论的，企业使用各种存储方法存储和访问信息，这些方法包括主目录、数据库、应用程序和协作工具。企业还必须保护数据的隐私性，符合原则和规章制度的管理对企业保证信息安全性增加了压力，任何人都不可以看到他不应该看到的信息，任何对关键信息的访问或更新都需要经过审核。

不管是直接访问数据库，还是经过应用程序或协作工具得到的关键信息，它大部分存储在数据库中。因此，本章中讨论的关于数据保护的问题和解决方案大多与数据库的安全性相关。

10.1.3 应用层安全

企业应用支撑着与业务运作相关的业务逻辑，业务过程与关键信息一样也需要保护。企业需要确保授权用户可以访问应用，而非授权用户不可以，还需要审核某些关键业务操作是否符合原则和规章制度，对于企业用户，他们需要应用能够可靠地访问。

10.1.4 身份管理

企业有不同的用户，如顾客、职员和同伙，他们需要访问不同的 IT 系统、信息和应用。身份管理包含身份鉴定和身份授权，这两者都横跨 IT 栈的各个层次——系统层、信息层和应用层，现在，它们在需要管理和授权的 IT 系统中自动交互的作用日益增强。

身份管理涉及三个关键元素：

- 鉴定(Authentication)：当用户登录系统时，他必须通过鉴定以决定他是否是合法的用户，这种鉴定一般包括用户帐户和密码管理。
- 授权(Authorization)：用户通过鉴定后，他必须被检查是否具有执行该操作、查看或修改访问的数据的权限。
- 责任(Accountability)：用户执行了操作后，他必须对该操作负责。这涉及对操作的审核，以确保将来的引用。

跨企业的身份管理

现在企业日益面临着与业务伙伴等其他企业在应用实现互操作的需求。随着 IT 在企业间联系越来越紧密，以及业务合并和购买行为的发展，用户的访问跨越不同的合作企业时，他们需要跨越这些企业的应用层，这种访问行为也必须保证安全性。当雇员加入一个组织时，他应该自动获得访问权限，同样，当他离开组织时，其相应的访问权限应该被去掉。

10.2 当前企业的安全问题

现今企业结构中流行的应用和基础设施 silo 带来了巨大的安全性挑战。在分片断的 IT 结构中，每个系统和应用都拥有自己的底层安全结构。事实上，系统之间的物理隔离由于能够限制访问，常常被误解为一种很好的安全机制。在本节，我们将探讨该方法存在的问题。

10.2.1 物理隔离

过去，企业出于各种安全因素，在不同的应用间采用物理隔离的方法。例如，为了保证性能，一个给定的应用集合只允许某类用户访问，这样，应用环境可能在物理上进行隔离，应用程序运行在完全不同的硬件上，或者访问不同的数据库。在表面上，这种方法好像可以保护一个应用不受其他应用的影响，比如，一个应用上的不良的用户行为无论在性能还是可用性方面，都不能影响到其他应用。尽管如此，随着 IT 系统之间联系日益紧密，物理隔离这种方法不再可行，事实，它反而会降低安全性。

在今天，系统管理的复杂性使企业内部基础设施产生了大量分散的"孤岛"，企业内使用着各种各样的系统结构、操作系统、系统软件产品和应用程序，这是物理隔离必须处理的情况。每个系统都要求使用不同的安全软件，而每种软件又有自己的特点，需要专业的管理员、维护和授权等。所以，在安全性方面，每个系统独立的进行配置和管理。

系统的数量庞大，以及系统之间要求更高互操作能力，导致出现失误和安全漏洞的概率大大增加。每当雇员加入或离开公司时，每个这样的系统都需要增加或删除用户。如果某个系统没有及时删除离职的用户，那么系统将产生一个公开的安全漏洞。由于大量的系统组合在一起，需要处理更多的潜在的漏洞，所以，这种方法降低了企业的安全性。

最后，重复一下在本书中已经反复阐述过的观点，silo 类型的方法在资源整体利用率上造成了巨大的浪费，因为每个 silo 必须预留资源以备系统峰值时使用。此外，由于每个系统都需要单独管理，使 IT 系统的整体管理成本极其高昂。

10.2.2　在弱点上的注意力多于业务风险

企业安全性的调查显示，安全性必须作为企业范围内的风险管理进行实施，而不是每日或每个系统上的弱点管理。实施企业安全管理时，应该在企业级别确定关键业务资产上的安全失误的影响，主动采取措施保护它们，而不是以反应的方式处理安全问题。

在当前的企业架构中，整个系统的安全机制并不统一，存在很多潜在的弱点。所以，不可能很快、有效地确定当前的威胁级别，每个系统上未决的安全威胁必须单独解决。例如，一个拒绝服务的病毒攻击在一个部门出现一次后，可能几个小时都不会引起注意。这就没法有效地区分某个威胁的级别，因为整个系统不能看到这个威胁。在这种模式下，系统管理员不能处理威胁持续的攻击。

当基础设施分成许多单元时，对于一个更好的评估风险或觉察安全漏洞的机制，企业很难在企业范围内推广。它不存在凝聚力很强的战略来处理安全漏洞。如果一个部门感染了某个病毒，分段的基础设施架构不能帮助其他部门免受该病毒的感染，因为无法提前警告它们。

10.2.3　应用中硬编码的安全策略

当前，企业中有很多同构式的应用。除了业务逻辑，所有与安全或制度相关的策略都在应用中硬编码实现。每个应用把控制逻辑进行硬编码，规定了哪些用户可以访问该应用，这些用户能执行什么样的操作以及哪些操作需要审核。更新这些安全策略需要重新开发软件。当业务状况发生改变时，维护这些应用是一件成本很高的事情。这种方式已经过时，而且会导致安全弱点，此外，还会分散身份，如下节所述。

10.2.4　太多的身份

企业中每个系统、主机和应用都需要进行用户访问控制与身份管理。如果一个架构以临时的方式组织，那么用户身份的管理也是如此，它把用户账号、密码等分散管理。终端用户常常忘记自己的密码，或者密码不难猜测，这也会导致应用漏洞。

每个业务单元可能会定义不同的安全策略，这些策略必须手动强制执行。这样，很普遍的做法是在每个应用上而不是整个企业中形成身份管理解决方案。当应用架构变成多层和分布的模式时，保证它们的安全就越来越复杂。不同的应用框架可能包括不同的安全模式，这使身份管理不仅成本高，而且会显著地降低 IT 系统的安全性。

10.3　企业网格的安全性

一些人们可能觉得网格计算的互连模式会降低企业系统和应用的安全性。在本节中，我们将探讨网格计算不仅能够提高 IT 的安全性，还能够降低成本的原因。

10.3.1　网格给安全性带来了什么？

在身份管理、认证、授权、机密性、可用性、认可和审核等领域，企业网格没有排除传统的安全性原则与控制，只是改变了其中的一些名字。在传统的企业架构中需要的原则和控制，在企业网格环境中也会需要它们。尽管如此，企业网格开创的集中管理 IT 基础设施的模式，在安全性方面创建了一个企业范围内透视图。下面详细地探讨其中的要点。

1. 通过集中管理改善安全性

在企业网格中，安全性不再是在每个系统或每个应用的基础上进行管理，而是在企业 IT 和应用集体的等级上进行管理。企业可以设置企业范围内标准化的安全策略和指导方针。

改善系统安全性：通过改善 IT 系统整体的可用性和容错能力，企业网格可以降低拒绝服务这样的破坏性安全攻击带来的风险。IT 系统可以迅速地处理这些攻击，而不降低可用性。企业网格可以遏制恶意用户可以利用的资源，隔离受影响的系统，使用其他可用资源继续提供服务。可用性的增加和安全性的改善降低了业务的风险，而业务风险往往会损失收入或客户。

系统运行时与安全相关的活动可以实现自动化，如打补丁，管理员小组可以从这些琐碎的事情中节省出时间，用于检查更多的风险领域，从而采取措施保护它们。

因此，企业网格改善了 IT 基础设施的整体系统安全性。

改善信息安全性：企业网格中系统安全性得到改善后，信息安全性也就得到了改善。如前面指出的，数据的完整性是信息安全的一个重要方面。把多个自治数据库上的数据点合并成一个逻辑的信息源，可以简化信息的保护，信息的完整性也易于维护。对于业务正常运转所需的信息访问，它提供了可靠的服务。

改善身份管理：应用层向面向服务的架构(SOA)发展时，企业有必要对应用进行集中的身份管理。集中的身份管理不仅改善了企业应用的整体安全性，而且能够减低成本。

2. 降低成本

IT 安全性集体的管理模式可以显著地降低安全管理的成本。安全管理成本的一个因素是杀毒工具等安全性软件的许可成本。现在这些工具可以在企业级别上共享，与此相似的是，现在 WORM 存储器这样的专用硬件投资也可以在多个应用间共享。因此，企业网格可以降低确保 IT 基础设施安全性所需的软件和硬件成本。

3. 以风险为中心的安全管理

企业网格计算能够把企业安全管理转向以风险为中心的模式，该模式正是 CERT 等安全专家极力推荐的。企业可以把安全性当做一个业务问题，而不仅仅是一个技术问题。在企业范围的安全模式，预先警报系统可以告诉整个企业何时将发生攻击，管理员根据安全问题对业务的风险程度，可以对它们进行优先级排序。预先警报系统还可以跟踪历史安全问题，从而改善企业的整体安全策略。

在下一节中，我们将讨论企业网格处理安全问题的细节。在安全性方面，不同 IT 模式上的企业网格计算可以带来同样的需求。我们将按 Enterprise Grid Alliance 的 Grid Security Requirements 文档[EGA Security]上的提纲来介绍 IT 基础设施的安全性需求。然后，我们还将讨论信息层和应用层如何解决安全性问题。

10.3.2　EGA 模式中的 IT 基础设施安全性

在第 3 章中，我们介绍了网格数据中心的 EGA Reference Model [EGA Ref Model]。该模式为企业网格提供了一个方便的安全性框架。下面我们将从网格组件和网格管理实体(GME)的角度讨论安全性需求，而不是从存储器、服务器等单个的 IT 组件的角度。当企业把这些概念映射到网格中各种真实的组件上时，它们可以把各种需求转变成组件上特定的安全性解决方案。

1. 网格组件生命周期中的安全性

根据 EGA Reference Model，每个数据中心组件，无论它是服务器或存储阵列这样的物理组件，还是数据库或 ERP 服务这样的逻辑组件，它们都是网格组件。网格组件组合在一起，形成更复杂的元素(本身也是网格组件)，继而组成 IT 系统，以此满足企业应用的需要。这与 IT 系统从一个安全性透视图部署成到现在的模式有点类似。因此，网格组件的安全性需求和解决方案与当前数据中心组件部署的需求和解决方案相同。

网格组件在它的生命周期中要经历一系列重复的供应、管理和取消等步骤。下面让我们了解网格组件的生命周期中每个步骤必须评估的安全性需求。

供应：即使在网格模式下，组件也必须使用传统的安全性解决方案保证安全。然而，每类型组件只创建和应用了少量的标准化配置，因此，没有必要明确地保护每个组件的安全性，确保这些配置和配置使用的软件镜像的安全性已经足够了。当供应组件时，只需要简单地使用其中一个安全性配置，就会自动地确保组件的安全性。

当向系统中供应网格组件时，必须检查谁请求该组件，该请求是否已经授权。供应的时间应该纪录下来以备核算和收费。供应组件时，系统必须满足一些直接或间接的与组件部署有关的依赖关系，如没有建立防火墙之前 Web 服务器不能启动。

由于网格组件可以动态地供应给不同的应用，网格中必须处理一个额外的安全需求，在供应组件之前，必须清除组件中以前的数据，防止先前的用户留下恶意软件。

管理：在网格组件管理过程中，可能要求管理切换。这些管理操作应该在授权实体的指导下进行。例如，只有拥有管理员权限的用户才能在网格中增加或删除组件。安全性基础设施也需要跟踪组件之间的依赖关系，安全地执行正确的操作。例如，在集群中增加一个新的数据库实例要求设置服务器，把合适的共享存储器安装在服务器上，这些操作要求服务器、共享存储器和数据库的管理权限。

网格组件的安全框架还包括监视、检测安全漏洞和尝试非法侵入的能力。这涉及了对各种管理操作进行日志纪录，以及尝试登录失败一定次数后就禁止访问等技术。一旦检测出错误，系统必须拥有警报机制通知相关人员。

取消：当组件永久性的报废，或另做它用时，就需要从系统取消一个组件。无论哪种情况，组件中有用的信息都必须保存下来，如通过备份、系统日志等。此外，组件还必须清除所有的敏感信息。

2. GME 安全性

EGA Reference Model 把网格管理实体(GME)定义为一个逻辑的实体，该实体封装了把企业数据中心变成企业网格的操作。GME 能够供应、管理和取消网格资源池，因此，它通过在逻辑上集中各种安全管理操作，在简化企业安全管理上发挥了关键作用。GME 从安全策略的立场出发，可以对网格组件进行强制、审核和验证等操作。

GME 还负责管理网格组件访问的用户身份、管理角色、鉴定、授权和审核。它也可以作为一个集中的机制获取、存储和分析与安全相关的数据和警报。当网格组件加入或离开网格时，GME 必须在网格组件周围强制执行可信模式。特别是，GME 必须能够证实某个组件是一个真正的网格组件，当它处理服务器时，它要确保服务器已经根据安全性透视图得到恰当的配置。前面的章节已经讨论过，在供应和取消组件，以及管理组件间与安全相关的依赖关系时，GME 要强制执行安全性要求。

前面我们已经讨论过，应用的物理隔离方法行不通，企业网格把应用单独拥有基础设施的模式转变成共享使用。然而，当 silo 类型的环境在物理上转变为组件池，由多个不相关的应用和服务共享使用的模式时，仍然需要在逻辑上隔离不同应用，确保它们的安全。例如，同一个存储器网络可能会同时为两个应用提供存储功能，但一个应用上的用户不应该看到另一个应用存储的数据。在 GME 中，通过集中的策略定义和强制执行的机制，在网格基础设施管理的级别上，提供安全隔离，但又不需要进行物理隔离，可以解决这个问题。

需要指出一点是，GME 通过集中处理所有与安全相关的活动，将变成恶意用户一个诱人的攻击目标。GME 上必须采取特殊的措施确保它的安全。尽管如此，单个集中的安全点产生的风险远比遍布企业、无数个不同组件上的安全弱点造成的风险轻，而且更可管理。

10.3.3　信息网格安全性

信息网格通过合并不同的信息源，减少了信息源的总体数量，它还统一了信息源访问与操作的方式。在信息网格中，数据私密、灵活和审核上的解决方案与传统的一样。但是，既然集中化减少了解决方案需要实现的地方，那么安全弱点的数量也就减少了。

企业大部分关键信息存储在数据库中。数据库的安全性解决方案有助于企业确保信息不被非授权用户访问，以及确保授权用户和应用便利地访问信息。数据库开发商合并了更多的技术，如细粒度的访问控制、审核策略、更强的加密能力等，这些技术保证了关键数据的安全性。有了信息网格，这些解决方案现在可以在数量更小的系统上实现，因此，它能降低信息安全管理的成本，同时改善安全性。

用户身份管理是信息网格安全性的一个关键元素。如本节下面关于身份管理的讨论中所述，企业现在可以跨信息源和应用集中管理验证和授权，因此可以减少身份管理的总体成本，提供更好的用户服务。

10.3.4　应用网格安全性

在基于 SOA 的应用网格中，应用可以分解成各种可重用的服务(或应用模块)，使应用间的交互更加动态化。在这种形式下，对每个服务的访问接口进行硬编码再也行不通了。既然这些可重用的模块可以作为许多不同业务工作流的一部分，那么，用户可以在工作流的某个地方进行授权和验证的假设不再成立。因此，这产生了很多安全性忧虑，包括用户身份的验证和授权、关键业务操作的审核和身份管理。更进一步，随着自服务应用的分散，员工使用它们进行日常的操作，企业用户不可能记住每个应用的密码，在操作时输入它们。这导致了身份管理与应用逻辑的分离，也形成了安全性作为一种服务的概念。

1. 安全性作为一种服务

安全性作为一种服务，意味着它把安全性操作独立地封装在核心业务逻辑之外，这种方式提供了其他面向服务的实现产生的所有好处。现在，同一种安全性服务可以用于不同的应用模块(或服务)，甚至，一种普通的实现可以在整个企业中使用。这不仅提高了安全性，而且减少了安全管理的整体成本。

不能忽视的另一个方面是一种可靠的安全实现往往要求专门的技术。像 J2EE 这样的框架，它消除了应用程序开发人员实现系统软件的负担，在这方面，安全性作为一种服务的方式有点类似，它把实现安全性的任务从业务逻辑开发人员中分离出来，换句话说，让业务逻辑开发人员专注于业务逻辑的开发，安全性专家确保业务工作流的安全性。把企业安全性的战略重要性与业务同等考虑，这在当前相当重要。安全性当做一种单独的服务，更便于企业达到安全的目的。

10.3.5 身份管理

身份管理是安全性中更易于采用面向服务的方法的一个方面。在企业网格中，身份管理更好实现，企业可以在系统、数据库和应用组成的集合上集中管理身份，而不用在每个系统上进行管理。

业务状况的变化，如合并和并购，或者 IT 的发展，可能会在不同时期产生多个集中管理解决方案。联合的身份管理有助于协调这些解决方案，使企业用户或顾客获得单个身份管理解决方案带来的无缝的体验。

在本节中，我们将进一步介绍集中的身份管理和联合的身份管理解决方案。

1. 集中的身份管理：单一登录

安全性与单独的系统和应用逻辑分离，使企业有能实现集中的身份管理解决方案。现在，企业可以不再为每个单独的系统或应用设置用户账号，它可以设置全局的身份目录，基于标准的产品如 LDAP 可以做到这点。这种方式简化了账号管理，它使终端用户有了统一的身份，再也不用去记住很多不同的用户名和密码。

集中身份管理还简化了管理员的工作。当一个员工被雇用或离职时，管理员可以在一个地方准许或删除他的访问权限，这可以更好地审核员工的行为。如果每个员工都拥有准确的数字身份，那么企业的安全性将会更高，因为非授权访问可以很轻松地跟踪到某个账户或个人。它还可能实现自动地访问控制，如为新雇员设置默认的的账号，在 24 小时内删除离职雇员的访问权限等。

有了集中的身份管理，企业可以建立企业范围的安全策略指导方针，这样，在安全性方面所有的应用都有相似的行为。企业可以对多个应用实行单一登录的方式，换句话说，用户一旦登录到某个应用的入口或主页，他就可以访问很多不同的应用，从而改善整体用户体验。

2. 联合的身份管理

尽管集中的身份管理对安全性有极大的帮助，可以减少安全管理的总体成本，然而，开发这样的一种统一的解决方案并非总是可行。随着企业不断地合并和购买，它们得到的应用和解决方案经常使用了不同的集中安全管理,因此,在某些大型企业中,不同的应用单元上可能使用了不兼容的身份管理解决方案。实际上,这种环境中使用单一的统一身份管理方案并不灵活,此时,联合的身份管理(FIM)解决方案可以解决这个问题。在 FIM 中,本地身份和它们相关的数据放在适当的位置,但是,身份之间又用更高级别的机制联系在一起。当业务单元使用不同的 SOA 方案或集中身份管理方案时,FIM 可以把它们整合在一起。

在这不断虚拟化的世界中,企业的业务与它们的同伙、供应商和客户以电子的方式交互,需要保护这些交互行为的安全性。FIM 提供了逻辑上的集中身份管理方式,允许企业跨越组织边界,给信息和应用提供安全、授权的访问。

10.3.6 安全性标准化成果

许多标准化成果为安全性解决方案提供了标准的机制,其中著名的有 SML、Web Services Security(WS-Security)和 Liberty Alliance。

1. SAML

SAML(Security Assertions Markup Language)是一个 OASIS 标准,为计算实体传送安全与身份(如验证、权利和属性)信息。SAML 促进了异类安全系统之间的互操作能力,为跨企业的事务安全提供了框架,它是许多联合身份管理解决方案的基础。对于特定开发商的实现和架构,SAML 通过抽象出安全性框架,提供了平台中立性。它允许在跨企业和跨开发商的应用之间实现松耦合,因为它不需要在各个目录之间维护和同步用户信息。SAML 验证方式允许联合的单一登录和单一注销模式,也就是说,它允许用户在某个身份提供商上进行验证,然后该用户无需另外的验证,就可以访问其他服务提供商上的服务或资源。SAML 已经被所有主要的开发商认可,它建立在 WS-Security 和 Liberty Alliance 标准上。

2. Liberty Alliance

Liberty Alliance 是一个全球性的开发式联合身份与 Web 服务标准的协议。Liberty Alliance 专注于下列关键领域的标准化发展:Liberty ID-FF 下标准的身份联合、Liberty ID-WSF 下标准的基于身份的 Web 服务,以及 Liberty ID-SIS 下身份服务界面规范集。Liberty Alliance 与其他标准化组织共同协作,如 OASIS 和 W3C 等联合身份标准组织。

3. WS-Security

WS-Security 是一个 OASIS 标准,它通过信息整合、信息保密、单个信息验证等机制提高了 SOAP 的通信能力,以此提供质量保护。这些机制包含了一系列的安全模式和加密机制。WS-Security 还提供了一种多方面的机制,用来标志信息的安全性,它可以扩展,支持多种安全性标志格式,例如,一个客户可以提供身份证明,也可以提供特定的业务证明。另外,

WS-Security 描述了 X.509 证明和 Kerberos Ticket 的编码方式，以及如何包含一个不透明的密钥。WS-Security 还拥有扩展机制，可以用来进一步描述信息中包含的证书的特征。

4. 其他 OASIS 标准

OASIS 安全性方面的标准还包括 Application Vulnerability Description Language(AVDL)。AVDL 建立了一个统一的方式，该方式使用 XML 描述应用的安全弱点。防止攻击的产品可以读取 ADVL 文件，根据新的弱点、攻击活动或补丁部署自动地生成策略。应用开发商和安全研究组织还可以在安全警告中直接加入 ADVL 描述。通过使用一致的通信格式，各种扫描工具进行的漏洞访问也可用来改善漏洞报告和调整程序。

OASIS 的成员还提出了一些规范，如 Digital Signature Services(DSS)、Public Key Infrastructure(PKI)和 XCBF(XML Common Biometric Format)。XCBF 基于人体特征，如 DNA、指纹、虹膜扫描、手型等，详细规范了描述身份验证信息的标准化方法。将来，数据签名将成为电子行为认证的流行方式。

10.4 Oracle 中的企业网格安全性

由 Oracle Grid Control、Oracle Database 和 Oracle Fusion Middleware 组成的 Oracle 平台提供了一整套的技术，用来确保企业网格的安全性，其中，Oracle Fusion Middleware 包括 Oracle Application Server 和 Oracle Identity management 解决方案。Oracle Grid Control 提供了一个单独的同构工具，集中管理 IT 基础设施的安全性，能够降低安全管理的成本。Oracle Database 提供了全面的技术保护信息安全，从细粒度的安全和加密到跨多个数据库的集中安全管理。Oracle Fusion Middleware 包括 Oracle Application Server 和 Oracle Identity management 解决方案，它使用 SOA 技术，为开发安全的企业应用提供了集中的身份管理。Oracle Identity management 提供了全面的集中和联合的身份管理解决方案。

10.4.1 使用 Oracle Grid Control 保护 IT 基础设施的安全性

Oracle Grid Control 为企业数据中心提供了集中的管理方式。企业可以集中应用最佳实践安全策略，它保证了 IT 系统的安全性，提供了更好的保护机制，以免系统受到安全威胁。在第 8 章和第 9 章中我们已经详细地介绍过 Oracle Grid Control 了，所以这里我们只大概地介绍一下它的特点。

1. 整个企业上安全性的最佳实践

Oracle Grid Control 允许企业集中定义最佳实践和安全策略，把它们应用到整个企业中各个 IT 系统上。在 Oracle Grid Control 的管理范围内，新系统在安装或启动时，这些策略可以自动地应用到新系统上。Oracle Grid Control 将定期地检查违背策略的行为，把它们报告给管理员。根据违背行为的性质，它们可以分为通知、警告、危急三种类型。Oracle Grid Control 还能为 Oracle Database、Oracle Application Server 和主机系统预先定义安全策略。

2. 便于部署的安全配置

前面已经讨论过，在企业网格模式下，企业只需要为 IT 系统定义少量的安全配置。Oracle Grid Control 扮演了 GME 的角色，可以在系统的一个组中轻松地部署数据库、应用服务器等组件的安全配置。每个组并不需要测试和开发自己的配置，这个任务由一个核心组来来完成，该核心组可以分配更多的资源来定义可靠的配置，确保这些配置在安全方面经过了良好的测试。然后，这些可靠的配置在企业范围内进行统一部署。Oracle Grid Control 提供了安装镜像配置或克隆现有配置的能力。

3. 补丁安全管理

Oracle Grid Control 可以定期的检查 Oracle MetaLink，查看 IT 系统是否存在可用的补丁。它会给管理员显示可用的补丁，还会标出与安全相关的补丁。管理员可以下载补丁，把它们安排在合适的时间运行。这种方式保证了 IT 系统的安全性。

10.4.2　Oracle 数据库的安全性

数据库网格中是存储关键信息的重要组件。下面我们介绍 Oracle 数据库的一些与企业网格相关的重要特性。

1. 企业用户安全(Enterprise User Security)与代理验证

企业用户安全机制在 Oracle Internet 目录中集中管理用户证书和权限。这种机制避免了网格中同一个用户在多个数据库上创建的情况。基于目录的用户根据该目录指定的证书和权限，可以在企业域内验证和访问所有的数据库。

Oracle 数据库还支持代理验证机制，该机制允许数据库使用 SSL 证书(X.509 证书或 DN)鉴定用户。数据库使用 DN、证书来查询和证明 Oracle Internet Directory 或基于 LDAP 的目录中的用户，验证他们的操作。企业用户机制与代理验证机制整合在一起，这样用户只需要在目录中创建一次，就可以访问不同的数据库和应用。

2. Oracle Virtual Private Database(VPD)和 Lable Security

VPD 提供了一种机制，在该机制下，要求多个用户的数据安全隔离的应用可以使用同一个物理数据库，如多个部门、业务单元、同伙，他们的数据要求安全隔离，但可以放在同一个数据库上。VPD 可以看做数据库上对关键数据进行强制服务、细粒度访问控制这样的一种机制，它保证强制服务性的逻辑数据分离，在单个数据表格中可以做到基于每个用户或每个客户的数据访问。VPD 通过把一个或多个安全策略与表格和视图关联起来，实现了该机制。

Oracle Label Security 建立在 VPD 上面，它给管理员提供了一个即用的行和列级别上的安全解决方案，根据数据的敏感性来控制数据的访问，同时还消除了手动制定策略的需要。一个 GUI 工具 Oracle Policy Manager 给管理员提供了在应用表格的行和列上快速创建和分配 Oracle Label Security 策略的功能。Oracle Database 整合了 Oracle Label Security 和 Oracle Internet Directory(OID)，可以集中管理企业网格中所有用户的策略。

10.4.3　Oracle 身份管理解决方案

Oracle Identity Management 是 Oracle Application Server 的一个关键组件，它与 web cache、web 服务器、Java 容器、LDAP 服务器这些组件高度整合，为 Oracle Application Server 上部署和开发的应用提供了全面的安全性。Oracle Identity Management 包括身份管理的各个方面，如身份供应、目录服务、身份生命周期管理、跨应用的细粒度访问控制、以及跨域的交互。在本节中，我们将介绍 Oracle Identity Management 的各个组件。

1. 访问和身份管理

任何身份管理解决方案必须提供一种方法管理用户和他们的权限，控制他们对企业资源访问，这是首要的也是最重要的。Oracle Identity Management 通过联合三个组件：Oracle COREid Access and Identity、Oracle Application Server Single Sign-On 和 Oracle Delegated Administration Services，实现该功能。这些组件以即用的方式与一些 Oracle 产品整合在一起，如 Oracle Portal、Oracle Collaboration Suite 和 Oracle E-Business Suite。他们还为异构的应用环境提供了集中的细粒度访问管理。

Oracle Identity Management 支持几种流行的身份管理模式，如通过权利集中的管理员、委派的管理员，或通过用户自身使用的自服务应用程序进行管理。COREid 的 Data Anywhere 层允许建立由身份和访问控制属性组成的复合身份概况。这些属性存储在 RDBM 和 LDAP 中。此外，Oracle Identity Management 还支持详细又灵活的报表，报告哪些人访问了哪些应用，这是遵从 Sarbanes-Oxley、HIPAA 和 Gramm-Leach-Bliley 的关键。

2. Oracle Internet Directory

目录服务可以使多个客户查询用户身份和他们访问权限。目录服务是任何集中身份管理策略的关键组件。Oracle Internet Directory 是一个 LDAP v3 目录，建立在 Oracle Database 和服务器上，是 Oracle Identity Management 的核心用户知识库。它为企业中所有的应用提供了一个标准的身份目录，简化了 Oracle 环境的用户管理。Oracle Internet Directory 支持第三方目录解决方案与企业用户知识库的同步，因此允许企业在 Oracle 软件标准化的过程中调整现有的基础设施。

Oracle Viryual Directory 为现有的企业身份信息提供了 LDAP 和 XML 的工业标准视图，它不需要同步或挪动数据的位置。Oracle Viryual Directory 把现有关系数据库内在的联合能力与目录服务结合起来，避免了在身份信息变化时不断的调整应用，如增加用户、改变用户或删除用户。这种方式促进了应用的发展，同时降低了成本。

3. 身份信息供给

Oracle Identity Provisioning 是一个强大而又灵活的企业身份信息供给系统，它可用于异构的 IT 环境，如多个平台、系统、应用等。在整个身份管理生命周期中，Oracle Identity Provisioning 管理用户的访问权限，从初始访问权限的创建，到运行时由于业务需求引起的变化。它通过强制执行安全策略，除去或终止非授权访问的账号，改善了企业的安全性。它还为 Sarbanes-Oxley、HIPAA 等原则特定的安全需求提供了高成本效益、可检查顺从性的解决方案。此外，Oracle Identity Provisioning 还能流线型地组织操作，通过自动的重复性管理任务，如自服务的身份管理，减少了日常开支，降低了成本。

4. 身份联合

Oracle Secure Federation Server 是 Oracle 联合的身份管理解决方案，它使客户能够从一个自包容的软件产品内部管理同伙，可以很轻松地分配他们。Oracle Secure Federation Serve 提供了跨域、单一登录的方式，有助于企业维护客户与同伙交互过程中的机密性和安全原则。Oracle Secure Federation Serve 可以在内部使用各种符合工业标准的联合身份管理解决方案，这些方案基于 SAML、Liberty Alliance 和 WS-Federation 协议。

5. Web Services Manager

Oracle Web Services Manager 是一个全面的解决方案，它可以给现有的或新的 Web 服务增加策略驱动的安全性最佳实践。Oracle Web Services Manager 允许 IT 管理集中定义各种操作的策略，如访问、登录和负载平衡，然后把这些策略整合到现有的 Web 服务中。它还收集统计数据，用来保证服务质量、察看正常运行时间和安全威胁，再用一个 Web 状态表显示出来。这些监视框架也能够用于跨组织的 Web 服务。Oracle Web Services Manager 在安全性和顺从性方面给 Web 服务带来了更好的可视性。

10.5 本章小结

与某些人的信条相反的是，企业网格环境有助于组织提供更安全的 IT 环境和降低成本，它在企业安全性方面提供了很多引人注目的好处。在本章中，我们探讨了系统安全性方面的需求，这些需求在 EGA Security Requirement 文档中提到过。企业网格不需要管理员解决额外的安全问题，这些需求可以以很低成本进行集中管理，同时提高 IT 基础设施的整体安全性。企业网格不需要为每个系统单独设计和管理安全策略，它减少了独立管理的系统数量，可以集中管理企业的安全。在应用层上 SOA 把身份管理从业务逻辑中分离了出来，在网格中，跨多个系统和应用可以集中进行管理，因此简化了用户的身份管理。它提供了一个单独的地方供应和取消用户，这也简化了用户身份管理并降低了身份管理的总体成本，同时改善了用户的总体体验。Oracle 平台提供了全面的功能管理 IT 基础设施的安全性、信息的安全性、应用网格的安全性以及身份管理。

企业 IT 基础设施的另一个操作上的要素是业务持续性。下一章将探讨网格模式在管理业务持续性和给企业应用传递要求的应用等级方面带来的好处。

10.6 参考资料

[EGA Security] EGA Grid Security Requirements v1.0.July 2005.
http://www.gridalliance.org/en/workgroups/GridSecurity.asp

[EGA Ref model] EGA Ref Model v1.0.May 2005.
http://www.gridalliance.org/en/workgroups/ReferenceModel.asp

[CERT] CERT Coordinator Center, Security Practices
http://www.cert.org/nav/index_green.html

[CERT ESM] Enterprise Security Management, An Executive Perspective
http://www.cert.org/archive/pdf/ESM.pdf

[OID] Oracle Technology Network-Oracle Identity Management
http://www.oracle.com/technology/products/id_mgmt/index.html

[OTN Security] OTN Security Technology Center
http://www.oracle.com/technology/deploy/security/index.html

[liberty] Liberty Alliance Project
http://www.projectliberty.org/

[SAML] OASIS Security Assertion Markup Language
http://xml .coverpages.org/saml.html

[AVDL] OASIS Application Vulnerability Description Language(AVDL)
http://www.avdl.org

[WS-Security] OASIS Web Services Security
http://www.oasis-open.org/committees/wss

[XCBF] OASIS XML Common Biometric Format
http://www.oasis-open.org/committees/xcbf/

第 11 章

企业网格的业务连续性

当前企业的日常运作和战略决策所需的信息越来越依赖于 IT 基础设施，因此，在这个充满竞争的环境中，IT 基础设施的可靠性与可用性直接影响着企业的业务。然而，设计一套保证业务持续的 IT 解决方案往往是一件高成本、复杂的事情。本章将探讨在企业网格模式下这种情况有什么变化。网格模式带来的部署方面的变化可以自动地改善基础设施的可用性和成本效益，比如，廉价的商用服务器可以替代同构系统。企业网格通过合并和集中管理企业内部所有的基础设施 silo，可以显著地减少业务持续性解决方案部署和管理的复杂度、成本。本章还将提供 Oracle 网格环境下设计业务持续性解决方案的一些指导方针。

下面开始讨论企业设计业务持续性战略的各个方面。

11.1 企业业务持续的必要性

企业 IT 基础设施一般包括多个组件，每个组件都存在失效的可能性。因此，IT 栈的每个层次都必须解决业务持续的问题。系统中用来支撑业务运作过程的每个组件，如订单入口，只要其中一个失效，往往会造成企业停工，使员工或客户不能进行生产，导致业务收入下降。组件失效还可能丢失关键业务数据，它将影响企业战术或战略的决策过程。因此，企业的业务持续性战略必须分成两个方面：防止停工和保护数据。

11.1.1 防止停工

停工会对企业造成多个方面的影响，如正常操作中断、丧失客户、丢掉信誉、引起诉讼等。经常性或长时间的停工可能会造成经济方面灾难性的后果，所以，HA 解决方案的一个目标就是使停工期最小化。为了更好地达到该目标，关键是了解造成停工的各种可能的因素。图 11-1 说明了停工的各种原因，它们将在下一节中详细阐述。

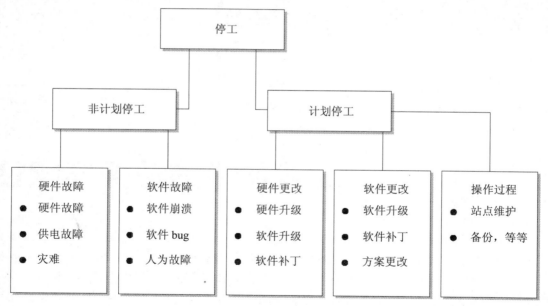

图 11-1　停工的原因

1. 非计划停工

非计划停工指企业应用或业务程序不可预测的中断，引起它的一个原因是应用上运行的 IT 系统的失效。服务器、网卡、HBA、交换机和磁盘等硬件或组件都有一个衡量标准，称做平均故障间隔时间(MTBF)，该标准表示组件在失效前可能的正常运行时间。单个组件的 MTBF 一般相当长，然而，IT 基础设施由大量组件组成，因此，事实上组件失效的可能性相当高。如果失效的组件恰好是系统失效的单节点，那么它将导致整个系统失效。

考虑软件的情况，bug 或病毒可能会引起系统故障，要求系统重新启动。这类失效会造成系统上运行的业务应用中断。

非计划停工可能只持续几秒，也可能持续几个小时甚至几天，这取决于故障本身的特点。防止非计划失效要求做到系统中没有任何单失效点，每个组件存在相应的备份组件。

灾难是造成非计划停工的极端原因，如火灾、地震这样的自然事故。我们把这种情况划分为业务连续性解决方案的一个单独的类别，称为灾难恢复。

2. 计划的停工

IT 系统在运行的时候，也需要维护，如软件和硬件的维护、打补丁、更新等。这些活动一般要求特定的组件停止运行，引起系统停工。尽管如此，这种活动可以选择在对用户影响最小的时候执行。这种情况就是计划的停工，处理相对简单。但是，在当前全天候的业务中，维护窗口经常被缩减，往往没有时间完成所需的操作，因此，确保维护活动执行的时间可预测对企业也是一个挑战。例如，如第 8 章讨论的，软件供应、软件更新可能不会获得预期的进度，这将导致额外的非计划停工。所以，这些活动需要详细的规划与管理。

11.1.2　数据保护

第 7 章曾讨论过，在信息网格中，数据是业务的中心。数据作为业务过程的一个部分，被应用产生和消费。根据不同的应用，数据丢失会对业务操作造成不同程度的破坏。业务中的数据除了自身的价值，管理方面的原因也要求企业长时间地保留数据，因此企业必须采取措施阻止偶然或人为的数据丢失。

数据丢失有很多原因，如存储器失效、服务器失效、软件出现 bug 或者人为的错误。在数据库到存储器的过程中，存在无记载的数据损坏情况，这种情况很难检测。如果没有数据保护，无论何种高可用性策略都是不完善的。

11.1.3　灾难恢复(DR)

地震、火灾或海啸等自然灾难，以及恐怖袭击或计算机病毒等人为灾难，它们都能破坏整个业务站点。处理灾难的解决方案，一般称作灾难恢复解决方案，它要求一个远离现场的位置，即使发生了灾难，关键业务操作仍然可以进行。灾难一般很难发生，因此很多业务忽视了灾难恢复的计划，还有，灾难恢复要求备份的物理站点，它一般是空闲的，但又极其昂贵。尽管如此，随着企业对 IT 依赖程度的增加，灾难恢复解决方案在当前竞争的世界中是必需的。灾难发生后花费数天或数月重建一个数据中心，在这段时间中，企业可能会遭遇严重的经济后果。

11.2　当前业务持续性解决方案的问题

在当前的数据中心中，每个应用 silo 独立地开发自己的业务持续性解决方案，这导致了开发和管理业务持续性方案的高成本。

11.2.1　管理的复杂度

高可用性的解决方案在传统上都认为很复杂，当前企业中岛状的基础设施更加重了业务持续性的复杂度和成本。企业内部基础设施的每个 silo 都要求自己的持续性解决方案。基础设施朝着即席的方式发展，它的每个 silo 要求保持最新的状态，如打补丁、更新、授权等，这导致业务持续性解决方案的部署方式也是即席的方式。

前面已经提起过，IT 栈的每个层必须实现冗余和容错，它的解决方案是根据开发商和平台特定的，每个层次上存在多个选择。因此，业务持续性解决方案常常涉及 IT 各个层次间各种高可靠性技术复杂的协调问题。另外，IT 层次间的持续性解决方案存在重叠问题。比如，存储备份解决方案可能会为数据库备份，而数据库拥有自己的备份与恢复模式。

在传统上，不同企业在不同的应用上部署不同的业务持续性解决，尽管这些企业有相同的 IT 栈。这更加剧了解决方案管理的复杂度。

11.2.2　可用性带来的高成本

业务持续性解决方案一般非常昂贵。一个粗略的拇指原则指出，一个应用实现高可用性的成本可能是部署该应用的成本的三倍，达到 99.9%的可用性意味着需要更多的成本。因此，企业往往在想要的可用性与解决方案的成本间折中。

增加组件冗余的数量往往可以增加可用性。在第 5 章的服务器网格中，我们曾讨论过岛状的计算资源产生极其低的整体利用率的原因，该原因同样适用于业务持续性解决方案，因为冗余组件不能在系统间共享，比如，如果每个部门有单独的文件服务器给文件备份，那么某个部门服务器过剩的容量不能用来满足其他部门的需要。

11.3　企业网格中的业务持续性

企业网格可以更容易、更有效地给企业应用增加业务持续性。

11.3.1　网格架构的好处

在企业网格中，分布在多个岛上的 IT 基础设施可以合并成一个逻辑的资源池，该资源池可以集中地进行管理。企业网格还可以促进模块化、可重用的组件取代同构组件。这些变化给可用性带来很多好处。

1. 内置的弹性机制

企业网格计算的许多指导原则通过简化业务持续性解决方案的设计和供应更多的共享冗余组件，来自动地改善基础设施的弹性。其中一个原则是把同构的基础设施栈分解成模块化、标准的组件。在这方面，服务器就是最好的例子，如果服务器部署在大型的 SMP 结构中，即使在 SMP 内有大量的冗余组件，要想达到高可用性还是要求有一个相同容量的备份服务器。另一方面，简单地增加服务器的数量就可以增加服务器集群组成的服务器架构的可用性，这种方式的一个优点是组成集群的服务器是低成本的模块化服务器，如果其中一个失效，只要简单地替换就可以解决问题，而不要关掉整个集群。因此，集群的架构可以给它上面运行的应用带来更好的可用性。

这个原则还可以应用在应用上，如果一个组件上运行了一个很大的同构应用程序，当该组件失效或需要改变的时候，整个应用都必须重启，给终端用户提供的服务也会中断。另一方面，如果应用使用 SOA 的方式设计，由模块化的服务组成，那么一个或多个服务不可用不会影响整个应用。

2. 共享的业务持续性解决方案

在企业网格中，基础设施经过合并，形成一个个相似资源池，这可以带来两点好处。首先，企业为一个组件设计了持续性解决方案后，该解决方案还可能被相似组件重新使用。其次，业务持续性基础设施可以被多个业务应用共享，例如，一个冗余存储阵列可以在所有需要相同可用性级别的应用间共享，用来备份的文件服务器可以被多个部门共享。

另外，它还可以简化业务持续性解决方案的管理，这点下面将进行介绍。

3. 集中管理业务持续性

集中管理基础设施是企业网格模式的另一个重要原则，它使企业持续性解决方案更易于部署和监控。集中管理大多利用远程管理基础设施的能力，除了可以现场监控和处理故障之外，还可以远程地监控基础设施。事实上，一些管理工具已经包含自动的故障检测与通知功能，如 Oracle Grid Control，一旦检测到故障，它们可以迅速地启动一个失效转移程序。

集中管理的另一个好处是它可以集中跟踪故障率，发现一些不易觉察的趋势。例如，数据中心一个地方经常发生服务器失效，这意味着该地方存在与散热或电源相关的问题。停工的历史信息可以用来设计未来的最佳实践。与 IT 管理的其他方面一样，这种方式下发展起来的业务持续性最佳实践可以在整个企业部署。

合并和集中管理还可以使计划的停工更加可预测，特别是在软件打补丁和更新方面。如第 9 章讨论的，在企业网格管理中，企业可以开发和部署一些著名的、经过良好测试的配置。在这种配置下，企业可以粗放地执行任何补丁或更新程序，它提供了有利的环境来解决问题，能够可靠地估计计划停工的时间，这样就能合理地安排停工期。

4. 减少业务持续的成本

上面所有的好处最终都要转化为节省业务持续性解决方案的成本。企业通过部署标准化的可用性配置，可以最小化设计解决方案上最初的投资，通过在不同应用间共享业务持续基础设施，可以得到更好的利用率，使投资更有效。服务器集群在本质上比单个服务器更加可靠，它能缩短停工期。集群中每个组件都是现成的标准组件，它们更便宜和易于取代。集中和自动化的管理减少了业务持续解决方案的管理成本。

上面节省下来的成本可以用来投资更好或更长期的业务持续性解决方案，如灾难备份解决方案。没有这些节省下来的成本，企业一般会忽视灾难备份。

本节讨论了网格模式给业务持续性带来的一些切合实际的好处，在下节中，我们将阐述网格如何从基础上改变企业对业务持续性的看法，以及企业如何转向以服务为中心的业务持续性。

11.3.2 以服务为中心的业务持续性

在第 9 章的企业网格管理中，我们介绍了以服务为中心的 IT 的概念，以服务为中心的 IT 把注意力放在给各种客户应用传递预先定义的服务等级上面。对于任何应用，可用性是服务质量的关键度量，一个以服务为中心的 IT 组织应该可以量化业务或应用的可用性请求，然后，它可以设计 HA 解决方案满足这些请求。

1. 定义可用性的服务等级度量

下面的因素可以当作设计以服务为中心的业务持续性解决方案时的约束条件：

- 恢复时间目标(RTO)：该度量决定了停工后的平均恢复时间。RTO 由终端用户 SLA，以及用户可觉察的停工期的影响(如零售商的 Web 站点一周内不能停止运行数小时)决定的。
- 恢复点目标(RPO)：该度量可以衡量应用在发生故障后可以容忍的数据丢失量，它取决于数据对应用的重要程度，如金融企业不能容忍任何交易数据的丢失，但可以忍受其他应用几秒钟甚至几分钟的数据丢失。

这些约束条件在不同的停工原因面前也有区别，例如，对于交易应用，业务期间意外的中断超过 15 分钟就是无法接受的，但一周内可以停工几个小时用于计划更新。业务中 RPO 在应用之间还会存在差别，比如客户的订单一旦提交后，订单入口系统就不能丢失他们的订单，然而，数据 silo 在负荷运转的时候，对中断造成的数据丢失有更大的容忍能力。相似的情况还有，由于实现一个 DR 解决方案的成本太高，DR 策略可能只包括关键任务的业务应用程序与系统。

2. 设计业务持续性解决方案

应用以服务为中心的度量量化之后，下一步就是为解决方案选择恰当的技术。在企业网格中，为了充分利用投资，这个过程应该考虑下面的因素。

服务等级目标是根据应用在业务中的临界状态定义的，它必须与业务持续性解决方案的成本得到平衡。成本由两部分组成：技术或设备的成本和管理解决方案的成本。换句话说，业务持续性解决方案必须为资本传递最大的价值。

设计业务持续性解决方案另一个要考虑的因素是该方案是否存在传统的好处，如性能或易于使用。使用低成本服务器组成的集群运行应用时，就可以得到负载平衡和容错的好处。企业应该采用满足多个业务持续性或其他操作的要求的技术，例如，Oracle Data Guard 上的数据库冗余技术就能对灾难和人为失误提供保护，除此之外，Oracle Data Guard 上还有一个逻辑的备用数据库，可作为报表使用。

企业还应该考虑业务持续性解决方案对未来需求的适应性。如果每当企业进行扩展或改变业务程序，业务持续性解决方案就必须重新设计，那么它的成本就很能计算。在理想的状况下，当业务需要扩张或缩减时，企业的业务持续性解决方案应该能够动态地进行调整。

3. 通过信息生命周期管理减少保护数据的成本

数据卷正在不断地增长，而企业要求长时间的数据保护周期。如第 4 章讨论的，信息生命周期管理(LVM)解决方案可以用来减轻数据可用性的成本负担。LVM 和以服务为中心的业务持续性概念紧密相关。企业可以使用分层的存储策略使当前数据的可用性比老的数据高，当前数据相对于历史数据获得了更高程度的可用性服务等级。例如，当前数据可以在基于磁盘的备份系统上每日都进行备份，而老的数据可能只是按规定在成本更低的 WORM 设备上归档。

4. 以服务为中心的业务持续性中可操作的最佳实践的角色

当讨论业务持续性中以服务为中心的方法时，企业仍然有必要推广恰当的 IT 过程与可运作的最佳实践，这样，当需求提高时，业务持续性解决方案能够传递必需的服务等级。相对而言，业务持续性技术不会经常使用，所以定期的操练失效转移程序有利于消除可能的故障，使员工保持警惕。

早期失效的检测与通知相当关键。如果一个失效过了几周还没有被注意到，那些要求手动干预的业务持续性解决方案就没有用处。许多网格技术，如服务器集群，它们都允许自动地启动恢复程序。

为了可靠地跟踪服务等级，企业有必要确定每次导致停工的事故的根本原因，采取预防措施避免以后的故障。服务等级目标需要不断地进行调整，使技术与终端用户的期望匹配。

提前规划更新和打补丁等工作是推广最佳实践的另一个领域。在这方面，面向网格的软件部署实践有助于活动的进行，如使用预先测试好的配置和软件镜像。

11.3.3 企业网格的业务持续性

当前的业务持续性解决方案在企业网格中仍然适用。上一节我们讨论过，企业网格计算减少了部署和管理这些方案的成本。本节中，我们将讨论与本书中介绍的网格技术相关的技术和产品，我们将按它们所应用的 IT 层次对它们进行归类。要指出的一点是，这些技术在本书的其他地方已经讨论过，因此，本章只对它们进行概述。

1. 存储基础设施的可用性

存储阵列一般具有内置的高可用性特点，如 RAID 和动态多路径。RAID 可以防止存储磁盘失效引起的停工，而动态多路径可以防止网络失效引起的停工。存储开发商也可以使用时间点快照、镜像和复制等技术提供数据冗余。当它们结合数据库的备份功能时，数据的可用性能得到很大的提高。

Oracle 的自动存储管理(ASM)是 Oracle Database 的一种功能，它也能提供内置的镜像和失效组 HA 功能，可与那些不具备这些功能的存储器一起使用，对数据进行保护。失效组是磁盘组中共享同一个资源的磁盘集合，ASM 能够智能地把数据的冗余副本分布在独立的失效组中，以此确保一个失效组上数据丢失不会导致系统数据丢失。

2. 服务器基础设施的可用性

服务器集群在服务器层次上提供冗余。第 5 章曾讨论过，企业可以使用低成本、模块化的服务器组成的集群运行企业应用，在集群中，即使一个或多个服务器失效，企业应用仍然能够运行。集群可以显著地改善企业应用的可用性。

数据库集群：Oracle Real Application Clusters(RAC)为 Oracle 数据库提供了一个集群解决方案。RAC 中主动—主动的集群通过保护服务器失效，可以改善 Oracle 数据的可用性，还可以利用额外服务器的能力提供更好的性能。

应用服务器集群：Oracle Application Server 在应用服务器的每层都提供了集群，这些层次如 wen cache、HTTP 服务器和 J2EE 容器。这些层次上的主动—主动式的集群可以保护服务器以免失效，除此之外，还能利用额外的服务器容量改善企业应用的性能。

3. 数据库的可用性

Oracle Data Guard 可以在灾难和数据库失效时保护 Oracle 数据库，它使用一个或多个备用数据库与主数据库同步。当主数据库失效时，用户的连接自动转向备用数据库。逻辑备用数据库还可用于报表功能。备用数据库不需要运行在与主数据库规模相同的硬件上，因此可以减少业务持续性解决方案的成本。这种情况下如果发生失效，虽然系统性能有所下降，但应用仍能正常运行。

Oracle Database 还能提供解决方案保护人为失误与数据丢失，它包括 RMAN(恢复管理器)和 Flashback 技术。RMAN 为 Oracle 数据库提供了备份和恢复功能。Flashback 技术提供了一种相当有效的机制，当人为失误破坏了数据时，该机制可以重新获得老版本数据。

减少计划停工时间：数据库打补丁或版本升级时，需要计划停工。Oracle Database 提供了滚动升级的功能，可以减少维护活动引起的停工时间。补丁程序也可以标记为"可滚动升级"，此时补丁程序每次只在机群数据上运行一个实例，这样打补丁时数据库仍可正常运行。

滚动的版本升级功能消除了由于版本升级导致的停工，Oracle Data Guard 能做到这点，它允许主数据库在逻辑备用数据库升级时继续运行，升级完毕后，备用数据库取代主数据库，然后对主数据库打补丁。这种方式使数据库在升级时正常运行。

4．中间件解决方案

Oracle Application Server 还提供了许多业务持续性方案，这些方案为中间件提供了最大的可用性。

OralceAS Recovery Manager：OralceAS Recovery Manager 为 Oracle Application Server 环境提供了备份和恢复的功能。它采用单命令的方式对整个环境进行一致备份，该环境包括 Oracle 软件文件、Oracle Application Server 配置文件、分布式的配置管理文件、元数据知识库文件等。一致的备份确保了应用服务器环境失效后可以恢复到某个一致的状态。

OracleAS Guard：OracleAS Guard 保护 Oracle Application Server 的方式类似于 Oracle Data Guard 保护 Oracle Database 的方式。OracleAS Guard 为 Oracle Application Server 提供了灾难恢复解决方案，可以自动实例化备用服务器场，备用服务器场是主服务器场的镜像。它可以使备用场与主服务器场保持同步。

5．最大的可用性架构

部署各种 IT 组件时，我们已经强调了发展企业范围内标准化的最佳实践的重要性，在这方面业务持续性解决方案也一样。Oracle 的最大可用性架构(MAA)提供了部署 Oracle 业务持续性解决方案和建议的蓝图和最佳实践。Oracle 为广泛的 Oracle 产品提供了指导方针，这些产品包括 Oracle Database、Oracle Application Server、Oracle Collaboration Suite 和 Oracle Data Guard。MAA 涉及了这些产品的结构、配置和操作。

6．业务持续性管理与自动化

管理端对端的业务持续性解决方案是一种挑战。许多开发商增强了产品的功能，使它们包含了业务持续性解决方案的管理与自动化的功能。Oracle Grid Control 提供了集中管理 Oracle 环境的能力，它能够以即开即用的方式管理业务持续性解决方案及 Oracle 软件，除此之外，它还能监视 Oracle 环境中客户使用的组件。

监视和检查数据中心组件的健康状况：Oracle Grid Control 可以集中监视数据中心各种组件的可用性和性能度量，这些组件包括存储器、服务器、数据库、应用服务器等。在 Oracle Grid Control 中增加管理插件，可以扩展它的功能，使它能够监视非 Oracle 组件，如 SQL Server、IBM WebSphere、NetApp 存储系统等。管理员可以创建服务等级状态表，用来监视这些组件的健康状况。第 9 章已经讨论过，Grid Control 可以设置警报，在组件失效或某种性能度量没有达到标准时，提醒管理员采取行动，或创建自动的任务脚本，在警报发生时自动执行解决问题。

管理各种 Oracle 业务持续性解决方案：Oracle Grid Control 对 Oracle 产品提供了广泛的管理功能，其中包括 Oracle Database(RAC 和 Data Guard)和 Oracle Application Server(OracleAS Recover Manager 和 OracleAS Guard)上管理各种 Oracle 提供的业务持续性解决方案。

11.4　本章小结

随着企业不断地要求良好和有保证的可用性等级，业务持续性传统的方法变得极其昂贵和复杂。通过合并多个相似应用的业务持续性解决方案，可用性成本相对于 silo 类型的可用性解决方案有了显著的降低。在 IT 基础设施每个层次的应用上，利用普通的冗余组件也可以显著地减少业务持续性解决方案的成本，此外，冗余组件还可以给企业应用传递更好的性能。在这方面，服务器集群就是一个例子，它创建一个共享的资源池，为一组应用供应资源，可以自动地增加 IT 基础设施的弹性。

Real Application Clusters、Application Server Clusters、Data Guard 和 AS Guard 等 Oracle 的业务持续性解决方案有效地利用了冗余(备用)资源，因此，可以减少业务持续性解决方案的整体成本。Oracle MAA 提供了部署解决方案的最佳实践和指导方针。Oracle Grid Control 为各种 Oracle 技术提供了广泛的管理能力，此外，它还扩展了集中管理的功能，可以监视 Oracle 环境中的非 Oracle 组件。Oracle Grid Control 简化了业务持续性的管理，使这些管理活动可以自动化，因此，降低了业务持续性的管理成本。

下一章将讨论企业采用网格计算在策略和战略上的步骤，最后总结本书。

11.5　参考资料

[Oracle MAA] Oracle Maximum Availability Architecture
http://www.oracle.com/technology/ deploy /availability /htdocs/maa.htm

[Gartner Pressroom] Business Continuity Quotes
http://www.dataquest.com/press_gartner/quickstats/ busContinuty.html

第 12 章

采用网格的步骤

现在读者应该已经了解了企业网格计算的概念，认识到了它的好处，但是企业如何利用当前的 IT 投资，逐步地采用网格计算呢？在本章中，我们将介绍把现有的 IT 基础设施转变成企业网格的实际步骤，并重点介绍了针对 Oracle 环境的情形。

我们将首先讨论转变过程中存在的障碍，以及克服的方法，然后，我们将探讨如何确定转变过程的第一步，如何随时间扩大第一步的规模。我们还将讨论企业以三个战略性步骤采用网格计算的过程，以及企业设计师和战略规划者如何在 IT 生命周期的各个方面应用这三个原则，这三个战略性步骤分别是标准化、合并和自动化。接下来，我们将提供战术上的步骤，使企业逐步采用网格计算，同时解决眼前的业务需求。最后，我们用一个金融模型量化企业网格计算带来的好处。

12.1 向网格转变

网格计算引入了一种系统的、组织管理严密的、以服务为中心的 IT 基础设施视图,它向基于应用 silo 模型的常规数据中心管理方式提出挑战。这种新的方式涉及的范围很广泛,有时显得有点危险。它会引起员工的反对,因为一旦员工在现有的程序与技术上形成了惯性,他们就会成为企业采用网格计算的障碍。虽然如此,网格计算带来的好处是引人注目的,如果设置正确的期望值,企业认真地实现一些针对性的项目,这些项目适合网格计算技术的应用,而且从投资中获得好多且易于量化的回报,这样逐步巩固企业网格计算的地位,从而克服惯性造成的障碍。一旦在一个项目中获得了成功,网格计算的观念和经验就可以应用到 IT 的其他方面。

12.1.1 采用网格的障碍

企业领导者推动企业向网格的转变过程中,需要克服各方面的阻力。他必须明确地指出网格的好处,为终端用户确定正确的期望值,解释现有的技术如何在新的模型中得到很大程度的应用。通常,网格计算的概念、技术、标准和过程被夸大和混淆,在下面的章节中,我们将介绍其中的一些问题,当企业启动网格计算时,可能会遇到这些问题。

1. 服务器上的争夺(Server Hugging)

组织往往对购买或分配给他们使用资源有一种所有权意识,他们一旦远离资源,或不能管理它们,就害怕失去对资源控制,不能访问资源执行他们的任务。可以理解的一点是,使用共享服务器、存储器和数据的网格会削弱不同网格用户之间的数据安全性屏障。应用用户可能会担心他们的应用运行在低优先级上,或者比其他应用获得较少的资源。

这些行政和组织上的障碍有时会比技术障碍更难克服,说服业务单位同意进行改变相当困难。在这章的后面我们还将提出一些步骤解决这个问题。

2. 对网格计算不现实的期望

当前对网格计算的实用性存在一些混淆。在这方面,市场部门很疯狂,把网格当做"天堂"来出售,似乎没有网格就行不通,网格计算在将来可以传递引人注目的价值。然而,当前并非网格计算的每个承诺都能变成现实,企业转变成网格也不是一夜的事情。不现实的期望经常会导致失败和清醒,过分夸大网格计算造成的最常见的误解包括下面这些:

■ 联合一些装有 Windows、Linux 或 Solaris 的机器可以建立一个网格。在网格中,对异构的程度存在限制。如果企业拥有多层的企业应用,数据库在 Solaris 服务器上,应用服务器在 Linux 服务器上,而客户从 Windows 系统进行访问,那么不能在单个数据库上共享这些 Windows、Linux、Solaris 组成的系统。这样的一种异构网格在理论上是可行的,但它面临很多技术上的挑战,而且在实际中不能给组织提供预期的好处。在一个常见的平台上跨应用共享已经标准化的资源，这种做法更容易实现。资源管理和集群技术常常使用或依赖底层 OS 或硬件提供的基础设施。也许这种异构网格在将来行得通的，但是，企业现在已经能够在同构网格上进行大量工作了，比如，Oracle Real Application Clusters 运行在同构网格环境下，可以在各个服务器上分配数据库的工作负荷。

- 在网格计算中，企业应用可以神奇地利用空闲的台式计算机，把它们加入网格进行计算。读者确实可以自己编写一个应用程序，把计算工作发送到自己网络上空闲的机器中，但不能随意地把台式计算机加入网格中运行某种特定的程序。大多数企业应用要求与自己的服务器紧密连接(不像许多科学应用)，除此之外，还存在一个安全性和可靠性上的问题，出于这个目的，你可能不希望企业应用运行在这些机器上。

- 面向服务的架构是应用整合问题的万能药。把所有的应用用 Web 服务封装，这些应用只有创建动态的业务过程网络才可以与其他应用对话。确实，Web 服务技术把应用表示成服务，使它们以统一的方式与外面交互，它们所有的成员都有一个共同的集合，该集合包括显式的服务名字、属性和创建动态业务过程网络的语义。然而，SOA 的便利并不意味着企业不需要解决安全性、可用性和可管理性带来的风险。只是，企业网格计算在跨应用组解决这些需求时更容易，成本更低。

关于当前网格计算可能实现的任务，以及企业如何使用网格中的技术，前面的章节应该已经给读者提供了足够的信息。

3. 缺乏网格标准

与网格相关的许多标准还处在发展的过程，不可能合并到产品中。由于缺乏确定的网格标准，应用只有有限的互操作能力，特别是在动态和自治的资源供应领域。尽管如此，这不能阻止当前企业采用网格计算方法的进程。

通过采用网格计算的整套方法，企业在调整当前的投资的同时，可以主动地开始实现网格计算。如果现有的软件和硬件开发商可以率先向网格计算的方法发展，那么当网格标准合并到产品中时，企业采用这些技术将自动地获得网格带来的额外的利益。如当前使用 Oracle 平台的客户不需要重写应用程序，就能获得网格的好处。

12.1.2　实现变革

实现变革对于任何一个组织都是一个艰巨的任务，也存在很多书籍专门用来讨论这个话题。这些书籍中讨论的概念和最佳实践模型对于实现企业网格计算带来的变革非常适用。企业向网格计算转变的过程中，必须有效地利用人力、程序和技术。接下来的几小节都是讨论推动转变过程的各种方法。

1. 执行者对网格计算的支持

企业向网格的转变过程不像因特网繁荣时期客户端—服务器模式向多层应用模式的转变过程，它是一个持续的过程，要求长期的努力。它涉及了战略变革，要求有清晰的长远眼光和决策力指导短期战略或增量发展，此外，变革的影响与需求的范围很广。企业中有权利制定长期战略决策，能够促使多个组织单元一起工作的唯一人选只有业务执行者，因此，取得执行者对网格的支持很重要。拥有坚定的决心的领导者在说服不同的业务单位加入网格的方面很有帮助，有效的领导阶层不仅有助于解决行政和组织上的问题，而且可以解决企业网格计算转变过程中可能发生的没有预料到的困难。

2. 克服争夺服务器的问题

如前面所述，网格的一个障碍是业务单位害怕自己失去对资源的控制。为了克服这方面的阻力，必须使业务单位坚信网格可以比当前的环境提供更多的资源。如果创建一个服务器网格，那么要使业务单位认识到网格环境可以迅速地解决计算要求突发的增长带来的问题，而这种情况在现有的环境下可能会造成停工，此外，还要证明在当前环境中需要数月才能部署的新应用，在网格环境的动态资源供应下可以大大地缩减部署周期。当创建一个信息网格时，则要讨论把信息与信息上潜在用户合并带来的价值。

下面的案例说明了业务单位上合并服务器的好处，企业可以根据自己的环境定制该案例。假设现在有五个工作负荷各不相同的应用，每个应用 silo 有 40 台服务器，因此服务器的总数是 200。企业平均利用了 20% 的服务器资源，也就是说，每个应用平均有 80% 的剩余容量，因此每个 silo 有 32 台服务器几乎没有使用，五个 silo 就是 160 台。现在我们假设某个时刻只有一个应用达到峰值，那么我们可以按下面的方法规划整体规模：四个应用处在平均负荷(4*8=32台服务器)，一个应用处在峰值负荷(40 台服务器)，以及预备或用于新的应用的服务器(32 台)。

因此，我们需要的服务器总数是：(32+32+40=104 台)，这几乎是以前使用的总数的一半。每个应用现在都有 64 台空闲的服务器可以使用，而不是以前的 32 台，另外，企业还有 32 台空闲的服务器，可以马上用于新的应用。

3. 克服人为的障碍

企业网格计算带来的变化必须让员工感觉舒服，员工需要清楚地知道网格环境为何能够满足他们的需要，为何可以更好发挥他们的技能。下面的方法可以让员工更加放心：

- **有效地沟通**：在管理以及传达变革的原因的过程中，进行清楚和开发的沟通很重要，这将对组织的变革造成正面的影响。更重要的一点是，人们需要知道自己为何适合新的组织，业务单位需要知道新的模式如何继续满足自己的需求。
- **团队建设**：创建一支跨组织有凝聚力的团队可以使团队成员更加自信，当他们为一个共同的目标工作时，他们更愿意接受变革。网格解决了多个业务单位的资源需求后，这些业务单位上的管理资源可以集中起来完成建设网格的任务。

■　**适应的时间**：员工需要一定时间才能习惯一个新的概念和一种新的计算方法，所以必须给业务单位充足的时间来调整和习惯企业网格计算。当组织获得了网格模式的经验时，他们需要学习新的社交行为才能优化网格的运作。比如，业务单位不应该在服务器自己安装软件或补丁，他们需要保证软件的版本遵循企业的标准，通过良好的测试后，才能让网格管理员进行安装。业务单位可能会抵制这种做法，认为它太浪费时间或过于限制，因此，有必要说服他们，使他们相信标准化可以简化系统的配置管理，将更容易检修与软件相关的问题。

4. 从小事情做起

也许成功最重要的因素是从小事情做起。找到一个最佳位置，IT 就能不断发展。对于那些正在努力寻找资源存储解决方案，或正在尝试达到某个特定的性能目标的 IT 组织，应该考虑一下网格计算是否可以解决这些问题。下一节我们将详细讨论该主题。

12.1.3　确定最佳位置

企业网格计算如何确定最佳位置的主题上存在大量的文献资料。企业不可能一瞬间经历一个大的变革，因此，应该先从一些简单、组织普遍支持的事情，或者是以前成功实现过相似的变革的事情做起。对于正确设置项目的期望也很重要，不能做出过高的承诺。一个最佳位置往往具备下面的特点：

■　存在一个引人注目的用例，该例可以获得组织广泛的认可。

■　拥有一个清晰的可交付使用的背景和范围，以及可达到的目标，避免功能蔓延。

■　可以在一个小的度量内提供真实的可测量的好处。

■　可以在一个明确、实际的时间内实现结果。

企业中不存在一个固定的位置可以进入企业网格计算模式，它取决于企业面临的挑战与目标。下面是企业可能用到的一些案例：

■　如果企业处在购买新的硬件资源的过程中，它可以考虑低成本的模块化服务器运行 Oracle 数据库或运行应用服务器。先在一个低成本服务器组成的集群中启动一个应用，再在该集群中逐步加入更多的应用，然后，把更多数据库和应用服务器合并到该集群上。

■　如果企业正在努力解决监视 IT 基础设施可用性和性能的管理人员不足的问题，那么它可以采用集中的管理工具启动网格计算。例如，Oracle Grid Control 可以用来监视 Oracle 数据库和应用服务器，以及与它们相关的服务器和 OS 资源。这种方式有助于解决 IT 基础设施增加时管理员不足的问题。

■ 如果企业有数据密集型的应用，如业务分析，需要额外的数据库资源，则可以应用 **Oracle Database** 的数据供应技术，如可传输的表空间和流，把处理转移到拥有更多服务器资源的数据库上。这些技术有助于企业向可用的数据库资源有效地转移数据。

■ 如果企业正在考虑模块化地应用开发，或改善业务处理流程，可以试验面向服务架构和服务开发、部署技术。比如，可以考虑使用 Oracle BPEL Process Manager 管理服务中新的工作流的创建和优化。

我们将在企业网格计算的战术步骤这节详细地讨论这些案例。

12.1.4 横向扩展(scaling out)

已经证明，小规模的环境中网格是可以带来好处的，现在需要扩展到企业更实质的部分，以获得更大的利益。在行政前沿，企业网格计算横向扩展的过程与其他组织的变化类似，它必须使转变过程有一个好的基础，在雇员之间产生变革的动力，必须尽可能地确定观众中潜在的热门人物，使他们成为各种股东。尽量向他们解释变革将会满足他们的需要，特别是成本、质量和服务上面。

在技术前沿，企业网格计算具有内在的横向扩展能力。如果能够证明网格计算可以在少量资源上获利，就会有越来越多的资源和应用加入网格中，越来越多的应用能够共享资源组来满足共同的需要。如果能够集中管理一小组应用，则在该组中可以添加更多的应用和数据中心组件。你可以把资源当作组进行管理，可以扩展管理能力，管理更多的应用。如果在一小组应用上创建了一个基于 SOA 的架构，那么就可以添加更多的应用服务器到该组中，创建更加动态、功能更强大的业务过程网络。随着网格逐步变大，企业将从扩展中获得巨大的经济效益。

12.2 向企业网格发展的战略步骤

在本节中，我们将讨论企业在网格计算这条漫长的道路上可以采取的战略步骤。当企业为 IT 基础设施的发展制定了战略规划后，企业战略家应该把标准化、合并和自动化这些原则整合到策略或计划中。

12.2.1 标准化

标准化应该在两个方面首先进行实施：技术和 IT 过程。技术上的标准化要求减少异构的产品和开发商，包括硬件和软件。过程标准化用在部署产品的架构上，以及 IT 生命周期中所有的过程上，如开发、部署、管理和废弃。

1. 开发商和产品的标准化

企业经常陷入单个产品工作良好，但多个产品不能协同工作的困境中，大量的资金花费在整合和协调这些产品上。解决该问题的最佳方案是从开始就部署能够互操作的产品,达到该目标的一种方法是在少数开发商和产品中实现标准化。标准化减少了数据中心的可变性和复杂性,选择开发商和产品时,应该优先选择那些支持可用工业标准的产品,因为它们提供了最好的互操作性。开发商标准化给企业提供了标准的方法来解决问题,它使单个开发商提供的产品相互之间可以交互,使企业得到最佳实践部署。

企业还应该在一小组产品上实现标准化,这样这些产品可以在整个企业中部署。在产品部署到整个企业中之前,核心 IT 部门可以先测试该产品和它的配置,这种方式减少了不同 IT 部门花费在测试周期中的资源。集中测试还保证了产品可以得到更彻底的测试。企业实现了标准化之后,创建可互操作的应用就很简单了,在将来也便于合并这些应用。

2. 过程标准化

企业应该对数据中心组件生命周期中的各个过程实现标准化。过程标准化减少了生命周期中的可变因素和出错几率。企业也可以考虑一些 IT 过程标准,如第 3 章中讨论的 ITIL 和 eTOM,或许能从其中受益。

在选择阶段,标准化确保了只有适合企业需要的产品才能被企业接受。在开发和 QA 阶段,为了把环境从开发阶段带到 QA 阶段,过程标准化保证只有可重复的过程才能被执行,产品经过了有效测试后才能在企业中大规模部署。在部署阶段,标准化保证部署环境经过了 QA 的批准。在生产阶段,标准化确保只有可重复、正确的程序才可以用于生产环境常规的维护。在废弃阶段,过程标准化保证组件被安全地撤销,而没有遗留任何机密信息在废弃组件内。

12.2.2 合并

标准化的下一个步骤是合并。企业必须为 IT 基础设施各个方面的合并制定一个长期的目标。企业不能采用的分段的基础设施模式,它应该尽量减少数据中心的数量。合并的数据中心可以给企业的扩展带来经济利益,集中在一个区域管理大量的数据中心组件,除了降低了电力、降温和空间的需求总量外,它还显著地减少了管理 IT 基础设施的总体成本。

企业可以在 IT 栈的每个层次上进行合并。它可以用整合的存储架构合并存储器,这种架构支持 NAS、SAN 和 IP SAN,能够传递一定范围的服务质量(备份和恢复、HA、性能等)满足各种应用的需要。在服务器方面,低成本模块化的服务器形成的组可以提供标准的硬件平台,企业在该平台上可以合并应用服务器和数据库。使用 Oracle 平台的企业可以利用 Oracle Database 和 Application server 上的资源供应技术。企业应该整合分散在企业中不同数据库上的数据,这种整合可以是物理上的,通过把数据转移到一个数据库中实现,也可以是逻辑上的,例如使用 hub 来实现。

12.2.3　自动化

标准化和合并后面的步骤是自动化。IT 基础设施的标准化与合并使 IT 生命周期中的各个过程很容易实现自动化。自动化减少了 IT 管理的总体成本。在软利益方面，自动化显著地降低了风险，因为它减少了人为失误的可能性，提供了一个更可靠的 IT。

企业设计师应该经常寻找 IT 中可以自动化的各个方面，他们可以从简单、重复性的、耗时的任务开始，也可以使过程自动颠倒，即从硬件开始和提升。例如，他们可以先使一些正确的系统、补丁和存储层标准化，然后在这个基础上实现动态地应用供应。

标准化的过程更易于实现自动化。一旦过程实现了标准化，IT 基础设施实现了合并，则脚本和自动的工具就可以使其中一些过程自动运行。几乎所有的标准化过程在适当时候都可以自动运行。企业在 IT 的每个周期，从系统初始的部署到运行时的维护再到系统的撤销，都可以发现自动化元素。

企业可以自动地测试系统各种配置，经过鉴定的有效的配置可以自动地部署到不同的系统上。企业可以自动地确认补丁，然后把他们应用到系统中。管理工具可以自动地测量 IT 系统传递的 SLA，当 SLA 不能满足需求时，自动地发出警报。使用一些预定义的脚本，还可以自动地解决警报显示的问题。系统在退役之前可以自动地擦净里面的信息。

12.3　战术步骤

标准化、合并和自动化描述了企业网格计算发展过程中的战略步骤。如前面讨论的，变革应该是一个逐步和增量的过程，在本节中，我们提供了一个分为五步的战术方法，使企业可以逐步地采用企业网格计算，同时支持当前的投资活动以满足眼前的业务需求。

通过下面迭代式的分成五步的方法，企业可以逐步采用网格计算：

(1) 定义最重要的业务目标

(2) 根据目标测量现有的状况

(3) 分析这些目标不能实现的原因

(4) 改善 IT 以满足这些业务目标

(5) 当未满足的目标得到改善时，控制 IT，确保能够继续满足已定义的目标

12.3.1　定义

业务目标应该根据业务面临的压力和当前的挑战进行定义。下面我们将描述一些业务目标的例子，这些目标都可以从网格计算中受益。

1. 降低成本

当前企业一个普遍的目标就是降低 IT 的成本，即以最少的成本获得最大的价值。企业应该消除互联网公司盛行时代过度的 IT 费用，从当前 IT 基础设施中获取更多的价值。降低成本可以从多个方面着手，如硬件和软件、应用开发、系统管理以及信息管理。

2. 改善服务质量

IT 的另一个目标是需要给业务操作提供可预测的服务质量。服务质量的需求可以以下面的形式出现：

- 可预测的反应时间和吞吐率：IT 应该为企业应用提供所需的、可预测的反应时间和吞吐率。
- 业务持续性：IT 应该在所有的环境下都能保证所需的可用性，不管是偶尔的电力中断还是失火或地震这样的灾难。
- 安全的基础架构：企业应该保证 IT 系统的安全，这样授权用户可以访问信息，执行操作，而恶意用户使用则打断这些正常的 IT 操作。

3. 提供灵活的基础架构

在我们居住的环境中，业务需求的变化非常迅速，因此，合理的目标是创建一个灵活的 IT 基础架构，当业务状况发生改变时，该架构可以迅速地调整资源。如果业务要求改变业务流，或需要新的应用，IT 应该能够迅速地满足这些需要。

12.3.2 测量

一旦定义了目标，企业应该定义一些度量，根据目标测量它们现在的状况。下面是一些度量，可以应用到前面讨论的目标上面。

1. IT 成本

企业应该测量花费在各种 IT 组件上的 IT 预算，大多数企业在宏观上拥有这些信息，然而，关键在于得到更加详细的信息，把成本分解确定瓶颈。

- **硬件和软件**　测量各种硬件和软件组件许可证上的开销，以及维护它们的成本。
- **开发应用**　测量开发应用的成本，该成本一般以各种软件和硬件资源，及人力资源开销的形式出现，例如在开发和 QA 阶段。
- **信息管理**　测量各种信息整合和管理解决方案的成本。
- **系统管理**　测量管理 IT 基础设施的成本，以及测量系统管理不同方面的开销。

2. 服务质量

传递给用户和客户的服务质量也可以使用适当的度量定义：

- 测量各种 IT 组件的反应时间和吞吐率。
- 测量各种 IT 组件的正常服务时间，确定可能影响 IT 系统可用性的失效点。
- 测量安全漏洞，如跟踪需要保护的各个系统和安全点。

3. IT 基础架构的灵活性

询问下列问题，测量 IT 基础架构在业务需求变化时的反应速度和灵活性：

- IT 解决突发的计算峰值时花费了多长的时间，做了哪些操作？
- IT 为一个新的业务应用端对端供应资源时花费了多长的时间，做了哪些操作？

12.3.3 分析和改善

企业应该分析上述度量，确定哪些目标不能满足，以及不能满足的原因。他们可以逐步采取措施满足或超过这些目标。在测量时获得更详细信息对确定瓶颈有明显的帮助。下一步，我们将描述一些例子，这些例子可能是企业会遭遇到的实际问题，此外，我们还将阐述本书中讨论的面向计算的网格解决方案在企业中如何应用。

1. 问题：硬件和软件的高成本

假设企业发现了硬件和软件成本太高是自身的问题，经过分析，成本太高的原因可能是 IT 基础设施是根据单个应用的峰值设计的。该企业拥有昂贵的高端同构存储阵列和大型的 SMP 系统，这些设备每年还需要巨额的维护成本。该企业还从多个开发商手中购买了软件，供不同的应用和业务单位单独使用，这使得软件需要昂贵的许可证与维护成本。

解决方案：IT 基础设施标准化与合并
通过标准化与合并该企业的软件与硬件平台，该企业可能会逐步地降低 IT 基础设施的成本。它可以用中低端模块化的存储阵列组成统一的存储器取代 DAS 或高端同构的存储阵列，当需要购买新的硬件时，它可以买进小型的低成本服务器取代大型的 SMP 系统。
类似地，该企业可以标准化它的软件产品及其配置，包括数据库和应用服务器。该企业可以合并和减少数据库与应用服务器的总体数量，这样它们可以共享相同的底层基础设施，同时改善资源的整体利用率。

2. 问题：应用开发高成本

企业一般在某段时间已经开发了自己的应用，开发新的应用往往需要极其高的成本，而且很难与老的应用实现互操作。在实际中，各种应用有大量共同的操作，如用户管理、客户信息管理、工作流等。然而，每种应用都独立地实现了这些操作，导致了高昂的应用开发成本。

解决方案：利用面向服务的架构共享应用服务

在这种情况下，解决方案可以考虑面向服务的架构。共同的组件可以在多个应用间重用，这显著地减少了应用开发的成本，企业能够快速地开发新的应用，同时消除了应用之间冗余的部分。新应用中开发的组件可以被其他应用重复使用。

3. 问题：信息管理高成本

企业认识到了它的信息分散在大量系统中，这样很难找到所需的正确信息。用户往往需要访问多个系统才能得到信息，而且，不同系统中相同信息的表达形式或者意义也不一样。因此，各个系统管理信息和维护信息的一致性，同时给用户提供方便的访问方式，这需要相当高的成本。企业往往制定了大量的信息整合解决方案，用来管理信息。

解决方案：向信息网格方向发展

该解决方案应用信息网格技术，把各种分段的信息统一起来。这种方法通过尽可能地合并物理上分离的信息资源，减少了信息"孤岛"的数量。它还以可升级的方式，把多个信息源中的信息放在一起。该方案使企业可以轻松地添加新的信息源，而不需要每次实现其他的信息整合方案，导致额外的成本。Oracle 中像 Oracle Stream、Oracle Data Hubs、Oracle XML Database、Oracle UltraSearch 和 Oracle Collaboration 这样的技术可以作为该方案的一部分。

4. 问题：系统管理高成本

企业发现自己内部有大量的孤立的计算资源，它们运行各个部门的 Oracle 数据库和中间件。每个资源点都有自己独特的配置和管理需要。这导致了相当高的系统管理成本。

解决方案：集中和自动地系统管理

企业可以使用各种集中管理工具，如 Oracle Grid Control，实现集中和自动地系统管理。Oracle Grid Control 作为单个的管理工具，可以管理整个 Oracle 环境。企业还可以利用 Oracle Grid Control 中丰富的功能，实现 IT 系统整个生命周期的自动化，如初始的服务器部署、补丁和运行时的维护。

5. 问题：分裂的安全性

企业拥有大量的系统，每个系统的配置各不一样，从安全的角度出发，这对于负荷过度的 IT 部门是一个巨大的负担。在这样的系统中，新雇员进入企业的时候供应资源，离开的时候取消他的权限，这都要相当高的开销。如果用户离开了企业，但系统没有取消他的权限，这会导致安全风险，结果是增加了安全漏洞的数量，以及极大地增加了安全管理的成本。

解决方案：集中的安全管理和集中的身份管理

企业可以逐步实现 IT 系统和用户的集中管理。Oracle Grid Control 在集中管理 IT 系统方面对企业有帮助，它允许企业在整个企业中定义和应用标准的安全策略，任何违背安全策略的行为都会标记，然后管理员可以解决该违背问题。

企业使用集中的身份管理解决方案，如 Oracle 中这方面的方案，可以实现集中的用户供应和管理。使用单一登录的方式，可以集中地定义用户，给他们分配权限访问各个系统，用户不需要记住大量的密码，这种方式使企业更加安全。

6. 问题：不灵活的 IT

企业在处理业务对 IT 系统需求的变化上做了大量工作。应用安装的时候，企业根据应用估计的峰值需求分配资源，随着业务需求的改变，应用比以前需要更多的资源，因此需要花费大量的时间重新分配资源。当企业需要新的应用时，从新系统的买进到建立该系统，IT 必须经历一个长时间的循环。

解决方案：动态地供应

企业可以为多个应用建立基础设施池，这样它们可以共享剩余的容量，在 IT 栈的每个层次上部署更灵活的组件。例如，模块化的存储阵列可以给应用动态地供应存储资源。Oracle Automatic Storage Management 这样的功能可以给 Oracle 数据库灵活地分配存储空间。在数据库和应用服务器上使用服务器集群架构允许企业在峰值时刻分配额外的服务器资源，当需求峰值过去后，这些资源可以取走。最后，当需要向一个新的应用供应资源时，使用 Oracle Grid Control 克隆现有的环境或镜像知识库可以缩短周转时间。

12.3.4　控制

下一步是确保企业能够继续满足业务目标，扩展正在使用的网格计算技术获取更多的利益。使用单个统一的管理工具或一个小型的标准化管理工具集合监视和管理整个 IT 基础设施，可能实现该目标。

Oracle Grid Control 可以作为单个集中的管理工具使用，它可用来监视和管理支持 Oracle 环境的 IT 基础设施。Oracle Grid Control 中基于警报的框架使管理员能够掌握企业中使用 Oracle 数据库的应用的 SLA，当出现策略违背行为时，如配置或安全违背、度量达不到标准等，它可以自动地提醒管理员。管理员可以相应地采取行动解决该警报。

企业可以逐步地扩充自己的网格。它可以从第 2 层和第 3 层应用开始，这些层次提供了共享计算资源的最佳位置，在学习阶段更易于试验。随着企业在使用网格技术方面获得了更多的自信和经验，它可以把网格扩展到第一层应用中。当企业采用了更多的网格计算解决方案，企业的业务利润将会显著地增长。在这个过程中，企业不仅会降低总体 IT 成本，而且会使它的 IT 基础设施更加灵活，能够满足业务需求的变化。

12.4　Oracle 环境中网格利益的金融量化

我们在全书中多次指出企业向网格计算方面发展可以获得大量的金融利益。现在我们总结网格计算金融利益的特点，对它进行量化，从而结束全书。

12.4.1　节省基础设施的成本

网格计算降低了企业中硬件和软件基础设施的总体成本。低成本模块化的存储器和服务器可以取代昂贵的高端同构存储阵列和高端 SMP 系统。此外，资源整体利用率的改善也可以降低硬件成本和软件的许可证成本，以及它们的维护费用。

1．节省硬件成本

网格计算允许企业采用低成本的模块化服务器和存储器，而不是昂贵的高端 SMP 服务器和存储器。模块化的存储阵列比相同容量的高端同构存储系统价格便宜不少，同样，在服务器方面，企业可以把 Oracle 数据库和应用服务器部署在模块化的服务器上，取代那些大型、昂贵的 SMP 系统。模块化服务器比 SMP 系统价格低廉，不仅可以显著地降低购买系统的费用，还可以减少系统运行时维护的成本。这些将在表 12-1 的第 I 行进行量化。

2．改善利用率

网格计算使企业可以在多个应用中共享计算资源，这样，当前应用累计需求剩余的容量可以用来部署新的应用。随着现有应用需求的增加，这种增长可以在企业更大范围内的应用中得到平衡。因此，网格计算可以很大程度地改善计算资源的整体利用率，减少硬件资源上需要的整体容量。这种方式节省的成本将在表 12-1 中第 II 行的 a 和 b 节中量化。

当前大多数企业在服务器资源的利用率上远低于 20%，在存储器资源的利用率上低于30%。在"争夺服务器"这节中我们讨论的案例中，企业通过标准化和合并，可以把它需要的服务器容量降低 50%。这种方式不仅减少了购买硬件和维护硬件的成本，还减少了硬件上软件许可证所需的成本。

3．节省软件成本

企业不仅可以在各种应用上共享硬件，还可以共享软件许可证。资源利用率的改善可以降低企业需要的服务器容量总数(以处理器的数量或基于多核的数学处理器数量的形式衡量)，大多数软件开发商根据该软件部署的处理器数量收费，因此，处理器数量的减少可以降低软件许可证和维护的成本，如它可以减少企业中部署的 Oracle Database、Oracle Application Server 和其他软件的成本。节省的软件成本将在表 12-1 中第 II 行的 c、d 节进行量化。

表 12-1　网格计算利益的金融量化

节省基础设施成本	
I 采用低成本模块化系统减少硬件系统成本	在高端存储器和服务器上计划支出的经费减去用于低成本模块化系统上的硬件开销。 在老的 SMP 系统上的维护成本减去维护低成本模块化系统的成本。
II 通过改善资源利用率减少基础设施成本： 节省硬件成本 节省软件成本	计划支出的硬件开销减去新的、缩减后的硬件开销。 原有硬件的维护成本减去新的、缩减后的硬件维护成本。 处理器减少的数量乘以每个处理器上的软件许可证成本。 系统生命周期中维护软件节省的成本。
节省基础设施管理的成本	
III 减少需要管理的系统带来的管理成本的减少	高端同构存储器的管理成本减去低端到中端模块化的存储阵列的管理成本。 高端 SMP 系统的管理成本减去低端模块化服务器的管理成本。 由于数据库服务器的减少节省的管理成本。 由于应用服务器的减少节省的管理成本。
IV 架构和配置的标准化以及管理操作的自动化减少的管理成本	确认各种系统配置上节省的成本。 企业内从单个良好的镜像上安装各种系统节省的系统安装成本。 在多个系统中使用单个脚本集合进行集中管理节省的管理成本。
提高生产力和增加收入	
V 收入的影响	每小时停工影响的收入乘以企业应用关键业务上可用时间改善后增加的小时数。
VI 由于改善可用性和反应时间提高的生产力	影响的用户数量乘以影响的用户每小时增加的收入乘以可用性时间改善后增加的小时数。

12.4.2　节省基础设施管理成本

当前企业的 IT 系统管理成本是购买成本的三到四倍。网格计算可以极大地节省基础设施的总体管理成本。这些成本的节省可归功于单独管理的 IT 系统总数的减少，以及各种 IT 操作的自动化。如前面章节讨论的，网格计算减少了 IT 基础设施的总体需要，这可以转化成需要管理的系统数量的减少，因此降低了管理的成本。另外，企业向网格计算的发展还减少了不同配置的数量，可以对企业中相似 IT 组件的配置与架构实现标准化。合并和系统池的机制也减少了单独管理的系统总数。管理脚本和任务开发出来后，就可以在同一类组件中应用，这种方法使 IT 管理员能够管理更多的 IT 组件，而不要增加大量的费用。表 12-1 的第 III 行将对这种情况进行量化。

12.4.3　收入与生产力的增长

面向客户或业务伙伴的企业应用停工对企业的收入有直接的影响，停工期除了收入的损失之外，由于不满意丧失的客户比损失的收入影响更严重。网格计算改善了系统的可用性，企业在部署网格计算技术之前可以量化 IT 系统的可用性，然后可以使用这些技术测量此时的可用性。根据 IT 系统的特点，增加可用性可以提高企业的收入，在用户活跃的状态将比用户不活跃的状态收入增加的更多。这些好处将在表 12-1 的第 V 行进行量化。

IT 系统的停工还会对企业的生产力造成负面的影响，因为在停工期 IT 系统不可用，员工不能进行生产。网格计算改善了 IT 系统的整体利用率，因此可以改善员工的生产力。表 12-1 的第 VI 行将对该利益进行量化。

12.4.4　降低风险

网格计算还提供了大量的软好处，这些好处很难量化。这些好处包括下面几个方面：

- 网格计算改善了企业应用的整体服务等级。它保证 Web 服务给客户传递所需的反应时间和吞吐率，能够改善使用这些 Web 站点的客户和合作伙伴的总体体验。这有助于稳定客户和同伙。
- 网格计算改善了 IT 系统的整体可用性。某些非常关键的业务系统的不可用将造成严重的业务影响，例如，Google 搜索引擎的停工对 Google 会造成糟糕的影响。在整个企业中应用最佳实践的部署方法，企业可以减少这种风险的发生。网格计算改善了 IT 系统的整体安全性，最佳实践安全策略很容易部署到整个企业中，任何违背行为很容易被检测和解决。在某些情况下，一个安全失误将造成坏的名声，几年之内都得不到更正。网格计算在 IT 操作上强制执行标准化的程序和策略，减少了这种风险发生的可能性。

12.5　本章小结

当前 IT 基础设施向企业网格的发展是一个人力、过程、技术相结合的过程。企业网格计算影响了 IT 生命周期的每个方面。企业网格的转变过程类似于企业内其他任何重大的变革，先从一个最佳位置开始，然后把它扩大到 IT 中更广、更大的方面。企业向网格计算的转变过程可以从任一位置开始，可以根据企业当前的目标和面临的挑战选择最佳位置，在一个小型项目上达到成功后，网格可以扩展到更多的应用和业务单位上。因为网格计算技术具有内在的便于扩展的性质，所以它们可以简化这个过程。

企业通过在 IT 生命周期实现标准化、合并和自动化这些战略，可以加速网格计算的发展。标准化在 IT 栈的每个层次提供了标准：(a)服务器层使用低成本的模块化服务器，(b)软件栈，(c)企业部署架构，(d)使用标准，和(e)过程。合并也可以应用到很多领域：(a)数据中心，(b)数据库和应用服务器，和(c)服务器和存储器信息。自动化提供了自动的过程和 IT 管理任务。

在战术方面，企业可以确定和定义当前紧迫的业务需求和挑战，然后应用相关网的格计算技术满足这些目标。在本书中我们讨论了各种步骤，企业可以采用这些步骤逐步实现企业网格。随着企业采用更多的网格计算技术，这些技术带来的利益将显著地增长。

企业网格计算对每个企业都有用。从一些细小的步骤开始，每个企业都可以得到一个充分发展的企业网格，它不断完善，将给企业带来越来越多的利益。

12.6　参考资料

[Steps to grid] Goyal,Brajesh. Steps to Grid Adoption (an Oracle White Paper). November 2004.

[Oracle Grid] Shimp, Robert. Oracle Grid Computing (an Oracle Business White Paper). February 2005.
http://www.oracle.com/technologies/grid/OracleGridBWP0105.pdf

[IT Spending Gartner] Gomolski, B. Garnter 2004 ITSpending and Staffing Survey Results. October 2004.

[ROI Studies] Oracle Grid Computing Customer ROI Studies, Mainstay Partners
http://www.oracle.com/technologies/grid/grid_roi.html